光通信系统与网络

主 编 卢 麟
副主编 赵继勇 苏 洋

国防工业出版社

·北京·

内 容 简 介

本书以光通信大容量、长距离和高可靠优势为主线,介绍光通信系统原理、主要网络技术体制及工程建设方法和测试仪表使用。第 1 章是对光通信系统和网络技术的概要介绍;第 2~5 章介绍光纤通信系统中的光纤信道、光发送机、光中继器和光接收机的原理和关键技术,模拟和数字光纤通信系统;第 6 章介绍了光纤通信网络的 PDH、SDH、OTN 和 ASON 四类技术体制;第 7 章介绍大气激光通信系统原理;第 8 章介绍光纤通信工程设计施工方法;第 9 章介绍光通信维护常用仪表。

本书可作为通信工程、电子工程以及相近专业的本科生、大专生教材,也可供光通信领域的工程技术人员参考。

图书在版编目(CIP)数据

光通信系统与网络/卢麟主编 . —北京:国防工业出版社,2020.12
ISBN 978-7-118-12205-3

Ⅰ. ①光… Ⅱ. ①卢… Ⅲ. ①光通信系统–研究
Ⅳ. ①TN929.1

中国版本图书馆 CIP 数据核字(2020)第 228926 号

※

*国防工业出版社*出版发行

(北京市海淀区紫竹院南路 23 号 邮政编码 100048)
三河市天利华印刷装订有限公司印刷
新华书店经售

*

开本 787×1092 1/16 印张 16¼ 字数 350 千字
2020 年 12 月第 1 版第 1 次印刷 印数 1—3000 册 定价 65.00 元

(本书如有印装错误,我社负责调换)

国防书店: (010)88540777   书店传真: (010)88540776
发行业务: (010)88540717   发行传真: (010)88540762

前　言

光通信系统与网络因其大容量、长距离和高可靠的特点成为信息网络的基础,对社会进步有着不可估量的推动作用。光纤通信网络不仅是国防信息基础网络,在战术互联网中还用于节点间的宽带安全通信、指挥所网络组建、战术互联网与骨干网之间的信息引接。光纤局域网因其宽带、多功能、抗干扰、重量轻、体积小的优点而被广泛使用在飞机、舰船和战车等移动作战单元内。具备动中通特性的无线光通信技术,已用于大容量链路的快速构建和光缆抢修代通,未来有望与地面光网络相互支撑配合,组建天地一体化的光通信网络。不仅如此,随着光通信网络的多业务、软定义、多功能优势的不断凸显,光通信网络不仅成为承载和增强其他信息系统的基础网络,还正在进入传感监测、指挥控制、探测导航、电子对抗等各种信息战应用领域,从而给军事战略、战术系统带来深刻的变革。

本书适用于通信工程专业本科和大专职业教育,在内容的选取上以光通信大容量、长距离和高可靠的应用要求为主要线索,从系统级和网络级的角度阐述基本原理和关键技术,为读者有能力进行光传送网装备的使用维护和组网规划奠定基础。同时,内容的深度广度以及技术应用前瞻性上兼顾读者任职和未来职业发展需要。本书在行文方式上力求用较为简明易懂的语言串联知识点,便于读者自学。

本书的第1章是对光通信系统与网络的综述。使读者了解光通信的发展历史、光通信系统的构成、光纤通信网络的主要技术体制和发展热点。第2章首先解释了光纤如何实现长距离、大容量地引导光信号,介绍了光纤的损耗和色散传输特性,以及光缆与典型无源光器件。第3章介绍光发送机的组成、工作原理和技术指标。第4章主要介绍光接收机的组成、工作原理和技术指标。第5章主要介绍数字、模拟和DWDM光纤通信系统的构成、技术指标和链路设计方法。第6章介绍光纤通信网络主要技术体制,主要包括PDH传输设备、SDH(MSTP)光纤传送网、OTN光纤传送网和自动交换光网络(ASON)。第7章介绍大气激光通信系统原理、构成和架设方法。第8章讲述光纤通信工程设计和施工方法。第9章介绍光通信维护常用仪表。

本书的第1章和第2章由卢麟执笔,第3~5章由苏洋执笔,第6章由卢麟、吴传信和周华执笔,第7章由徐智勇执笔,第8章和第9章由赵继勇执笔,王斌、刘杰、谢青、郭建中负责内容整理、资料收集和图表文字校对等工作。

作者尽管有多年从事光通信及网络等相关领域的教学科研工作经历,但学识和成书时间有限,书中有不妥之处,望读者不吝赐教。

作者

2019.10 于南京

目　录

第1章　绪论

光通信系统与网络因其大容量、长距离和高可靠的特点，已成为信息社会的基础骨干网络，并逐渐向信息网络的末端衍生拓展，对人类社会的进步有着不可估量的推动作用。本章将简要介绍光通信的发展历程、光通信系统的基本组成、光纤通信网络的基本技术体制和光通信技术的发展热点。

1.1　光通信及其发展应用

光通信是指利用光这种频率极高的电磁波进行信息传递的通信方式。光通信既古老而又年轻，中国早在两千多年前的西周就开始利用烽火台进行简易长距离快速军事通信。烽火台通信是现代接力通信的雏形，每个烽火台就是一个通信中继站。当边关有战事时，烽火台按白日生烟，夜间点火的方式示警。唐代边关每30里置一烽燧，如有山冈阻隔，便置于适宜近便之处，以能互望为宜，并以1炬至4炬表示来敌的数量，并一级接一级地往下传，很快即可将信息送达目的地。无敌情时，需在每日初夜，放烽1炬，以示平安。这种光通信方式可以称为快速军事通信协议的鼻祖，但缺点是能传输的信息量太小，无法表达战事的详细情况。18世纪末，法国人切普发明了扬旗式通信机，每隔数千米设置一座塔，塔上装有3块可活动的木板，木板以不同的运动姿态代表不同的信息，各站以接力方式将信息传到目的地，这种通信方式是现代编码通信技术的雏形。而现在，这种基于目视的手语、灯语、旗语等简易光通信方式仍然在军事、交通及其他特殊领域有一席之地。

现代通信通常是使用电磁波谱的某个频段，利用调制加载基带信息，并在终端解调恢复基带信息的过程。1837年美国人莫尔斯发明了有线电报，标志着人类进入了电通信时代。此后贝尔发明了电话，马可尼、波波夫发明了无线电通信。20世纪50年代微波通信技术飞速发展，卫星通信可实现基于该频段的长距离通信，而到20世纪70年代，单根同轴电缆上可同时开通数千路的载波电话，电通信处于绝对统治地位。

众所周知，基于电磁波的现代通信的容量与所使用的载波频率成正比，这就促使人们对载波频段无休止地追求。开发利用毫米波、亚毫米波，甚至远红外波段就成为通信技术发展的自然趋势。但遇到了高频信号产生，大气层中的水汽对毫米波、亚毫米波的强烈吸收，大气电磁参数的不稳定等难以克服的技术问题，导致毫米波、亚毫米波难以作为信息载体而被有效地利用。

而光波频率比毫米波还要高 1000 倍,利用光波作为信息载体,其通信容量比传统的电通信方式要有大飞跃。现代意义的空间光通信可以追溯到 1881 年贝尔研制的光电话,他利用弧光灯作为光源,调制器直接采用话筒的振动膜,将声音转化为光强的变化,调制后的光经大气传输到接收端,由抛物面镜会聚到光电池上,产生强度变化的光电流,驱动听筒发声。但是这种光电话系统在光源、信道、接收和复用等关键部分上都存在缺陷,这正是现代光通信所需要解决的问题。

现代意义的光通信系统,首先需要稳定的好光源,以便于光波进行高速调制,使其承载高速数据信息;其次要有低损耗、稳定可靠的信道;最后在接收端还必须将其快速准确再现。1958 年,美国休斯公司的工程师梅曼发明了世界上第一台激光器,利用光的受激辐射放大机理产生了相干性极好的光源,这种光源发出的相干光束即可成为高速信息数据的载体。自从激光器问世以后,利用激光束作为信息载体实现宽带通信就成了人们追求的目标。1970 年,美国贝尔实验室研制成功在室温下可以连续工作的半导体激光器,为光通信提供了实用化的光源。以大气为传输介质的激光通信技术受到了很多人的关注。但是光波在大气中传播会受到大气中的水汽的强烈吸收且易受遮挡。因此除了星间通信系统以外,在地面上实现长距离传输极为困难,因而大气激光通信技术未能成为主流技术,最好的解决措施就是将光波注入透明的光波导传输。这种构想早在 20 世纪初即已由德拜提出,但直到 20 世纪 60 年代,用当时最好的光学玻璃做成的光学纤维其损耗也高达每千米 1000dB,这意味着光信号传输 1km 后能量只剩下原有的 10 的 100 次方分之一。用这样的光学纤维显然无法实现光信号的长距离传输。1966 年 7 月,33 岁的工程师高锟就光纤传输的前景发表了具有重大历史意义的论文《光频率的介质纤维表面波导》。论文分析了玻璃纤维损耗大的主要原因,并指出:只要能设法降低玻璃纤维的杂质,就有可能使光纤的损耗从每千米 1000dB 降低到 20dB,从而有可能用于通信。1970 年,美国康宁公司根据高锟的理论研制成功第一根低损耗光纤,从此阻碍光通信发展的两大困难相继得以解决。20 世纪 70 年代以后,光纤通信技术成为主流技术,人类进入了光通信时代。为了褒奖其对人类文明的巨大贡献,高锟无可争议地获得了 2009 年的诺贝尔物理学奖。与其他的通信方式相比,光纤通信的主要优势体现在如下几个方面:

(1) 巨大的传输带宽。石英光纤的低损耗频段为 $1.31 \sim 1.65 \mu m$,单根光纤的可用频带几乎达到了 200THz。这是任何其他传输介质所无法提供的。

(2) 超长传输距离。目前工业制造的光纤在 $1.55 \mu m$ 波段已降至 0.2dB/km 以下。掺铒光纤放大器(Erbium Doped Fiber Amplifier,EDFA)在 $1.55 \mu m$ 波长附近数十个纳米的波长带宽内对光波的透明放大,再加上光纤分布式放大技术可以有效地补偿光纤损耗,可使光纤通信的无中继通信距离超过 600km。

(3) 极高的可靠性。光纤通信网络从器件到整机、从系统到网络、从底层到高层的一体化可靠性保障使得光纤通信网络的可用性超过 99.999%,对应年故障时间小于 5min。光纤通信可抗强电磁干扰,不向外辐射电磁波,既提高了保密性,也不会产生电磁污染。

此外,重量轻、体积小、功耗低、成本低也是光纤通信系统与网络的优势所在。正因为光纤通信具有上述特点,所以自 20 世纪 70 年代以来,光纤传输容量几乎每年翻一番,由最初的多模光纤加多纵模激光器的光纤通信系统,发展到了以密集波分复用与掺铒光纤放大器相结合的第四代光纤通信系统和目前以相干光通信为代表的第五代光纤通信系统。传输速率由当初的每对光纤数十兆比特每秒发展到当今的 10Tb/s 以上,并持续向大容量、长距离和高可靠方向发展。

光纤通信网络是国防信息基础网络的骨架,包含覆盖全领土范围的基础骨干网、各军兵种支线网和近年来积极建设的海光缆网络。目前,全军 90%以上的基层驻地连通光纤网络。光纤通信在战术互联网中主要承担节点间的宽带安全通信、组建指挥所网络、实现战术互联网与骨干网之间的信息引接等功能。而在飞机、舰船和战车等移动作战单元内,光纤局域网因其宽带、多功能、抗干扰、重量轻、体积小的优点而被广泛使用。与光纤通信并行发展的是具备动中通特性的自由空间光通信,也称为无线光通信。紫外光、可见光和红外光波段都可用于无线光通信,主要包括大气光通信、外层空间光通信和水下光通信 3 种应用形式,其中大气光通信装备主要用于机动通信网的快速构建和光缆抢修代通。近年基于移动平台的自由空间光通信发展迅速,有望与地面光网络相互支撑配合,组建天地一体化的光通信网络。

不仅如此,随着光通信网络的多业务、多信号、软定义、多功能优势的不断凸显,军事光通信网络不仅已成为承载和增强其他信息系统的基础网络,还在进入传感监测、指挥控制、探测导航、电子对抗等各种信息战应用领域,从而给军事战略、战术系统带来了深刻的变革。

1.2　光通信系统与网络

一个最基本的光通信系统的构成如图 1-1 所示,通常包含光发送机、信道、光中继器、光接收机 4 个部分及连接、耦合等必要的无源光器件。光发送机将业务端口进入的基带电信号经调制后变换为光信号,送入信道传输。信道主要是光纤,也可能是自由空间、大气或水。在光接收机将光信号恢复为电信号送至终端用户。一般的长途光纤通信系统或中继转发式空间光通信系统中还有中继器,中继器可以是光—电—光中继,也可以是全光放大中继。

图 1-1　光通信系统构成框图

构成一个点到点的光纤传输系统,除了传统的电信技术以外,主要涉及光纤、激光器和光检测、光放大、光束的准直与变换,以及光域的复用、解复用等技术。光网络还需要光信息汇聚处理、控制、交换和管理等关键技术。

1.2.1　光纤

光纤是构建光纤传送网的传输介质。目前使用的通信光纤一般以石英为基础材料。

它由纤芯、包层及护套层构成。纤芯和包层由石英材料掺入不同的杂质构成,使纤芯折射率 n_1 略大于包层折射率 n_2。光纤对光波的导引作用可理解为光线在纤芯包层界面产生全反射效应而完成,护套层的作用是防止光纤受到机械损伤。按照波动光学的模式传输理论解释,通信用光纤主要有多模光纤与单模光纤两类。多模光纤的纤芯直径主要有 $50\mu m$、$62.5\mu m$ 两种规格,单模光纤纤芯更细,其直径约为 $10\mu m$。多模光纤和单模光纤的包层直径一般都为 $125\mu m$。多模光纤因其严重的多径色散,通常只用于短距,长途干线系统均使用单模光纤。

光纤最主要的传输特性是它的损耗、色散、非线性及双折射等。在光纤通信发展的早期,损耗是制约光纤通信系统的主要因素。色散通常是指像三棱镜实验中展示的那样介质中不同频率的电磁波以不同的速度传播这一物理现象。而光纤中的色散是指光信号的不同分量在光纤中的传输时延不同,因而注入光脉冲传输到接收端会发生脉冲展宽畸变现象。利用几何光学方法描述该现象时称为多径展宽,利用模式理论描述该现象时称为模式色散,即使在单模光纤中不同波长的光也有不同的传播速度,从而产生波长色散。而由于双折射效应的存在,单模光纤中两个正交简并模式的传输特性略有差别,因此导致模式色散问题。

非线性是指光纤对大信号的响应特性,通俗地讲就是产生了新的频率分量。几乎所有媒质都是非线性媒质,但在小信号条件下,非线性极为微弱,可以忽略。当光纤纤芯中的电场强度达到 $10^5 \sim 10^6$ V/m 量级时,光纤的非线性效应逐渐显现。这些非线性过程都将对通信系统的性能产生重要影响,同时也产生了一个研究并利用非线性效应的研究方向——非线性光纤光学。

有关光纤导光原理和传输性能的内容将在第 2 章中详细讨论。

1.2.2 光发送机

光发送机的功能是将基带电信号转换为光信号,然后注入信道传输即是产生光并完成基带电信号的调制。光通信系统最常用的两类光源是半导体发光二极管(Light Emiting Diode,LED)和半导体激光器(Laser Diode,LD)。LD 是基于光的受激辐射放大机理的发光器件。与 LED 相比,LD 具有较大的发光功率(毫瓦量级),光谱线宽可以做到很窄,可以实现高速调制,因而长途高速传输系统都采用 LD 作为光源。LED 是基于自发辐射发光机理的发光器件。它的发光功率与注入电流几乎成正比,线性好、温度稳定性好、成本低,缺点是功率较小、光谱宽,因而只适用于短距离传输。例如,局域网中的光端机多采用 LED 作光源,可以降低成本。

光源的调制方法通常包含直接调制和间接调制两种方式。直接调制又称内调制,即像利用按手电筒的开关键控那样,利用基带信号直接控制光源的注入电流的大小,使光源的发光强度随外加信号变化。间接调制又称外调制,光源发出稳定的光束进入外调制器,外调制器利用介质的电光效应、声光效应或磁光效应实现信号对光信号的幅度、相位和频率调制。对光源的直接调制易于实现,因而早期的光通信系统都采用这种调制方式。但是在对光源进行直接调制过程中,半导体光源在注入信号电流忽大忽小的条件下工作,本身处于一个不稳定状态,其结果是产生输出光频率随时间变化的频率啁啾现象。频率啁啾会因光纤的色散产生额外的传输损伤,所以高速传输系统一般采用外调制技术。外调制器一般是一个无源器件,几乎不产生频率啁啾。目前集成化程度较高的是基于电吸收效应的强度调制器,已能集成在标准小型可插拔(Small Form Pluggable,SFP)光模块之中。此外,当前的相干光通信要对激光的相位和偏振同时进行调制,必须利用基于电光调相原理的外调制器完成。

有关半导体光源及其调制,光发送端机的构成以及性能将在第 3 章中详细讨论。

1.2.3 光接收机

在光通信系统的接收端必须将光信号经光电转换和再生后送交终端用户,这就是光接收机完成的功能。需要注意的是目前的光电转换器件通常完成的是光的强度检测。

光接收机中最关键的器件就是光检测器,目前的光电检测器只能完成光的强度检测。光通信系统用的光检测器通常有两类,即 PIN 型光电二极管(PIN-PD)和雪崩光电二极管(APD),它们的检测原理都是半导体 PN 结在光电效应下产生光生电子,并在外加反向电压的作用下形成光生电流。

虽然 APD 的工作机理与 PIN-PD 在光电效应基本原理上相同,但 APD 在光电效应的基础上增加了由碰撞电离而引起的雪崩效应,从而产生了雪崩增益,增益系数视材料不同在数十到数百之间,因而与 PIN 相比有很高的检测灵敏度。但 APD 在产生内部增益的同时也产生了倍增噪声,同时由于 APD 的碰撞电离需要较高的反向电压,一般用于长距离系统的接收模块中。

由于光检测器产生的光生电流很小,因而光接收机通常需要对数字信号进行放大、判决再生。光接收机的噪声主要有光检测过程的量子噪声、放大电路的热噪声、光检测器的暗电流噪声以及光信号之间的差拍噪声等。衡量数字光接收机最主要的指标就是接收灵敏度和动态范围。前者是指在给定的信噪比或误码率指标下,光接收机允许的最小接收光功率。后者是指接受保证一定误码水平条件下所能容忍的最大接收光功率和最小接收光功率(即灵敏度)之间的功率范围。

有关光检测器的工作原理、光接收端机的构成及性能将在第 4 章中详细讨论。

1.2.4 无线光通信系统

无线光通信系统与光纤通信并行发展,按传输信道通常划分为空间光通信、大气光通信和水下光通信。无线光通信系统包含光发送端机与光接收端机,光学准直系统,光学收发天线,光束自动捕获、跟踪、对准(Acquisition,Tracking,Pointing,ATP)系统以及用于修补传播过程中引起的波前畸变的自适应光学系统。

光学准直系统将光发送机发出的非对称光束整形为适合于光学天线发送的对称光束。发送光学天线的作用是将发射光束能量更加集中到预定的接收方向。接收光学天线的作用是汇聚接收空间传输的光信号,并将来波能量集中到光检测器的光敏面上,从而带来天线增益。

ATP 系统的任务是随时保持收发双方处于对准匹配状态。尤其在移动平台间激光通信和大气扰动剧烈时,收发双方的自动对准、跟踪就特别重要。光束在地球周围的大气层中传播时,由于受大气湍流、散射及其他不可控因素的影响,在接收端将产生严重的功率衰落和畸变。通常可以采用特殊信道编码、空间分集和自适应光学技术进行处理。

第7章中将介绍大气激光通信系统。

1.2.5 光纤通信网络

光通信网络通常以光纤线路作为基本传输链路,利用光通信设备实现节点实现信息汇聚、传输、交叉和分发等功能。20世纪90年代以前,光纤通信系统主要用于点对点的传输,传输体制最初采用准同步数字体系(Plesiochronouse Digital Hierarchy,PDH)。PDH的传输体制有标准不统一、管理功能低下等缺点。20世纪90年代初开始,同步数字体系(Synchronous Digtal Hierarchy,SDH)成为光纤通信网络的主体。SDH因其统一标准的接口速率等级、灵活业务配置和强大的网络管理功能使光纤通信网的优势发挥得淋漓尽致,使这种单一的技术体制几乎占据了所有的应用场景。随着以IP为代表各类数据业务的兴起,SDH不得不支持多业务的承载,因此就出现了多业务传送平台(Multi-Service Transfer Platform,MSTP),本质上这种技术体制就是在映射复用过程中针对多业务优化的SDH。SDH光通信网络属于第二代网络,可以称为光电混合网络,其传输在光域实现,但在网络节点处信息的业务流的分出、插入和交换都在电域完成。为解决大颗粒度甚至波长级的业务传输、交换和控制问题,并且使传送网更适合分组业务传送,ITU-T制订了光传送网(Optical Transport Network,OTN)标准,定义了新的帧结构、速率等级和协议标准,该种技术体制不仅可以进行622Mb/s以上速率的交叉调度,还可以为客户提供与波分复用技术兼容的波长级别的传送、复用、交换、监控和保护功能,从而在电层之外新引入了光层的传输、组网和控制。随着光通信网承载的业务种类进一步多样化、网络覆盖的范围持续扩大、网络的功能更加多样复杂,传统基于人工配置、监测的网络管理模式已跟不上发展需求,于是自动交换光网络(Automatically Switched Optical Network,ASON)应运而生。它是在原有光传送网的传输层面和管理平面之间新增加一个控制平面,利用网络管理算法和层间的信令实现快速的端到端业务配置、资源和网络拓扑的自动发现、网络自动保护切换、分布式的网络管理控制等原来人工很难快速准确完成的工作,使网络的智能化初见端倪。由于ASON本质上是在原有的光纤通信传送网基础上增加的一套"软件",因此一般有基于SDH网络的ASON和基于OTN网络的ASON两种应用方式。

本书将在第6章讨论光纤通信网络主要技术体制。

1.3　光通信技术发展

对于光通信系统而言,大容量、长距离、高可靠永远是技术发展的核心目标。相干光通信系统因其可以采用高级的调制格式和偏振复用技术大幅提升通信容量,并可利用相干接收增益提升接收信噪比,因而成为研究发展的热点,目前基于数字相干接收的100G/

400Gb/s 单路光纤通信系统国际标准已基本成熟,实际工程应用也已逐步展开。随着海底光信息网络的建设,超长距离无中继传输成为技术热点,可以利用大有效面积光纤、基于受激拉曼效应的分布式放大和遥泵技术进一步拓展无中继传输距离,目前已突破600km,正朝 1000km 迈进。伴随着光纤网络成为国防信息系统基础平台,对光纤信号的窃听技术也已日渐成熟,最简单的方法是将光纤绕圈微弯后,探测辐射出的弱光功率,并在不被察觉的情况下恢复重生光信号,从而给光网络物理层安全带来极大的挑战。除采用信息源加密之外,光网络物理层安全增强手段通常包括基于量子密钥分发的安全加密或量子随机噪声光域加密、光缆性能高精度在线监控等方法。

　　人类对电磁波谱的不断利用,本身就体现着通信技术的发展方向,光通信也不例外。目前最成熟的光纤通信技术仅仅使用了如图 1-2 所示的光纤低损耗传输的 760~1650nm 波段,占用范围还不到 1μm。而光谱范围中还有从紫外波段到红外波段的近百微米的频谱"空洞"有待利用。由于其他波长上的低损耗光纤尚未出现,因此目前技术发展的热点在无线光通信(Free Space Optical Communication,FSO)。按占用频谱划分通常包括紫外光通信、可见光通信和红外波长通信。由于空气中臭氧分子的强烈吸收作用,紫外光信号在大气中传输时存在较大的损耗,这一特点使紫外光长距离通信几乎不可能实现的同时,却给安全抗截获通信带来了机遇:由于在几千米之外敌方就无法获得足够能量的光信号用于窃听,因此利用紫外光通信组建小区域内的抗截获通信网,如用于飞机、舰船编队内部通信、炮兵阵地协同和特种作战等。可见光通信(Visible Light Communication,VLC)是利用可见光波段(约 390~760nm)的光作为载波,在空气中传输光信号的通信方式。当前可见光通信网络通常利用 LED 发光二极管作为通信光源,二进制数据可通过强度调制方式被快速编码成灯光信号的亮灭并进行有效传输,人眼因视觉暂态效应根本觉察不到,光电检测器却可以有效接收,目前已有 10Gb/s 量级的实验报道。可见光通信可有效解决无线频谱资源不足的同时极大地提升通信容量,在室内应用时还具有保密性好、可兼容定位导航功能以及绿色环保等优势。目前,仍需解决器件效能提升和集成、多址接入、抗干扰和基站位置自动切换等技术难题。

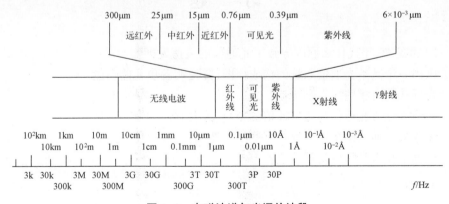

图 1-2　电磁波谱与光通信波段

　　无线光通信按其占用信道的不同也可分为卫星激光通信、大气激光通信和水下激光通信。由于地球外层空间及星际空间不存在大气对光信号的吸收及遮挡,是无线光通信的理想传输通道,因而卫星间激光通信技术发展水平较高,外层空间单路 10Gb/s 速率的通信已获得成功,并已进行了基于波分复用技术多路传输试验。近地 12km 稠密大气层对光信号的传输带来较为严重且随机时变的损耗和失真,因此大气激光通信质量受天气影响较大。但与传统无线通信手段相比具有大容量、集成度高、保密性抗干扰性好的优势,不仅在民用接入网领域有很好的应用前景,同时在军事机动通信网中也有重要的一席之地,近年来无论军用还是民用领域都进行了较为密集而又效的实验,其中 2016 年 8 月我国发射的"墨子"号卫星就在 1000km 的轨道高空实现了下行速率 5.12Gb/s,上行速率 20Mb/s 的星地激光通信。对潜光通信是自激光发明以来就持续研究的课题,海水对蓝绿激光的衰耗相对较小,这为解决对潜艇的通信困难提供了新的可能手段。过去的对潜通信主要是采用长波和超长波通信实现的。长波和超长波通信的主要缺点是天线系统过于庞大而且通信容量太小,抗毁能力低下。利用升空平台实现对潜激光通信,不仅通信容量大,而且具有机动性,是理想的对潜通信手段。

随着通信网络中分组化业务趋势已成定局,如民用网络的 IP 化,战术互联网中的 IP/ATM 化,光纤通信网络也在从面向用户的业务汇集网络到骨干网向分组化演进。不仅原有 OTN 引入了新的接口和技术标准来支持数据业务的灵活映射和复用,并在网络管理控制中增强分组处理功能,在城域网应用中还出现了分组光传送网(Packet Optical Transport Network,POTN)适应基于 1G/10G/100Gb/s 数据业务的透明传送,并且还支持任意比特速率的业务传送和电层多速率灵活调度。此外,随着光载无线、光纤传感、光纤时频同步等多种应用的不断涌现,光纤网络作为一个多信号、多业务基础信息承载平台的传送网属性愈发凸显。

通信网络业务和服务需求的动态、不可预测性,是现代网络与传统网路的重要区别,因此需要光纤传送网提供更加多样的智能化服务。智能光网络能够在网络变化时提供快速响应,实现资源动态配置、带宽按需部署、拓扑自动发现、快速保护恢复、自如互通拓展等功能,是光纤通信传送网的发展方向。

习　题

1. 20 世纪 70 年代什么原因导致了光通信的飞速发展?
2. 画出一个基本光通信系统的构成框图,并说明各单元的功能。
3. 光纤通信有哪些特点和优势?
4. 比较大气激光通信与光纤通信的特点,说明它们的应用领域。
5. 现今的光通信网络主要存在哪些技术体制?
6. 光通信技术有哪些发展热点?

第 2 章 光纤传输原理与特性

细如发丝的光导纤维之所以能够实现大容量、长距离的光信息传输，与光信号在光纤中低损耗、低失真地导引密不可分。理解光信号是如何在光导纤维中高效传输导引，一般需要回答三个问题：一是光如何在光纤中长距离传输；二是什么样的注入光才能在光纤中长距离传输；三是什么样的光纤信道最适合通信。分析解释光纤中光信号的传输可以采用两种方法：一是射线光学方法；二是波动光学方法。因此，本章在介绍光纤传输原理时就利用上述两种方法回答有关光信号在光纤中传输的三个基本问题。

通信用标准光纤的传输特性对系统的性能具有重要的影响。光纤的损耗特性决定了光纤通信系统中的无中继传输距离。$1.55\mu m$ 窗口光纤的损耗降到了 $0.2dB/km$ 以下，而且掺铒光纤放大器（EDFA）在这个窗口对光信号优异的放大性能，使得超长距离通信成为可能。随着光纤通信系统传输速率的提高，光纤的色散成为制约系统性能的主要因素。为了充分利用光纤的可用带宽，通常会在同一根光纤中传输多个波长不同的光载波，这就是波分复用技术。密集波分复用系统中单根光纤中的光信号总功率很大，因此光纤的非线性效应成为难以回避的问题。因此光纤的损耗、色散和非线性问题是光纤传输特性讨论的重点，本书重点介绍单模光纤的损耗和色散特性。

光缆按其应用和功能划分为很多种类，但都是由缆芯、护套和加强元件组成。除光缆外，光连接器、耦合分路等无源器件完成了光纤通信系统中光信号的活动连接、方向导引和信号变换等功能，是光纤通信系统中不可或缺的部分。

2.1 光纤传输原理

2.1.1 射线光学解释

要想把光线束缚在光纤中长距离传输，首先需要解决的就是低损传递问题。射线光学中的全反射现象告诉我们：当光线由光密媒质入射到光疏媒质时，如果其入射角大于全反射临界角，则会发生全反射现象。全反射意味着理论上 100% 的光信号被反射回光密媒质，如果以全反射的方式长距离导引光，理论上没有能量损失。利用全反射现象可得出通信用光纤圆柱形状介质波导的基本结构，它由纤芯、包层和涂覆层构成，其结构如

图 2-1 所示。

纤芯和包层材料都是石英玻璃,只是掺杂成分和掺杂浓度略有不同,使纤芯折射率略大于包层。设纤芯折射率为 n_1,包层折射率为 n_2,为了保证光线被约束在纤芯中传播,总有 $n_1>n_2$。纤芯折射率可以是均匀的,也可以是渐变的。如果纤芯折射率均匀 n_1 和包层折射率 n_2 是个常数,则在纤芯与包层的分界面上折射率发生突变,这种光纤称为阶跃(Step Index,SI)光纤。阶跃光纤的折射率分布如图 2-2 所示。

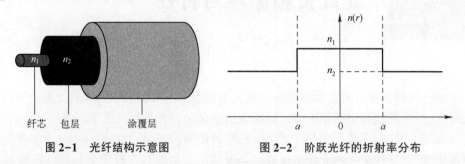

图 2-1　光纤结构示意图　　　　　图 2-2　阶跃光纤的折射率分布

1. 传播路径及光线分类

由于阶跃光纤纤芯折射率是均匀的,因此光线在纤芯内沿直线传播。当光线到达纤芯与包层界面时,按斯涅尔定律发生反射和折射。当入射角大于全反射临界角时,光线在纤芯和包层界面上发生全反射,则在纤芯内形成沿折线路径传播的束缚光线。光纤中的光线应该区分两种情形:一种是传播路径与光纤主轴线相交的光线,称为子午光线。子午光线的路径是因反射而形成的折线且在同一平面,在光纤横截面内的投影是光纤纤芯的某一条直径。子午光线的传播路径及其在横截面内的投影如图 2-3 所示。另一类光线其传播路径不与光纤轴相交,称为偏斜光线。偏斜光线的路径是空间折线,在光纤横截面内的投影是内切于一个圆的多边形(可能是不封闭的)。偏斜光线的传播路径及其在横截面内的投影如图 2-4 所示。由于偏斜光线情形较为复杂,先来分析 SI 光纤的光线传输特性。

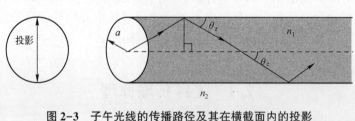

图 2-3　子午光线的传播路径及其在横截面内的投影

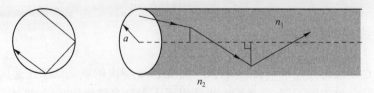

图 2-4　偏斜光线的传播路径及其在横截面内的投影

2. 数值孔径

根据全反射的基本条件,只有在纤芯和包层界面的入射角大于全反射临界角时,入射

10

光纤端面的光线才能在光纤中形成全反射传输的束缚光线,其示意图如图2-5所示。但是无论是子午光线还是偏斜光线,从空气中射入光纤纤芯界面上的光线入射角越小,耦合入光纤的光线在纤芯和包层界面的入射角才越大,因此可以推断并不是所有入射到光纤端面和空气界面的光线都能在进入光纤后形成全反射传输。

假设光线从空气中以入射角 θ 投射到光纤端面上,如图2-5所示。光线进入光纤以后,其传播路径与 z 轴之间的夹角为 θ_z,n_1 是纤芯折射率,n_0 是光纤端面外介质的折射率。根据斯涅尔定律有 $n_0\sin\theta = n_1\sin\theta_z$。而在 n_1 和 n_2 界面发生全反射时,有 $n_1\sin\alpha_c = n_2$,即 $\sin\alpha_c = n_2/n_1$,α_c 为全反射临界角。

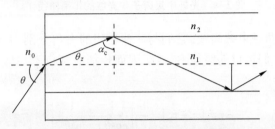

图2-5 光纤端面上光线的入射与折射

因为端面之外是空气,则 $n_0 = 1$。入射光线成为束缚光线的条件是 $\theta_z < \dfrac{\pi}{2} - \alpha_c$,即 $\sin\theta_z < \cos\alpha_c$,所以有

$$\frac{1}{n_1}\sin\theta < \cos\alpha_c = \sqrt{1 - \frac{n_2^2}{n_1^2}}$$

于是得到

$$\sin\theta_{\max} < \sqrt{n_1^2 - n_2^2}$$

从上式可以得到一个重要结论:从空气中入射到光纤纤芯端面上的光线被光纤捕获并成为束缚光线的最大入射角 $\theta_{\max}$,必须满足条件

$$\sin\theta_{\max} = \sqrt{n_1^2 - n_2^2} = n_1\sqrt{2\Delta}$$

式中:$\Delta = \dfrac{n_1^2 - n_2^2}{2n_1^2}$ 为光纤纤芯和包层之间的相对折射率差。

定义上述光线成为束缚光线的最大入射角的正弦,即 $\sin\theta_{\max}$ 为光纤的数值孔径(Numerical Aperture),记为 NA,即

$$\text{NA} = \sin\theta_{\max} = \sqrt{n_1^2 - n_2^2} = n_1\sqrt{2\Delta} \qquad (2.1-1)$$

NA 是光纤的一个重要的参数,因为只有入射到光纤端面上的子午光线入射角正弦小于 NA,该光线才能在进入光纤中后实现长距离无损耗传递,因此 NA 反映光纤捕捉光线能力的大小。NA 越大,光纤捕捉光线的能力就越强,光纤与光源之间的耦合效率就越高。光纤与光源之间的耦合效率与 $(\text{NA})^2$ 成比例。实际的光纤总有 $\Delta \ll 1$,多模光纤的数值孔径一般在 0.2 左右,单模光纤的数值孔径更小,通常小于 0.01。

3. SI 光纤中的传播时延和多径展宽

光线在芯层中的传播速度 $v = c/n_1$,c 是自由空间中的光速度,n_1 是纤芯的折射率。由

于光线在纤芯内沿锯齿状路径传播,如图 2-6 所示,光线沿 z 光纤传播距离 L 时,走过的实际路径长度为

$$S = L/\cos\theta_z$$

传播这段距离所需要的时间为

$$t = n_1 L/(c\cos\theta_z) \qquad (2.1-2)$$

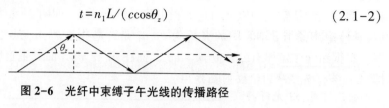

图 2-6 光纤中束缚子午光线的传播路径

如果在纤芯中有两条束缚光线,它们与 z 轴之间的夹角分别为 θ_{z1} 和 θ_{z2},则在 z 轴方向传播单位距离时,它们走过的路径不一样,因而传播时延也不一样,两条路径传播时延差用 $\Delta\tau$ 表示,则有

$$\Delta\tau = |\tau_1 - \tau_2| = \frac{n_1}{c}\left|\frac{1}{\cos\theta_{z1}} - \frac{1}{\cos\theta_{z2}}\right|$$

在所有可以存在的束缚光线中,路径最短的一条光线是如图 2-6 中沿 z 轴方向虚线传播的光线,其 $\theta_z = 0$;而路径最长的一条光线则是靠近全反射临界角入射的光线,其倾斜角 $\theta_z = \arccos\dfrac{n_2}{n_1}$。这两条光线传播时延差最大,称为最大时延差 $\Delta\tau_{max}$。

$$\Delta\tau_{max} = L\frac{n_1}{c}\frac{n_1 - n_2}{n_2} \qquad (2.1-3)$$

由式(2.1-3)可知 $\Delta\tau_{max}$ 与纤芯折射率和包层折射率之差 $n_1 - n_2$ 成正比。如果注入光纤的光脉冲进入光纤后沿不同路径传输,由于不同分量不同时到达终点,因此在光纤的接收端再复原光脉冲时,会产生脉冲时域展宽现象。$n_1 - n_2$ 通常很小,可定义相对折射率差为

$$\Delta = \frac{n_1^2 - n_2^2}{2n_1^2} \approx \frac{n_1 - n_2}{n_1} \approx \frac{n_1 - n_2}{n_2} \ll 1 \qquad (2.1-4)$$

则传输距离为 L 时的最大时延差即可表示为

$$\Delta\tau_{max} = Ln_1\Delta/c \qquad (2.1-5)$$

式(2.1-5)表明:假设光脉冲进入光纤后分散为不同路径的光线沿光纤传输会先后到达接收端,从而产生时域展宽。根据通信的基本知识可知信号的时域展宽不仅导致峰值接收功率的下降,严重时还会导致码间串扰,因此在通信中通常要对这种时域展宽进行限制和消除。

例 2.1 某 SI 光纤 $n_1 = 1.5, \Delta = 0.002$。

(1) 传输 10km 后光信号展宽了多少?

$$\Delta\tau = L \cdot \frac{n_1\Delta}{c} = 10^{-7}\mathrm{s},\text{即展宽量为 } 0.1\mu\mathrm{s}。$$

(2) 假设二进制通信系统要求脉冲展宽量应小于码元周期的 1/2,则在 10km 的距离上的最大通信容量是多少?

因为 $\Delta\tau \leqslant \dfrac{T_B}{2}$，$T_B$ 为码元周期，二进制通信系统的比特速率就是通信容量，因此有

$T_B = \dfrac{1}{B}$，B 为码元速率，所以有 $B \leqslant \dfrac{1}{2\Delta\tau}$，故该系统在 10km 的距离上的最大通信容量为 5Mb/s。

（3）同样条件下，在 100km 上的最大传输容量是多少？

$$B \leqslant \frac{c}{2L \cdot n_1 \cdot \Delta} = 0.5\text{Mb/s}$$，即在 100km 的最大传输容量仅为 0.5Mb/s。

由此可见，SI 光纤存在较为严重的多径展宽，极大限制了系统的通信性能。

4. 折射率渐变光纤

在 SI 光纤中，由于"路径不同而速度相同"，即注入光纤的不同光线沿不同角度的传输路径传输，而这些光线的速度相同，因此存在严重的多径展宽。为了减小多径展宽，可以使"路径不同，速度也不同"，即长路径的光线速度比路径短的光线快。实现这一思路的方法就是使光纤纤芯折射率从中心轴到与包层的分界面单调下降。这样的折射率分布的光纤就称为梯度光纤（GI 光纤），其折射率分布可以写成

$$n(r) = \begin{cases} n_1(r) & r \leqslant a \\ n_2 = n_1(a) & r > a \end{cases} \tag{2.1-6}$$

式（2.1-6）所描述的折射率分布如图 2-7 所示。

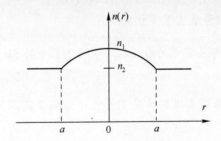

图 2-7　梯度光纤的折射率分布

因为 GI 光纤纤芯折射率从中心轴到与包层的分界面呈轴对称的单调下降分布，所以其路径的形状如图 2-8 所示。子午光线是光纤纤芯纵剖面内的平面曲线，它在横截面内的投影与 SI 光纤子午光线的特性相同，是光纤直径。偏斜光线的路径是螺旋状的空间曲线，它在横截面内的投影类似于螺旋线。

梯度光纤的数值孔径可以由 SI 光纤数值孔径的定义推出

$$\text{NA}(r) = \sqrt{n_1^2(r) - n_2^2} \quad r < a \tag{2.1-7}$$

通常梯度光纤的数值孔径是指其轴线上的数值。理论上折射率由轴心逐渐变小的分布方式有无穷种，工程人员发现当光纤的折射率如式（2.1-8）为抛物线型折射率分布时，子午光线的时延差最小。

13

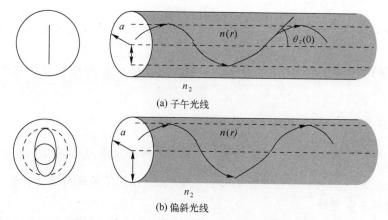

(a) 子午光线

(b) 偏斜光线

图 2-8 梯度光纤中光线的路径及在横面内的投影

$$n^2(r) = \begin{cases} n_1^2\left[1-2\Delta\left(\dfrac{r}{a}\right)^2\right] & 0 \leqslant r \leqslant a \\ n_2^2 = n_1^2(1-2\Delta) & r > a \end{cases} \qquad (2.1-8)$$

在单位距离上,抛物线型折射率分布的 GI 光纤传播时延差为

$$\Delta\tau = \frac{n_1}{2c}\Delta^2 \qquad (2.1-9)$$

例 2.2 某抛物线型的 GI 光纤 $n_1 = 1.5, \Delta = 0.002$。

(1) 传输 10km 后光信号展宽了多少?

$\Delta\tau = L \cdot \dfrac{n_1\Delta^2}{2c} = 10^{-10}$s,即展宽量为 0.1ns。与例 2.1 中的 SI 光纤相比,脉冲展宽量变为原来的千分之一。

(2) 假设二进制通信系统要求脉冲展宽量应小于码元周期的 1/2,则在 10km 的距离上的最大通信容量是多少?

由 $B \leqslant \dfrac{1}{2\Delta\tau}$ 可知该系统在 10km 的距离上的最大通信容量为 5Gb/s。

(3) 同样条件下,在 100km 上的最大传输容量是多少?

由 $B \leqslant \dfrac{c}{L \cdot n_1 \cdot \Delta^2}$ 可得,在 100km 的最大传输容量为 500Mb/s。

由此可见,抛物线型折射率分布的 GI 光纤比标准 SI 光纤的可用带宽理论至少可以提高两个数量级。还有一种折射率分布为双曲正割分布的光纤称为自聚焦光纤。在这种光纤中,从端面上同一点以不同的入射角的子午光线沿不同的路径传播,经过半个周期又汇聚到同一点上,其轨迹如图 2-9 所示。但必须注意的是:GI 光纤多径展宽的大幅降低仅对子午光线有明显的效用,现在还未找到能同时使子午光线和偏斜光线同时实现自聚焦的折射率分布,即在 GI 光纤中子午光线和偏斜光线之间,不同的偏斜光线之间仍然存在多径展宽问题,依然限制着通信性能,其传输性能远达不到例 2.2 中的水平。

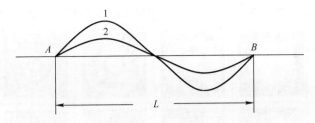

图2-9　自聚焦光纤中子午光线的传播路径

综上所述,注入光的入射角度小于数值孔径所对应的角度时,耦合入光纤的光线才能以全反射的方式低损耗、长距离传输;与SI光纤相比,GI光纤虽然可以抑制子午光线的多径展宽问题,但在进一步提升光纤传输性能上射线光学已无能为力。此外,在射线光学的分析中光纤的传输特性与光纤的尺寸没有关系,对设计优化光纤的指导作用有限,因此需要用波动光学知识回答光纤传输原理中的三个基本问题。

2.1.2　模式传输解释

两千多年前《墨经》中记载着蜡烛光穿过小孔后在屏上显示倒像,这个日常生活中常见的现象告诉我们光在宏观尺度下通常沿直线传播。而如果将蜡烛光先通过一个小孔产生一个点光源,并减少穿越小孔的尺寸,则有可能在屏上显示干涉图案,这就是光在传输波导尺寸与波长可以比拟条件下体现波动特性的典型案例。光导纤维实际上就是圆柱状的无源介质波导,其分析方法与微波技术中分析波导传输问题并没有本质区别。模式传输是电磁波在波导中低损耗传递的基本形式。对于作为光信号的传输介质,主要关心传输模式的特点和传输特性、模式传输条件,并由此得出单模传输条件。

1. 光纤中的传输模式

当光注入圆柱波导传输时,如果将沿传输方向垂直的横截面看成一个"屏",则因电磁场能量在横截面上驻波形式的存在而呈现周期对称的明暗光斑,其分布如图2-10所示。事实上,图中每一个光斑体现了电磁波功率在光纤的圆周方向按$\cos^2 m\varphi$(或$\sin^2 m\varphi$)规律分布,在半径方向,纤芯内功率按贝塞尔函数呈周期性分布。每一个光斑图本质上是给定边界条件下,求解圆柱波导波动方程得到的确定解,对应着光纤横截面上稳定的能量场分布,这种确定的能量场分布就称为光纤中的传输模式。为便于区别这些不同的模式,将其编号命名为一系列线性极化模,简称LP模。在图2-10所示的光纤的横截面内光功率的分布图中,模式序号m、n分别列在图的左侧和上方。其中m表示光场能量沿圆周方向有$2m$个能量极值点,n表示沿半径方向有几个极值点。如LP_{23}模表示该种能量场分布在圆周方向有4个极值点,而在沿半径方向上有3个极值点,而LP_{01}模则描述了如同手电筒光斑的能量场分布,即在距离圆心确定距离的圆周方向上光强均匀,圆心处的光场能量最大。

15

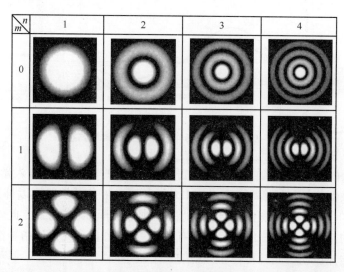

图 2-10 LP$_{mn}$模光斑图

光纤中的传输模式有三个特点。

一是稳定性,对于确定的模式而言,沿光纤传输方向任意点横截面能量场分布特性相同。如果把光纤通信系统看作是一个能量传输系统的话,这种能量传递方式在传输过程中的能量损失最小。

二是独立性,也就在理想圆柱波导条件下,各模式之间相互独立,可以互不干扰地沿光纤信道传输。光纤中只有一个模式传输就称为单模传输,如果光纤中同时存在多个模式共同传输就称为多模传输。

三是差异性,即每一个确定模式都有各自不同的传播特性,包括不同的能量场分布,也就是不同明暗分布特性的光斑。更重要的差异是不同的模式有不同的传输速度。如果光脉冲在光纤的注入端激励起了不同的传输模式,由于它们在光纤中的传输速度不同,因此虽然同时出发但不同时到达终端,这样在光纤接收端重新组合不同时刻到达的模式还原光脉冲时,就会发生脉冲信号的时域展宽。这就是光纤中的模式色散现象,模式色散会引起脉冲时域展宽,脉冲时域展宽又导致峰值能量的降低,严重时引起码间串扰,码间串扰会导致误码,从而影响光纤通信系统的带宽距离。显而易见,消除模式色散最好的方法就是让光纤中有且只有一个模式传输,但必须首先回答模式传输的条件问题,即:哪些模式能传哪些模式不能传,需要满足什么条件?

2. 模式传输与截止

确定模式传输的最重要的参数就是光纤的归一化频率 V,其定义为

$$V = \frac{2\pi}{\lambda} n_1 a \sqrt{2\Delta} \tag{2.1-10}$$

对于一个光纤传输系统而言,如果注入光工作波长 λ,光纤的结构参数 a、n_1、n_2 都是确定的,则其归一化频率是一个完全确定的数。对于一个特定的模式,归一化频率 V 至少要大于该模式所对应的某个定数,这个模式才能传播。因此,光纤传输系统中的表示模式的明暗光斑与某些特殊数值存在着一一对应关系,这些确定的数值就是与模式一一对应的归一化截止频率 V_c,其部分值如表 2-1 所列。

16

表 2-1　模式所对应的归一化截止频率

n \ m	0	1	2	3
1	0	2.405	3.832	5.136
2	3.832	5.52008	7.016	8.417
3	7.016	8.65373	10.173	11.620

由表 2-1 可知，只要 V 大于 0，LP_{01} 模就能传输；V 大于 2.405，LP_{11} 模才能传输，但需注意此时 LP_{01} 模也能稳定传输；当 V 大于 3.832，LP_{02} 模才能传输。也就是说，光纤中某一个模式 LP_{mn} 能够稳定传输的条件为

$$V = \frac{2\pi}{\lambda} n_1 a \sqrt{2\Delta} > V_{c-mn} \tag{2.1-11}$$

式中：V_{c-mn} 为 LP_{mn} 模式所对应的归一化截止频率值。

需要注意的是 V 是由光纤传输参数计算出的一个没有单位的量。由光纤传输的内外因条件共同决定，其中外因体现在工作波长 λ，而内因就是光纤的结构参数（纤芯半径 a 和相对折射率差 Δ，Δ 由纤芯折射率 n_1 和包层折射率 n_2 决定），光纤传输系统的这 4 个参数不同，就能算出不同的 V 值。而与特定模式一一对应的归一化截止频率 V_c 是利用电磁理论求解光纤波动方程的固定场解，与光纤传输的 4 个参数没有直接关系。V 与 V_c 有截然不同的概念，但通过比较 V 与 V_c 却可以回答模式是否能够稳定传输的问题。

例 2.3　某光纤 $a = 5\mu m$，纤芯折射率 $n_1 = 1.48$，相对折射率差为 0.002，入射光满足什么条件 LP_{11} 模才能在光纤中稳定传输？

解：根据 LP_{11} 模对应的归一化截止频率是 $V_{c-11} = 2.405$，所以有

$$\frac{2\pi}{\lambda} a n_1 \sqrt{2\Delta} > 2.405$$

可求出入射工作波长满足的条件为

$$\lambda_{LP_{11}} < \frac{2\pi a}{2.405} n_1 \sqrt{2\Delta} \approx 1.22 \mu m$$

即入射波长要小于 $1.22\mu m$ 时，LP_{11} 模才能传输。

通过例 2.3 得到了光纤模式传输的另一个重要的概念——截止波长。对于给定的光纤结构而言，每一个模式所对应的工作波长上限就是这个模式的截止波长 λ_{c-mn}，可由下式计算

$$\lambda_{c-mn} < \frac{2\pi a}{V_{c-mn}} n_1 \sqrt{2\Delta} \tag{2.1-12}$$

每个模式所对应的截止波长就回答了什么样的注入光才能在光纤中长距离传输这一问题。对于给定的光纤结构而言，只有在入射波的光波长小于该模式所对应的截止波长时，该模式才能在光纤中长距离传输。由于每个模式有不同的 V_c，因此它们各自的截止波长也不同。

由表 2.1 还可以发现，由于 LP_{01} 模的 V_c 为 0，因此它的截止波长趋近无穷大，工作波长小于截止波长的条件永远满足。所以光纤里只要注入光，这种像手电筒光斑一样的

LP$_{01}$模永远存在。而在光纤结构参数确定时,不同注入光工作波长所能激励起的稳定传输模式数量也不同。

例2.4 如果例2.3中的光纤传输系统工作波长是$0.65\mu m$,该光纤中存在几个稳定传输的模式呢?

答:按照式(2.1-12)计算可知当工作波长小于$0.77\mu m$时,LP$_{02}$模和LP$_{21}$模就能够传输。需要注意的是,工作波长是$0.65\mu m$时同样小于LP$_{11}$模所对应的截止波长$1.22\mu m$,与此同时LP$_{01}$模永远不截止,因此一共有4个模式传输。

例2.5 在例2.3的光纤结构中如何实现单模传输?

答:根据截止波长的概念,当注入光波长大于$1.22\mu m$时,所有高阶模都截止了,只有LP$_{01}$这个基模存在,可以实现单模传输。因此单模传输条件:合理选择光纤结构参数和注入工作波长,使得这个传输系统的归一化频率$V=\dfrac{2\pi}{\lambda}an_1\sqrt{2\Delta}<2.405$,就能保证光纤中有且仅有LP$_{01}$模传输,而使得其他高阶模式都截止,从而实现单模传输。

3. 模式传输特性

光纤纤芯中传输的功率P_i与总的传输功率P_t之比称为功率因子,记为η_{mn},即LP$_{mn}$模纤芯中传输功率占模式总功率的比例,定义为

$$\eta_{mn}=\frac{P_i}{P_i+P_0} \tag{2.1-13}$$

LP$_{mn}$模功率因子如图2-11所示,由图中可以看出:对于给定的模式而言,V越大功率因子就越大,能量就越集中于纤芯。

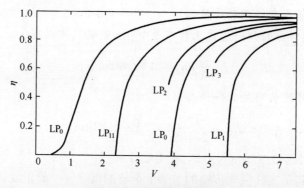

图2-11 LP$_{mn}$模功率因子

光纤中的传播模式总数M决定于归一化频率。一个常用的估算阶跃(SI)多模光纤中模数量的公式为

$$M=V^2/2 \tag{2.1-14}$$

式中:V为光纤的归一化频率。对于梯度(GI)光纤,传播模式总数会少于阶跃多模光纤。折射率呈抛物线函数分布的多模光纤,其传播模式总数可以近似表示为

$$M=V^2/4 \tag{2.1-15}$$

例2.6 假设某多模光纤的纤芯直径为$62.5\mu m$,纤芯折射率$n_1=1.48$,数值孔径$NA=0.20$,工作波长为$1.31\mu m$。请估算传输的模式总数量。

解：如果纤芯折射率为常数，即对于 SI 型光纤，则可按式(2.1-14)计算得到 $V=30$，传播的模式总数 $M \approx 450$。如果纤芯折射率按抛物线函数分布，则按式(2.1-15)计算 $M \approx 225$。

2.1.3 单模光纤

单模光纤就是在给定的工作波长上，有且只有主模式传输的光纤，例如，在阶跃型光纤中只传输 LP_{01} 模。由于单模光纤中只传输单一模式，不存在模式色散，因而单模光纤拥有巨大的传输带宽。长途光纤通信系统无例外都采用单模光纤作为传输介质。单模光纤的纤芯折射率分布可以是均匀的，也可以是渐变的。

阶跃光纤的主模 LP_{01} 模的归一化截止频率为 0，次最低阶模 LP_{11} 模的归一化截止频率为 2.405。单模传输条件就是光纤中仅有 LP_{01} 模可以传输，而 LP_{11} 模以及其他高次模都被截止，这就意味着归一化工作频率应满足条件：

$$0 < V < 2.405 \tag{2.1-16}$$

单模光纤的截止波长也就是 LP_{11} 模的截止波长，在光纤结构参数 n_1、Δ 及 a 已知的条件下，其截止波长为

$$\lambda_c = \frac{2\pi n_1 a \sqrt{2\Delta}}{2.045} = 2.612\sqrt{2\Delta}\, n_1 a \tag{2.1-17}$$

按式(2.1-17)计算截止波长时通常 a 不是指半径，而是指光纤的模场直径。模场直径是指光强的能量场量下降至中心轴处能量的 $1/e$ 时距纤芯的距离。工程中单模光纤的截止波长是由实验直接测量的。工程中最常用的 G.652 单模光纤，其工作波长为 1.31μm，ITU-T 的 G.652 建议规定，其截止波长范围为 1.10μm$<\lambda_c<$1.28μm。

规定 λ_c 的最大值为 1.28μm，是为了保证所传输的光信号中波长最短的成分也是满足单模传输条件的。但也不能将 λ_c 取得太小，λ_c 太小了，LP_{01} 模的功率将部分地进入包层，使得传播过程中弯曲损耗增大，所以规定 λ_c 的下限为 1.10μm。

需说明的是，规定的截止波长 λ_c 是指在光纤的始端激励起各种模式，经一定长度的被测光纤传播以后，各个高阶模所携带的总功率与主模式功率之比降到 0.1dB 时所对应的波长。也就是说所谓模式的截止并不是说这些模式在光纤中完全不存在，而是在发送端可能激励起但在传输过程中迅速消逝。

由单模传输条件可知：所谓单模光纤本质上是一个由注入工作波长和光纤结构参数共同决定的传输系统。在使用中即使信道采用了单模光纤但只要注入波长不满足要求（如利用红光手电注入单模光纤），则单模光纤中依然会形成多模传输。

2.2 光纤的损耗

2.2.1 损耗概念及表述

光纤的损耗导致光信号在传输过程中信号功率的下降，光功率 P 在光纤中的变化可

以用方程式

$$\frac{\mathrm{d}P}{\mathrm{d}z} = -\alpha P \qquad (2.2-1)$$

表示,式中 α 就是光纤的衰减系数,积分式(2.2-1)可得

$$P_{\mathrm{out}} = P_{\mathrm{in}}\mathrm{e}^{-\alpha L} \qquad (2.2-2)$$

式中:P_{in} 为注入功率;P_{out} 为径 L km 光纤传输后的输出功率。一般用单位长度的光纤损耗(dB/km)作为光纤损耗系数,即

$$\alpha(\mathrm{dB/km}) = -\frac{10}{L}\lg\left(\frac{P_{\mathrm{out}}}{P_{\mathrm{in}}}\right) = 4.343\alpha(1/\mathrm{km}) \qquad (2.2-3)$$

光纤通信线路的总损耗包括:光纤本身的损耗、光纤弯曲产生的附加损耗、光纤连接时产生的连接损耗等。在工程应用中用 dB 表示损耗的最大好处就是具有可加性,同时也需要注意 dB 与表示确定功率值 dBm 之间的联系与区别,前者表示功率的相对变化量,而 dBm 表示了一个绝对功率值(具体内容见 3.2.2 节)。

例 2.7 一段 10km 光缆链路,光缆损耗系数 α 为 0.5dB/km,每盘光缆长 1km,光缆之间以及光缆与光纤通信收发系统之间采用活动连接头连接,求链路总损耗。

解:一般每个活动连接头损耗 A_{c} 可估算为 0.5dB,与系统连接、长度为 10km 的链路共需要 11 个活动连接头因此链路总损耗为 $A = \alpha \cdot L + 11A_{\mathrm{c}} = 10.5\mathrm{dB}$。

2.2.2 通信光纤的损耗来源

光纤损耗的主要来源包括吸收损耗、散射损耗和弯曲损耗,其来源如图 2-12 所示。

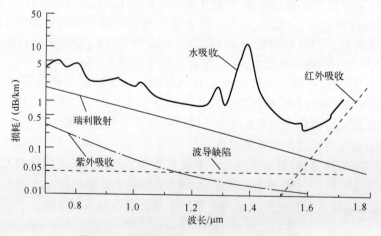

图 2-12　早期 G.652 A/B 型光纤的损耗谱

石英材料在红外区域和紫外区域各有一个吸收带。红外吸收对波长大于 1.5μm 的波段产生影响,尤其是在波长超过 1.8μm 时,红外吸收损耗已达 2dB/km,所以一般以 1.65μm 作为石英光纤工作波长的长波长极限。紫外吸收带的拖尾主要影响通信波段的短波长段。光纤中的杂质吸收也是光纤吸收损耗的重要来源,尤其是 OH⁻ 离子在 1.38μm 处有一个吸收峰,残存的 OH⁻ 离子的吸收导致早期 G.652 A/B 型光纤的通信波

段在0.8～1.65μm范围内形成了3个损耗相对较低的窗口,即0.85μm、1.31μm和1.55μm。目前1.31μm处光纤损耗在0.3～0.4dB/km范围内,1.55μm处损耗已低于0.2dB/km。后来G.652 C/D型光纤将OH⁻离子含量降到最低水平。于是1.38μm附近的OH⁻离子吸收峰消失,1.31μm和1.55μm两个低损耗窗口连通成一个极宽的低损耗频段,其低损耗带宽超过50THz。ITU-T对1.2～1.7μm范围的低损耗区给出了波段划分的统一标准,并给每一波段命名,如表2-2所列。

表2-2　波段划分

波 段 名 称	说　　明	波长范围/μm
O 波段	原始波段(Original)	1260～1360
E 波段	扩展波段(Extended)	1360～1460
S 波段	短波段(Short)	1460～1530
C 波段	常规波段(Conventional)	1530～1565
L 波段	长波段(Long)	1565～1625

光纤损耗的第二个因素是散射损耗,对通信波段短波长段的影响更严重是瑞利散射。光纤材料内部因在制备过程中的熔融及冷却过程必然导致其密度的不均匀性。密度的随机起伏导致折射率分布的起伏,这种折射率起伏的尺度远小于光波波长。折射率的不均匀必然导致对光波的散射,散射导致沿光纤前向传输的光信号能量的损耗,这种远小于光波波长尺度的不均匀分布对光波的散射称为瑞利散射。瑞利散射在日常生活中无处不在,可以理解为小尺度光波与不均匀分布微粒之间的碰撞,使部分光向四面八方散射开来,散射光的强度与波长的四次方成反比,因此晴朗的天空呈现蓝色。瑞利散射导致的损耗系数可以表示为

$$\alpha_R = S_A / \lambda^4 \tag{2.2-4}$$

式中的散射常数S_A在0.7～0.9(dB/km·μm⁴)范围以内,在0.8μm处α_R已达2dB/km,所以瑞利散射是限制通信波段短波长的主要因素。在1.55μm处α_R在0.12～0.15dB/km范围内。当然波长更长时α_R会进一步减小,但红外吸收损耗则会迅速增加。瑞利散射和红外吸收共同决定了1.55μm附近石英光纤有最低的损耗系数。除了石英玻璃以外,还可以采用塑料作为光纤材料。全塑料光纤也称为聚合物光纤。使用塑料作为光纤材料,其损耗要明显地大于石英玻璃材料。在近红外波段,塑料包层石英光纤的典型损耗值为8dB/km左右,而全塑料光纤的典型损耗值则可达到几百分贝每千米。塑料光纤在短距离、中低传输速率系统中是很有竞争力的传输介质。塑料光纤制造成本低,数值孔径可以做得较大,与光源之间可以实现较高的耦合效率,这可以部分弥补较大的传输损耗。

光纤有一定曲率半径的弯曲时就会产生附加的辐射损耗,光纤可以呈现两类弯曲,其造成损耗的机理如图2-13所示。一是在光纤成缆时产生的,沿轴向的随机性微弯曲造成的损耗;二是光纤材料与护套层材料的热膨胀系数不一致造成的损耗。两个因素都会导致光纤理想圆柱形波导的形状被打破,形成如图2-13(a)所示的波导缺陷,从而使一部分光不满足全反射条件而射出光纤。二是如图2-13(b)所示的曲率半径比光纤直径大得多的宏弯曲,例如,光缆埋地、架空时因地势起伏、自重、扭绞或挤压就会产生此种弯曲,

从而导致全反射条件被破坏。从光纤的弯曲处辐射出的能量取决于弯曲段的曲率半径，一般曲率半径越小，弯曲损耗越大。通常光缆工程中要求光缆盘圈时直径是其缆径的 10~15 倍，光缆接头盒内的盘纤直径在 10cm 左右，主要的目的就是降低弯曲损耗。

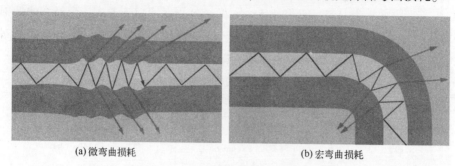

(a) 微弯曲损耗　　　　　　　　　　　　　(b) 宏弯曲损耗

图 2-13　微弯曲损耗与宏弯曲损耗

减小微观弯曲损耗的常用方法是在光纤表面加入软性护套层，如日常机房中用的光纤跳线，护套发生变形而光纤仍可保持圆柱体状态。另外，如果是在昼夜、冬夏温度差很大的高寒地区建设光纤线路，富余度可留得大一些，以便抑制光缆因热胀冷缩导致的微弯损耗。

需要注意的是，由于弯曲损耗的存在使得搭线窃听光纤成为可能。通常的做法是将光纤绕圈微弯后，探测辐射出的弱光功率，并在不被察觉的情况下恢复重生光信号，从而给光网络物理层安全带来极大的挑战。光缆防窃听的通常手段有数字加密、光域加密和光缆性能高精度监控等方法，其中对光纤的损耗实施在线高精度测量是对抗搭线窃听的重要手段之一。光时域反射仪就是进行光缆损耗测量的常用仪表，其原理和使用方法将第 9 章介绍。

2.3　光纤的色散

2.3.1　色散概念

色散通常是指不同频率的电磁波以不同的速度在介质中传播的物理现象，如自然现象彩虹和白光的三棱镜散射实验都展示了色散现象。在光纤中色散引起光脉冲在传播过程中的时域展宽，直接导致接收端峰值功率的降低，严重时还会使前后脉冲相互重叠，引起数字信号的码间串扰。因注入光的波长不同导致传输速度不同，最终产生光脉冲时域展宽的现象称为波长色散。在多模光纤中，不同的传播模式具有不同的相位常数，因而有不同的相速度和群速度。在光纤的输入端，一个光脉冲的能量分配到不同的模式上，以不同的速度传播到输出端，同样会导致光脉冲的时域展宽，该现象称为模式色散。

从色散的概念可以看出：光纤中产生色散的内因是其对于不同的分量（不同光频率或模式）有不同的传输速度，而外因是有不同的分量进入光纤。单模光纤中没有多种模式，但也会用多种光频率分量进入光纤。光纤中传输的光信号是用基带电信号调制光源所发出的连续光波产生的。已调光信号的频谱宽度决定于光源自身的频谱宽度和调制信号的带宽。低速调制时,已调光信号的谱宽主要取决于光源发出的光谱宽度。光纤通信中所用的光源主要是 LED 和 LD,前者的线宽达数十纳米,后者的线宽在纳米量级。如果对光源进行调制的脉冲重复频率不超过 2.5GHz,则调制带宽小于 0.05nm 左右。显然光源本身的谱宽起决定性作用。但当基带信号速率达到 10Gb/s 时,调制信号谱宽接近 0.1nm,已经与当前的单纵模激光器的谱宽相当,即使采用窄线宽激光器作为光源,多种光频导致的波长色散仍然不可忽略。

携带信息的光信号在光纤中以已调光载波群速度传播,群速度的定义为

$$v_g = \frac{d\omega}{d\beta} \qquad (2.3-1)$$

式中:ω 为光载波的角频率;β 为相位常数,群速度也就是电磁能量传播速度。

光信号在光纤中传播单位距离的时间称为群时延,用 τ 表示,则

$$\tau = 1/v_g = d\beta/d\omega \qquad (2.3-2)$$

在自由空间中,光的速度为 $c = 1/\sqrt{\mu_0 \varepsilon_0}$,是个物理常数,相位常数 $k_0 = \omega\sqrt{\mu_0 \varepsilon_0} = \omega/c$。式(2.3-2)又可以写成

$$\tau = \frac{d\beta}{dk_0} \frac{dk_0}{d\omega} = \frac{1}{c} \frac{d\beta}{dk_0} \qquad (2.3-3)$$

因为 $k_0 = 2\pi/\lambda$,式(2.3-3)又可以写为

$$\tau = -\frac{\lambda^2}{2\pi c} \frac{d\beta}{d\lambda} \qquad (2.3-4)$$

从式(2.3-4)可以看到,正因为 τ 是波长 λ 的函数,所以光信号中不同频率的成分以不同的速度传播。如果包含不同频率分量的光脉冲在光纤注入端同时出发,将在不同的时刻到达终端,从而导致光脉冲的时间展宽。光脉冲展宽为光信号中传播速度最慢的频率成分的传输时延与传播速度最快的频率成分的传输时延之差,记为 $\Delta\tau$。为求出 $\Delta\tau$ 可将式(2.3-4)求导,忽略高阶项,$\Delta\tau$ 可表示为

$$\Delta\tau = \frac{d\tau}{d\lambda}\Delta\lambda = -\frac{1}{2\pi c}\left(2\lambda \frac{d\beta}{d\lambda} + \lambda^2 \frac{d^2\beta}{d\lambda^2}\right)\Delta\lambda \qquad (2.3-5)$$

式中:$\Delta\lambda$ 为光源的线宽或光信号的谱宽。由此可以看到,由于光信号的非单色性而引起的色散效应或时延差与光信号的谱宽 $\Delta\lambda$ 成正比。这种与光信号谱宽成比例的色散效应称之为波长色散或色度色散。

根据波长色散的产生机理,又可以将波长色散区分为材料色散和波导色散。材料色散是由构成光纤的纤芯和包层材料的折射率是频率的函数引起的。材料的折射率 $n = \sqrt{\mu_r \varepsilon_r}$,对绝大多数材料 $\mu_r = 1$,但 $\varepsilon_r = \varepsilon_r(\omega)$ 是频率的函数,所以折射率 n 也是波长的函数,从而导致光波的传播速度是波长的函数。三棱镜的白光散射实验就体现了材料色散的作用。又因为模式的传播常数 β 也是折射率 n 的函数,n 又是波长的函数,所以不同的波长有不同的模式的传播常数,引起波导色散。

在多模光纤中,光信号耦合进光纤以后,会激励起多个模式。这些模式有不同的相位常数和不同的传播速度,从而导致光脉冲的展宽。这种脉冲展宽与波长色散的机理不同,它与光信号的谱宽无关。这种与光信号谱宽无关,仅由传播模式间相位常数的差异导致

的色散效应,称为模式色散或模间色散。如果将不同的传播模式理解为不同的传播路径,则可以认为不同的导波模式从始端到终端走过了不同的路程,从而导致光脉冲展宽,所以有的书中将模式色散称为多径色散。

在多模光纤中,模式色散起决定性作用,它最终限制了光纤的传输带宽距离积。因此,高速传输系统和长途通信线路中只用单模光纤作为传输介质。

2.3.2 模式色散

模式色散是多模光纤的主要色散因素。根据 2.1.1 节内容可知单位距离(1km)阶跃光纤中因为多模传输导致的光脉冲展宽为

$$\Delta\tau = n_1\Delta/c \tag{2.3-6}$$

而纤芯折射率按抛物线函数分布的梯度(GI)光纤在单位距离(1km)上的多模传输光脉冲展宽则为

$$\Delta\tau = \frac{n_1}{2c}\Delta^2 \tag{2.3-7}$$

式中:c 为真空中的光速度;n_1 为纤芯轴上的折射率;Δ 为纤芯与包层的相对折射率差。

2.3.3 单模光纤的色散

目前,单模光纤是构建光纤通信网络最主要的传输介质,其色散特性则是限制其传输容量的主要因素,所以掌握色散表示度量方法及其对通信的影响十分重要。

1. 色散系数

单模光纤中只有主模式 LP_{01} 模传输,总色散由材料色散、波导色散和偏振模色散构成。前两项属于波长色散,且波长色散是主要色散来源。

单模光纤的波长色散用色散系数 $D(\lambda)$ 度量,其单位是 $ps/(nm\cdot km)$,即单位波长间隔(1nm)的两个频率成分在光纤中传播 1km 时所产生的群时延差,其定义为

$$D = \frac{1}{L}\frac{d\tau}{d\lambda} \tag{2.3-8}$$

式中:$d\lambda$ 为两个不同光信号的波长差;$d\tau$ 为两个不同波长光信号的时延差,需要注意的是不同波长上的色散系数不同。单模光纤的波长色散系数可以表示为

$$D(\lambda) = D_m(\lambda) + D_w(\lambda) \tag{2.3-9}$$

式(2.3-9)表示波长色散为材料色散与波导色散之和。第一代标准单模光纤 G.652 的色散系数如图 2-14 所示。材料色散在通信用波长范围内可正可负,按色散系数的定义式可知:当 $D>0$ 时,表示"蓝光快红光慢",称为反常色散;当 $D<0$ 时,表示"蓝光慢红光快",称为正常色散。由于波导色散总为负值,因此单模光纤的总色散的绝对值将在短波长范围大于材料色散,在长波长范围小于材料色散,其结果如图 2-14 所示。

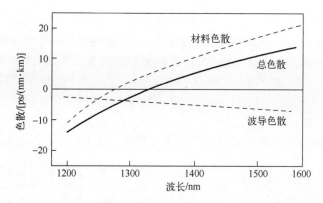

图 2-14 G.652 单模光纤的波导色散和材料色散随波长的变化

由于 G.652 标准单模光纤的波导色散与材料色散在 1.31μm 左右的近似抵消作用，在该波长处的色散系数为 0。而在 1.55μm 处的色散系数大约是 17~18ps/(nm·km)。严格地说，由于有高阶色散及偏振模色散存在，在零色散波长上，色散并不等于零。工程中规定在零色散波长附近，最大色散系数不大于某一确定值。在零色散区，除了最大色散系数这一指标以外，十分重要的是色散斜率，其定义为

$$S_0 = \lim_{\lambda \to \lambda_0} \frac{D(\lambda) - D(\lambda_0)}{\lambda - \lambda_0} = \frac{\mathrm{d}D(\lambda)}{\mathrm{d}\lambda} \qquad (2.3\text{-}10)$$

式(2.3-10)表示零色散波长附近总色散系数随 λ 变化的曲线的斜率，其单位是 $ps/(nm^2 \cdot km)$。如果给定色散斜率 S_0，则在零色散区内的色散系数为

$$D(\lambda) = (\lambda - \lambda_0) S_0 = S_0 \Delta\lambda \qquad (2.3\text{-}11)$$

G.652 光纤在 1.31μm 处的色散斜率 S_0 的典型值为 $0.092ps/(nm^2 \cdot km)$，由此可以计算在 1.27~1.34μm 波长区域内的色散系数。而对于离零色散波长较远的处可按式(2.3-12)计算。

$$D(\lambda) = \frac{\lambda S_0}{4} \left[1 - \left(\frac{\lambda_0}{\lambda} \right)^4 \right] \qquad (2.3\text{-}12)$$

为了方便理论分析，有时用群速度色散(Group Velocity Dispersion, GVD)系数来描述光纤的波长色散。光波传播的相位常数通常是频率的复杂函数，即 $\beta = \beta(\omega)$。假设将光信号看成是对角频率为 ω_0，相位常数为 β_0 的单色光调制的结果，则可以将 β 在 β_0 附近展开，即

$$\beta(\omega) = \beta_0 + \beta_1 \Delta\omega + \frac{1}{2}\beta_2 (\Delta\omega)^2 + \frac{1}{6}\beta_3 (\Delta\omega)^3 + \cdots$$

式中 $\beta_n = \dfrac{\mathrm{d}^n \beta}{\mathrm{d}\omega^n}$，群时延则为

$$\tau_g = \frac{1}{v_g} = \frac{\mathrm{d}\beta}{\mathrm{d}\omega} = \beta_1 \qquad (2.3\text{-}13)$$

群速度色散系数则定义为

$$\frac{\mathrm{d}\tau_g}{\mathrm{d}\omega} = \frac{\mathrm{d}^2 \beta}{\mathrm{d}\omega^2} = \beta_2 \qquad (2.3\text{-}14)$$

25

其物理意义是谱宽为 1 个频率单位的信号在光纤中传播 1 个单位距离时所产生的脉冲展宽,其单位是 ps²/km,因此 β_2 值体现了两条载波调制了相同基带信号后,在光纤这种色散信道传输后时延差的大小,β_2 与前面定义的色散系数 $D(\lambda)$ 之间的关系为

$$D(\lambda) = -\frac{2\pi c}{\lambda^2}\beta_2 \qquad (2.3\text{-}15)$$

2. 色散展宽对通信容量的限制

由色散系数的定义式很容易得到给定光纤色散系数 $D(\lambda)$ 和传输距离 L 条件下的色散展宽量

$$\Delta\tau = D(\lambda) \cdot L \cdot \Delta\lambda \qquad (2.3\text{-}16)$$

例 2.8 若系统采用 $1.55\mu m$ 的多纵模激光器谱宽约为 5nm,G.652 光纤在该通信波长上处的色散系数约为 $18ps/(nm \cdot km)$,试估算传输 10km 和 100km 后的脉冲展宽。

解:需要明确的是由于此处 $D>0$,因此可以判断"蓝快红慢",即波长长的光速度慢,而波长短的光速度快。脉冲展宽量实际上是最快的光也就是波长最短的光,与最慢的光也就是波长最长的光之间的时延差。因此式 (2.3-16) 中的光源谱宽就体现了"最快"与"最慢"两个光信号的波长差。将各条件代入到式 (2.3-16) 中可算出传输 10km 后的展宽量约为 900ps,传输 100km 后的展宽量约为 9000ps。

色散导致脉冲展宽引起接收端信号峰值功率的降低,从而降低了最佳接收判决时刻的信噪比,严重时会引起码间串扰,这都会降低通信的可靠性。因此必须对脉冲时域展宽量有所限定,这个限定值最佳的参照量就是通信码元宽度 T_B。ITU-T G.957 标准建议 $D(\lambda) \cdot L \cdot \Delta\lambda < \varepsilon T_B$。其中 1dB 功率代价时 $\varepsilon < 0.306$,而 2dB 功率代价时 $\varepsilon < 0.491$,实际工程应用中通常要求色散展宽小于码元宽度的 1/2,按此要求有

$$BL < \frac{1}{2 \cdot D(\lambda) \cdot \Delta\lambda} \qquad (2.3\text{-}17)$$

式 (2.3-17) 就是光纤通信距离带宽积与色散展宽之间的量化关系。

例 2.9 续例 2.8,试估算传输 10km 和 100km 时的系统容量限制。

解:按 $\Delta\tau < 0.5T_B$ 估计。传输 10km 展宽了 900ps,码元宽度至少为展宽的 2 倍,则码元宽度为 1800ps,系统容量为 555.5Mb/s。同理可知,该系统在 100km 上的传输容量小于 55.5Mb/s。

由式 (2.3-17) 也可以看出:光纤通信系统抑制色散可以采取的手段包括降低光源谱宽 $\Delta\lambda$ 和降低信道色散系数 $D(\lambda)$ 两条途径。基于降低光源谱宽考虑,产生了谱宽更窄的 DFB 激光器 (见 3.2 节),其谱宽可以小于 0.1nm,因此通信容量有了数十倍的提升。但需要注意的是,将光源本身谱宽做得更窄并不会无限制地提升通信系统的距离带宽积,其本质原因是基带信号的调制本质上是一次频谱搬移,基带信号频谱宽度经光调制后会成为不可忽略的光信号谱宽来源,这就是信号谱宽引入的色散问题,其对通信容量的限制本质上就是要解决基带信号引入了多少光谱宽度。由频率与波长的基本关系可知 $f = \dfrac{c}{\lambda}$,其中 c 为光速。取其差分表达式则有 $\Delta f = \dfrac{c}{\lambda^2}\Delta\lambda$,此处 Δf 即为基带电信号的带宽 B,则其引入的光谱宽度 $\Delta\lambda = \dfrac{\lambda^2}{c}B$,将此式代入到式 (2.3-17) 中可得出信号调制引入的色散限制为

$$B^2 L < \frac{c}{2 \cdot D(\lambda) \cdot \lambda^2} \qquad (2.3-18)$$

例 2.10 若采用工作在 $1.55\mu m$ 波长处的超窄线宽激光器 (光源 $\Delta\lambda \to 0$) ,光纤色散系数 D 为 $18 ps/(nm \cdot km)$,则调制信号色散性能受限为

$$B^2 L < \frac{3 \times 10^5 km}{2 \times 18 \times 10^{-12} s/(nm \cdot km) \cdot (1550 nm)^2} = 3468 (Gb/s)^2 \cdot km$$

则在 $100km$ 的距离上的容量小于 $6Gb/s$ 。因此,当光源谱宽变窄后,高速光纤通信系统仍然不能彻底解决色散受限问题。

利用 $1.31\mu m$ 处的零色散窗口实施通信是抑制色散的又一重要手段,但也存在两个缺陷:一是该波长处的损耗值比 $1.55\mu m$ 处高近 50% ,限制无中继通信距离;二是由于色散斜率的存在使得只要存在一定光谱范围的光信号在该波段工作时依然会受到色散的影响。将零色散点处的 $\Delta\lambda$ 代入到 $D(\lambda)$ 表达式,并用于式 (2.3-18) 时可得零色散波长处的性能受限为

$$B^3 L < \frac{c^2}{2 \cdot S_0 \cdot \lambda^4} \qquad (2.3-19)$$

以 G.652 光纤在 $1.31\mu m$ 处的色散斜率 S_0 的典型值为 $0.092 ps/(nm^2 \cdot km)$ 计算,该在 $100km$ 上的容量大约为 $150Gb/s$,因此工作在 $1.31\mu m$ 零色散波长上的中短距离系统无须考虑色散问题。

3. 偏振模色散

单模光纤偏振模色散来自于光纤的双折射现象,其原理如图 2-15 所示。单模光纤的工作模式 LP_{01} 模有两个正交的偏振方向,电场强度分别指向 x 轴和 y 轴方向,由于双折射现象导致沿不同偏振方向的模式传播相位常数不同,因此这两个正交的模式在光纤中传播时速度不同,同时出发但不同时到达接收端,同样会产生脉冲展宽现象,展宽量就是如图 2-15 所示的两个偏振模式的传播时延差 $\Delta\tau_{PMD}$ 。

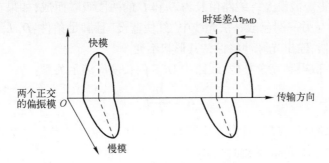

图 2-15 偏振模色散示意图

由于光纤制造过程中的不确定性因素,光纤的不圆程度、内应力的不均匀程度都是随机变化的。这导致光纤的双折射效应不稳定,而是一个随光纤长度和环境而变化的随机量。总的偏振模色散与光纤长度的平方根成正比,所以单模光纤的偏振模色散参数所用的单位是 $ps/\sqrt{km}$ 。通常计算偏振模色散展宽的公式为

$$\Delta\tau_{PMD} = D_{PMD} \sqrt{L} \qquad (2.3-20)$$

为了降低单模光纤的偏振模色散,在光纤制造工艺中应尽可能想办法降低双折射,通常采用计算机控制拉丝过程,尽可能保证光纤截面接近理想圆形,选择合适的材料使光纤护套、包层、纤芯的热膨胀系数匹配等技术,拉丝过程中旋转预制棒,制成旋光纤。目前的标准单模光纤可以将 PMD 控制在 $0.2\mathrm{ps}/\sqrt{\mathrm{km}}$ 以内。

例 2.11 G.652C 型光纤的偏振模色散系数为 $0.5\mathrm{ps}/\sqrt{\mathrm{km}}$,G.652D 型光纤的偏振模色散系数为 $0.2\mathrm{ps}/\sqrt{\mathrm{km}}$,请分别计算传输 100km 后的光脉冲展宽量。

解:代入公式(2.3-20)计算可知:在 G.652C 型光纤上传输 100km 后的展宽量为 5ps,而在 G.652D 型光纤上传输 100km 后的展宽量为 2ps。

通常要求 $\Delta\tau_{\mathrm{PMD}}<0.2T_{\mathrm{B}}$,即偏振模色散展宽量小于码元宽度的 1/5,因此在 100km 的距离上 G.652C 光纤的最小码元宽度为 25ps,对应最大传输速率为 40Gb/s,而采用 G.652D 型光纤的最小码元宽度为 10ps,最大传输速率为 100Gb/s。从该例也可以看出:如采用新型光纤,一般百千米内 40Gb/s 以下的光纤通信无须考虑偏振模色散问题。

2.3.4 色散补偿

为了克服色散对通信容量的限制,采用适当的技术补偿光纤的色散,使色散导致的光信号的传输畸变减至最小,是对已铺设线路扩容的最经济手段。对色散的补偿可以在光纤线路上实现,也可以在发送端或接收端实现。下面主要介绍色散补偿光纤(Dispersion Compensation Fiber,DCF)和色散补偿光栅(Dispersion Compensation Grating,DCG)的基本原理,同时简要介绍其他补偿技术。

1. 色散补偿光纤

最简单的在线补偿方案是在光纤线路中采用色散特性相反的两种光纤级联,使得线路中总的色散为零。假设光纤线路由长为 L_1 和 L_2 的两段级联而成,如果在正常光纤传输时"蓝快红慢"而在另一端色散补偿光线中"红快蓝慢"且满足条件:$D_1 L_1+D_2 L_2=0$,则色散将得到完全补偿,输出光脉冲将保持其形状不变。

因此,为使色散得到完全补偿,线路中 DCF 的长度应满足关系:

$$L_2=-\frac{D_1}{D_2}L_1 \tag{2.3-21}$$

为了减小线路总的衰耗,通常 L_2 应尽可能小,所以 DCF 的色散系数应尽可能大。实际上,DCF 就是具有高色散系数的光纤。

DCF 的高色散可以通过减小光纤的波导色散得到。目前,DCF 的色散系数在 $1.55\mu\mathrm{m}$ 波段已超过 $-200\mathrm{ps}/(\mathrm{nm}\cdot\mathrm{km})$,损耗在 0.5dB/km 左右。可估算出 1km 的 DCF 大约可补偿 11km 的普通 G.652 光纤。但 DCF 的主要缺点就是损耗较大,对于长距离传输系统,需要 DCF 的长度 L_2 较大,使得线路总损耗明显增大,需要在链路中增加光放大模块。

2. 色散补偿光栅

通常采用啁啾光纤光栅作为色散补偿元件。啁啾是指光栅常数 $\Lambda=\Lambda(z)$ 在整个光纤长度范围内是变化的,即光载波的频率随时间变化。一般采用线性啁啾,即 Λ 在光栅长度范围内呈线性变化。由布喇格反射波长 $\lambda_B = 2n_{eff}\Lambda(z)$ 可知,Λ 越小反射波长越短。采用啁啾光纤光栅进行色散补偿的结构如图 2-16 所示。因光纤末端 Λ 较小,因此短波长成分在末端反射,光栅始端 Λ 较大,因此长波长成分在始端反射,这样在短波长成分和长波长成分经如图 2-16 所示的反射型啁啾光栅后,短波长的传输时延长,长波长的传输时延短。如果两者的时延差刚好与常规单模传输光纤在 $1.55\mu m$ 处的"红慢蓝快"的色散特性相反,就能达到色散补偿的目的。采用啁啾光栅补偿光纤色散具有插入损耗小、易于与系统连接等优点。在已大量铺设的常规单模光纤线路上,采用光纤光栅作为色散补偿元件是很好的方案。

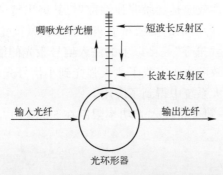

图 2-16　采用啁啾光纤光栅进行色散补偿

3. 其他补偿技术

DCF 和 DCG 通常成为专用的色散补偿模块安装在设备中,除此之外还有多种在发送端和接收端采用的色散补偿技术。

在发送端可以采用的色散补偿技术可以称为预补偿技术。主要可以采用的技术是预啁啾。简单来说就是让速度快的频率分量后出发而速度慢的频率分量先出发,从而抵消光纤信道的色散展宽。

对光信号进行均衡滤波也是一种色散补偿技术。在光接收机之前接入传输函数为 $H(\omega)$ 的光滤波器,只要设计适当,光滤波器的输出信号将是无畸变的。可以采用 Fabry-Perot 干涉仪作为滤波元件,也可以采用 Mach-Zehnder 干涉仪作为滤波元件。

由于色散问题本质上是不同分量信号延时不同而产生的相对固定的脉冲线性畸变,除了可以用色散补偿器件抑制消除色散之外,还可以利用光电转换后数字域的信号处理和纠错编码等技术进一步抑制色散对光纤通信的不利影响,当前高速数字相干接收技术就利用该方法在 100G/400Gb/s 的链路中实施色散补偿。

2.4　光纤的非线性现象

单模光纤芯径约 $10\mu m$,当有多路光信号注入光纤或单路光信号功率达到或超过毫瓦量级时,芯内场强大到与光纤材料原子对电子的束缚力相当时,就有可能产生较为明显的非线性效应。

非线性效应的首要特征就是产生了新的频率分量。在多波长传输系统需要避免四波混频现象,四波混频现象对密集波分复用(DWDM)通信系统会造成严重的不同光波长通道间的串扰。通常 DWDM 系统相邻波长通道的频率间隔在数十兆赫到数百兆赫。如果各波长通道都在单模光纤的低色散区,而且功率较大,如 $\omega_i+\omega_j-\omega_k$ 这样的新产生的频率落在某个已有一波长通道内,就会产生干扰。后续的 G.655 和 G.656 光纤使工作窗口内保留较小的色散(3~5ps/(nm·km)),同时抑制非线性和色散。在系统设计时,除了选用合适的光纤以外,限制系统的注入功率、合理安排波长间隔也是克服四波混频影响的有效措施,在 DWDM 系统中,通常采用波长的不等间隔配置来避免四波混频的影响。

光纤中另外一种非线性效应是受激非弹性散射,其突出特征是在原有注入激光波长附近产生了新的频率分量,即所谓的受激布里渊散射和受激拉曼散射,并且随着非线性效应的加剧,新的频率分量会"抢夺"一半以上的注入信号激光的能量从而使通信光的传输损耗加剧。但这种非线性效应由于完成了注入强光到小信号光的能量传递,因此受激非弹性散射在分布式光纤放大系统中得到了应用。

在光纤通信系统中,一般会将注入光功率限制在 50mW(17dBm)内以控制非线性效应,并保证人眼安全。

2.5　光纤标准

为统一通信用光纤的各类指标参数,ITU-T 提出了 G.651-G.657 一系列光纤标注,但本质上都是通过改变光纤的材料和结构使其具备更好的传输特性,下面分别予以介绍。

2.5.1　G.651 多模光纤

多模光纤通常工作于短波长 S 波段(770~960nm)或者 O 波段(1310nm 附近),其应用场所包括办公或政府大楼、医疗设施、大学校园或制造工厂内的链路,预期传输距离在2km 以内。新版 G.651 光纤建议采用折射率渐变的石英梯度光纤,将光纤的尺寸统一为内径 50μm,外径 125μm,用于短距离通信或数据互联。另一个标准化组织 TIA 给出了OM1 到 OM5 的多模光纤标准,其基本指标参数如表 2-3 所列。

OM1 光纤是 20 世纪八九十年代最受欢迎的多模光纤,到了 21 世纪早期,它已经成为应用最普遍的多模光纤,但是与其他多模光纤相比,OM1 光纤内径为 62.5μm,外径为125μm,光纤的速率传输速率最低,传输距离也最短。

OM2 指 850/1310nm 带宽距离积在 500/500MHz·km 以上的 50/125μm 多模光纤。由其带宽距离积指标可以推算出该类光纤在 850nm 波长上针对 1Gb/s 信号最多可以传送 500m,通常可以为端口速率低于 1Gb/s 的路由器提供互连服务。ITU-T 的新版G.651 光纤接纳了 OM2 多模光纤。

表 2-3　TIA 多模光纤标准

光纤标准	内径/外径 /μm	损耗/(dB/km)		最小带宽距离积/(MHz·km)		
		850nm	1310nm	850nm	950nm	1310nm
OM1	62.5/125			200		500
OM2				500		500
OM3	50/125	3.5	1.5	2000	NA	800
OM4				4700		NA
OM5				4700	2470	NA

OM3 光纤通常是指用在 10Gb/s 传输中的多模光纤。OM3 光纤和低成本的垂直腔面发射激光器(VCSEL 见 3.3.2 节)一起使用,光源谱宽的减少降低了材料色散对容量的限制作用,实现了 300m 以内的 10Gb/s 光信号传输。OM4 光纤更进一步,10Gb/s 速率的传输距离可以达到 550m。

OM5 光纤最开始被称为宽带多模光纤,与 OM3 和 OM4 光纤相比,纤径同为 50/125μm,因此可以完全向后兼容传统的 OM3 和 OM4 多模光纤。但 OM5 光纤跳线将波分复用技术引入到了短波长段,通过优化 930nm 左右的色散特性,在同一根光纤的 850~950 波长范围内可以容纳 4 个子波长,每个子波长可以支持 10Gb/s 以上的速率,因此单根 OM5 光纤与 VCSEL 激光器阵列配合使用,可以实现 40Gb/s 甚至 100Gb/s 光信号的短距离互联。OM5 光纤支撑 40Gb/s 业务时,传输距离可达 440m;支持 100Gb/s 业务时,传输距离可达 150m。此外,2017 年 2 月,TIA 规定 OM5 光纤的识别颜色为水绿色。

2.5.2　G.652 单模光纤

G.652 是出现最早也是目前应用最广泛的单模光纤,它的零色散波长在 1.31μm 附近,在 1.55μm 处色散系数在 17~18ps/(nm·km) 之间,零色散波长范围为 1.300~1.324μm,色散斜率 $S_0 \leqslant 0.093/(nm^2 \cdot km)$,在零色散区(1.288~1.339μm)最大色散系数 $D(\lambda) < 3.5ps/(nm \cdot km)$。

G.652C/D 型光纤是通过降低水离子浓度消除 E 波段 1360~1460nm 的损耗峰制成的,它们被称为低水峰光纤,在工作波长范围为 1260~1625nm 内的损耗小于 0.4dB/km,从而实现了更大的可用带宽。G.652D 型光纤与 G.652C 型光纤相比优化了偏振模色散,由原来的 $0.5ps/\sqrt{km}$ 下降到 $0.2ps/\sqrt{km}$。

2.5.3　优化损耗的 G.654、G.657 光纤

G.654 光纤主要用于海缆通信系统,为适应海缆通信长距离、大容量的需求,G.654 光纤主要做了两个方面的改进:首先是光纤的损耗从 G.652 的 0.2dB/km 左右降到了 0.18dB/km 以下;其次是增大光纤的模场直径,使通过光纤横截面的能量密度减小,从而改善光纤的非线性效应,提升光纤通信系统的信噪比。G.652 光纤为在 1.31μm 处能够实现单模传输而设计,因此当工作在 1.55μm 波长时,其归一化频率 V 大约为 1.99,远小于

2.405。而由图2-11可知：单模传输时，V越大，能量越集中于纤芯，则因光纤圆柱波导不规则而导致的传输损耗就越小。通过模场直径加大等效增加了光纤半径从而使1.55μm处的V也接近2.405，并且在纤芯中使用无掺杂的纯硅从而进一步降低了光纤的损耗。但是此时单模光纤的截止波长由G.652光纤的1.28μm左右移动到了G.654光纤的1.5μm左右，在原有的1.31μm工作波长处为多模传输，因此该类标准光纤也称截止波长位移光纤。

G.657主要应用于光纤到大楼、光纤入户，改善弯曲损耗特性，也称为弯曲不敏感的光纤。因此与G.652光纤和光缆相比，G.657光纤和光缆具有良好的抗弯曲性能。按照是否与G.652光纤兼容的原则，将G.657光纤划分成了A大类和B大类光纤，同时按照最小可弯曲半径的原则，将弯曲等级分为1、2、3三个等级，其中1对应10mm最小弯曲半径，2对应7.5mm最小弯曲半径，3对应5mm最小弯曲半径。表2-4就给出了G.657光纤传输特性的技术指标，由表中可以看出G.657B型的模场直径略小于G.652光纤，因此在接续时会引入较大的损耗，此外也并未规定色散指标，因此通常用于短距接入使用，未来有可能用于弯曲较为严重的野战光缆或特种光缆。

表2-4　G.657光纤传输特性的技术指标

特性		单位	技术指标										
			G.657.A1		G.657.A2			G.657.B1			G.657.B2		
1310nm 模场直径		μm	(8.6-9.5)±0.4		(8.6-9.5)±0.4			(6.3-9.5)±0.4			(6.3-9.5)±0.4		
最大宏弯曲损耗	弯曲半径	mm	15	10	15	10	7.5	15	10	7.5	10	7.5	5
	弯曲圆数	—	10	1	10	1	1	10	1	1	1	1	1
	1550nm 最大值	dB	0.25	0.75	0.03	0.1	0.5	0.03	0.1	0.5	0.03	0.08	0.15
	1625nm 最大值	dB	1.0	15	0.1	0.2	1.0	0.1	0.2	1.0	0.1	0.25	0.45
衰减特性	1310~1625nm	dB/km	≤0.4					≤0.5					
	1383±3nm	dB/km	≤0.4					不规定					
	1550nm	dB/km	≤0.3					≤0.3					
色散特性	零色散波长	nm	1300~1324					不规定					
	零色散斜率	ps/(nm²·km)	≤0.092										
偏损模色散特性	M	—	20					不规定					
	Q	—	0.01%										
	PMD 最大值	ps·km	≤0.2										

2.5.4　优化色散的 G.653、G.655、G.656 光纤

色散位移光纤的目的是使1.55μm最低损耗窗口具有零色散。ITU-T建议的G.653光纤的零色散波长范围为1.50~1.60μm，色散斜率$S_0 \leq 0.085/(nm^2 \cdot km)$，在1.525~1.575μm范围内最大色散系数$D(\lambda) < 3.5ps/(nm \cdot km)$。

由于零色散波长从 1.31μm 附近移位至 1.55μm 因此称为色散位移光纤（Dispersion Shifted Fiber, DSF）。实现色散位移的手段是进一步降低波导色散，使得在 1.55μm 附近材料色散刚好与波导色散相抵消，从而拉低了总色散。降低波导色散的办法通常是改变光纤纤芯和包层的折射率分布。

色散位移光纤在 1550nm 波段有十分优异的传输特性，它在光纤的最低损耗波长处的色散系数几乎为零。这对于单波长系统，无疑是最好的。但是对于多波长系统，例如，DWDM 系统中，如果各个波长信道的光功率较大，而工作在零色散区则正好可以满足形成四波混频的相位匹配条件，非线性效应将导致波道信号的互扰。为克服这一问题，ITU-T 制定了 G.655 标准。按 G.655 建议制造的光纤在 1550nm 窗口保留了一定量的色散，在 1530~1565nm 波段取值为 1~10ps/(nm·km)，从而抑制四波混频前提下，保证色散较小，不会成为系统容量的限制因素，这种光纤就是非零色散光纤（Non Zero Dispersion Shifted Fiber, NZDSF）。为了进一步解决光纤中的非线性问题，又出现了大有效面积光纤。这种光纤的有效横截面积明显大于普通单模光纤，原单模光纤的模场直径大约为 10μm，而大有效面积光纤的模场直径可以达到 24μm。在相同输入功率条件下，大有效面积光纤中的光强要小得多，从而有效地抑制了非线性效应。

G.656 光纤是对色散的进一步优化，这个建议描述了在 1460~1625nm 波段正色散值为 2~14 ps/(nm·km)的单模光纤，色散斜率要明显低于 G.655 光纤。实现色散平坦的手段是使波导色散曲线具有更大的斜率，或其负色散值随波长变化更陡，使得在 1.3~1.6μm 波长范围内波导色散与材料色散都可较好地抵消。常规型、色散位移型、色散平坦型单模光纤的色散特性如图 2-17 所示。

虽然针对色散的改变出现了 G.653、G.655 和 G.656 光纤，但由于色散问题本质上是不同分量信号延时不同而产生的相对固定脉冲线性畸变，除了可以用色散补偿器件抑制消除色散之外，还可以利用光电转换后数字域的信号处理和纠错编码等技术进一步抑制色散对光纤通信的不利影响，因而当前新建设的陆地光缆中应用最广泛的仍然是 G.652 标准光纤。

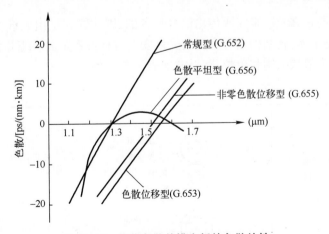

图 2-17 优化色散单模光纤的色散特性

2.6 光　缆

光缆是一根或多根光纤置于各类保护包覆护套中,从而满足实际应用中光学、机械或环境(温度、气压、腐蚀、防水)要求,尽量保持光纤原有的传输特性。

2.6.1 光缆的结构

如图2-18所示的是所用材料种类最多的GYTY53+333层绞式钢带纵包双层钢丝铠装光缆的横截面图。层绞式钢带纵包双层钢丝铠装光缆由光纤、高分子材料、皱纹钢塑复合带、双层钢丝铠装层和金属加强件等共同构成。

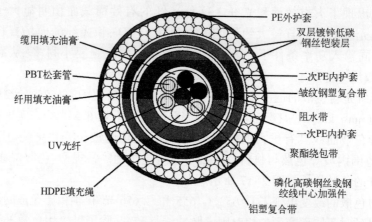

图2-18　层绞式钢带纵包双层钢丝铠装光缆的横截面图

1. 光缆的基本构成

光缆的种类很多,但都是由缆芯、护套和加强元件和防护层组成。

1)缆芯

由于光缆主要是靠光纤来完成传输信息任务的,因此缆芯是由光纤芯线组成。在光缆结构中,缆芯是主体,其结构是否合理与光纤安全运行关系重大。缆芯分为单芯和多芯两种。它可以分为带状结构和单位式结构,如表2-5所列。

表2-5　缆芯结构

结　　构		形　　状	结构尺寸等
单芯型	充实型 (1)2层结构 (2)3层结构	二次涂覆 一次涂覆 光纤 缓冲层	外径:0.7~1.2mm 缓冲层厚度50~200μm
	松管型	空气硅油	外径:0.7~1.2mm

34

结　构		形　状	结构尺寸等
多芯型	带状式		节距:0.4~1mm 光纤数:4~12
	单位式	光纤　二次涂覆 缓冲套管　中心加强构件	外径:1~3mm 光纤数:6

2）护套

采用下列两种护套保护结构:

（1）紧套结构。如图 2-19(a)所示,在光纤和套管之间有一个缓冲层,其目的是减小外面应力对光纤的作用。缓冲层一般采用硅树脂,二次涂覆用尼龙。这种光纤的优点是结构简单、使用方便。

（2）松套结构。如图 2-19(b)所示,将一次涂覆后的光纤放在管子中,管中填充油膏,形成松套结构。这种光纤的优点是力学性能好,防水性能好,便于成缆。

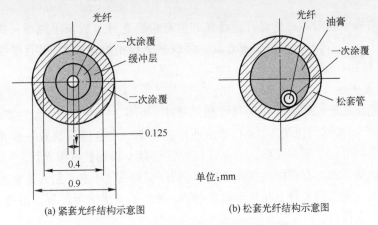

(a) 紧套光纤结构示意图　　(b) 松套光纤结构示意图

图 2-19　紧套和松套光纤结构示意图

3）加强元件

由于光纤的材料比较脆,容易断裂,为了使光缆便于承受敷设安装时所加的外力,在光缆中心或四周要加一根或多根加强元件。加强元件的材料可用钢丝或非金属的纤维——增强塑料等。

4）防护层

护层主要是对已成缆的光纤芯线起保护作用,避免受外部机械力和环境损坏,因此要求护层具有耐压力、防潮、防湿特性好、重量轻、耐化学侵蚀、阻燃等特点。

光缆的护层可分为内护层和外护层,内护层一般采用聚乙烯或聚氯乙烯等,外护层可根据敷设条件而定,要采用由铝带和聚乙烯组成的外护套加钢丝铠装等。

2. 光缆的典型结构

1）层绞式光缆

层绞式光缆类如图 2-20(a)所示,它似于传统的电缆结构,属于中心加强构件配置方式。它由紧套或松套光纤在中心加强构件周围,用色带方式固定,然后根据管道、架空、直埋等不同要求选择外护套,直埋光缆还要增加皱纹钢或钢丝铠装层。

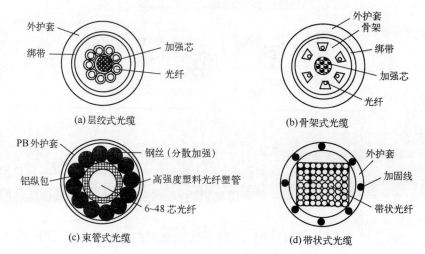

(a) 层绞式光缆

(b) 骨架式光缆

(c) 束管式光缆

(d) 带状式光缆

图 2-20　光缆的典型结构示意图

层绞式结构中的缆芯开始时有紧套光纤也有松套光纤。后来出现单元式绞合:一个松套管就是一个元,其内可有很多根光纤。层绞式光缆抗纵向拉力好,且温度特性好,在架空、埋地光缆中广泛应用。

2）骨架式光缆

骨架式光缆是把光纤放置在塑料骨架的槽中,如图 2-20(b)所示,骨架的中心是加强构件,骨架上的沟槽可以是 V 形、U 形或凹形。早期一个空槽只放置一根光纤,可以是一次涂覆光纤也可以是紧套光纤。一条光缆可容纳数十根到数百根光纤。

骨架式结构对光纤有很好的保护性能,抗侧压强度好,对施工尤其是管道布放有利;并且它可以用一次涂覆光纤直接置于骨架槽内,省去了二次涂覆过程。因此,现阶段,骨架式光缆应用很普遍。

3）束管式光缆

图 2-20(c)所示的就是分散加强构件配置方式的束管式结构光缆,光纤放在中间束管内。束管式光缆强度好,耐侧压,能防止恶劣环境和可能出现的野蛮作业。由于束管式结构的光纤与加强芯分开,因而提高了网络传输的稳定可靠性;同时,束管式结构直接将一次涂覆光纤放置在束管中,所以光缆的光纤数量灵活。

4）带状式光缆

图 2-20(d)所示的是带状式结构光缆,它是将先经过一次涂覆的光纤放入塑料带内做成光纤带,然后将几层光纤带放在一起构成光缆芯。它的优点是可容纳大量的光纤,一般在 100 芯以上,作为用户光缆可满足需要;同时带状式光缆每个单元的连接可以一次完成,以适应大量光纤接续、安装的需要。

2.6.2 光缆端别的识别

光缆一般要求按端别次序敷设，分 A 端与 B 端。各厂家所生产的光缆中，光纤与导电线组(对)的线序与组(对)序采用全色谱来识别，也可以采用领示色谱来识别，具体色谱排列及加标志颜色的部位，一般由生产厂家在有关光缆产品说明中规定。

光缆的端别通常有两种方法识别：一是利用光缆皮上的距离标识，数字小的为 A 端，数字大的为 B 端；二是利用光缆内的松套色谱顺序来判别光缆的端别，一般规则为"顺 A 逆 B"。表 2-6 为包含 8 根松套管的光缆色谱排列次序。蓝色套管位确定后，如果黄、绿、红…信号线的光纤编号按顺时针顺序为 2,3,4…，则为 A 端，反之为 B 端。

表 2-6　8 根松套管光缆的色谱排列次序

光 纤 编 号	1	2	3	4	5	6	7	8
光纤护套颜色	蓝	黄	绿	红	橙	白	蓝	红

松套管内的多根光纤通常也有色谱，一般按照确定的顺序确定纤序。

2.6.3 光缆的种类

按照光缆的应用场合、敷设方式、缆芯结构、光纤形态、光纤状态和护层材料的不同，光缆可划分为如图 2-21 所示的不同种类。

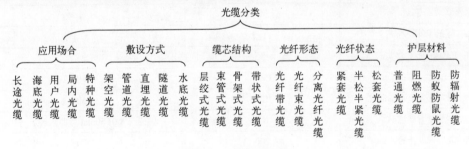

图 2-21　光缆的分类

从应用场合上分，光缆可以分为长途光缆、海底光缆、用户光缆、局内光缆，以及在特殊环境条件下使用的特种光缆。特种光缆可分为缠绕式光缆、光纤复合地线光缆、航空航天光缆、阻燃光缆、野战光缆等。

从敷设方式来分，光缆可划分为依托埋杆的架空光缆，在管道中穿行的管道光缆，埋于地表 1m 左右的直埋光缆，沿隧道壁架设的隧道光缆和在江河湖海中敷设的水底光缆。

按前述的缆芯结构划分为层绞式光缆、束管式光缆、骨架式光缆、带状式光缆。

按光纤在缆芯松套管中所呈现的形态是分离的单根光纤、多根光纤束和光纤带，可将光缆分为分离光纤光缆、光纤束光缆和光纤带光缆。分离光纤光缆就是常用松套光缆，即每根光纤在松套管中成分离状态的光缆；光纤束光缆则是几根至十几根光纤扎成一个光纤束后置于松套管中制成的光缆；光纤带光缆是将 4 芯、6 芯、8 芯、10 芯、12 芯、16 芯、24

芯甚至 36 芯的光纤带置入管架中所制成的大芯数光缆。

按光纤在光缆中是否可自由移动的状态,光缆可分为松套光纤光缆、紧套光纤光缆和半松半紧光纤光缆。半松半紧光纤光缆中的光纤在光缆中的自由移动空间介于松套光纤光缆和紧套光纤光缆之间。

按光缆的护层材料及其特性划分,光缆可分为普通光缆、阻燃光缆、防蚁防鼠光缆、防辐射光缆等。

2.6.4 野战光缆

野战光缆一般是指专门为野战和复杂环境下需快速布线或反复收放使用而设计的特种光缆。与一般民用光缆相比主要要求是重量轻、方便携带,抗张力、抗压力、抗冲击,柔软性好,易弯曲,耐油、耐磨、阻燃且适用温度范围广。

野战光缆的纤芯通常采用 G.652 光纤,近年来为提升弯曲特性 G.657 光纤也逐渐被采用,其主要改进在于涂敷和成缆保护手段。如采用特殊的涂覆层和二次被覆的复合结构,可吸收机械和环境应力,光缆的附加损耗小。小节距的光纤绞合和芳纶增强纤维单螺旋绞合,保证野战光缆有较大的拉伸应变窗口。圆形护套结构紧凑,特别适用于反复收放的场合。阻燃型高强度、高韧性聚氨酯弹性体护套,氧指数高,阻燃性好,耐油和化学腐蚀,抗撕裂,低温柔韧性好,弹性强,应力缓冲性好,并且外加了耐磨耐压护套。

表 2-7 普通光缆与野战光缆的机械特性对比

指　　标	普通室外金属芯光缆	野　战　光　缆
纤芯数	4	4
光缆外径/mm	11.2	5.0
光缆重量/(kg/km)	135	23
最大张力/N	1500	1800
最大压力/(N/cm)	1000	1500
重复弯曲次数	NA	1000(50mm 弯曲半径)
最小弯曲半径/mm	200	50
温度特性/℃	−40～+60	−45～+80

因此野战光缆的传输特性与民用光缆没有本质差别,但重点应关注其机械特性、环境适应特性。如表 2-8 反映了某型四芯民用光缆与野战光缆的机械特性差异,可以看出军用野战光缆不但体积小、质量轻,而且在抗压力、抗张力、弯曲特性等机械特性上有性能提升。随着目前对军事行动机动性要求的不断提升,目前单盘 1km 的单芯野战光缆的质量小于 10kg,体积与被覆线相当,完全支持单兵背覆式敷设。

2.7　光无源器件

要构建一个光通信系统除了需要光纤、光发送机和光接收机之外,还需要大量的无源光器件。无源器件的主要特点是不与光信号发生直接能量交换,但可以对光信号实施空间域、时间域和相位频率域的控制和处理。在光通信系统中,光无源器件的主要功能是完成光信号的连接耦合、光信号开关控制、光信号的调制和光信号的滤波处理等功能。本节将介绍典型光纤连接、耦合分路和光环型器的结构、功能和特性。光调制器将在第3章中介绍。

2.7.1 光纤连接器

光纤连接器又称光纤活动连接器,俗称活动接头。它用于设备(如光端机、光测试仪表等)与光纤之间的连接、光纤与光纤之间的连接或光纤与其他光无源器件的连接。它是组成光纤通信系统不可缺少的一个重要光无源器件。光纤连接器的作用是将需要连接起来的单根或多根光纤芯线的端面对准、紧贴并能多次使用。光纤的芯径很细,是在微米级。因此,对其加工工艺和精度都有比较高的要求。

在实用光纤通信系统中,光源与光纤的连接以及光纤与光电检测器的连接均采用光纤活动连接器。我国常用的有 FC 系列的活动连接器和 SC 型活动连接器,其基本结构如图 2-22 所示。

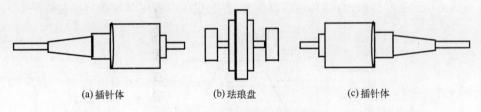

(a) 插针体　　　　　　(b) 珐琅盘　　　　　　(c) 插针体

图 2-22　光纤活动连接器基本结构

光纤连接器由一个珐琅盘和两个带尾纤单芯光缆的插针体组成,FC 系列的活动连接器是采用圆形旋螺纹进行连接,外部零件采用金属材料制作,它是我国电信网采用的主要品种。SC 型活动连接器是插拔式的矩形连接器,插针、套筒与 FC 完全一样,外壳采用工程塑料制作,使用非常方便、操作空间小,便于密集安装,可以做成多芯连接器,因此应用前景十分广阔。此外,还有一种高密度单芯光连接器 LC,虽然同样采用插拔式的连接,其安装密度却是 SC 连接器的 2 倍以上。

通常,衡量光纤活动连接器的主要光学特性指标为插入损耗和回波损耗。插入损耗是指接续的连接器给系统造成的光功率衰减(即光连接器输出功率相对于输入功率的减少量),目前商用的活动连接器损耗一般都小于 0.5dB。回波损耗是用来衡量连接器端面的后向反射光大小的参数。回波的本质即是光线反射,根据菲涅尔反射原理,光线在传输过程中遇到两种折射率不同的界面时会发生菲涅尔反射,造成光通路中的信号叠加或干涉。对于有线电视系统(CATV),反射会造成图像的重影和清晰度下降。

目前,商用的光纤活动连接器是指光纤两端都装上连接器插头(又称跳线),用来实现光路活动连接,一端装有插头则称为尾纤。常见的连接类型有圆形带螺纹光纤接头(通常称为 FC 型),卡接式圆形光纤接头(通常称为 SC 型)和方形光纤接头(通常称为 ST 型)。端面接触方式主要有 PC、UPC、APC 型三种。PC 是指插针端面为球面(球面曲率半径为 15~25mm），光纤可物理接触，从而可实现较大的回波损耗，一般可达 40dB 以上。UPC 型插针端面为球面，曲率半径更小（为 10~15mm），因而回波损耗较 PC 型更大，可达 50dB 以上。APC 型为引入更大的回波损耗而将光纤接头端面倾斜，角度一般为 8°，反射损耗可达 60dB 以上。光纤连接器通常以连接类型和断面接触方式组合命名，如 FC/PC 光纤跳线是指有圆形带螺纹光纤接头和球面接触方式的光纤活动连接方式。

还有一种光纤固定连接器采用 V 形槽法将光纤连接起来的。首先连接光纤的端面加工，将光纤放入 V 形槽中，再将连接部位滴入匹配液；然后，盖起来，并固定。如果连接损耗不合要求，可以拆下来再次连接。光纤固定连接器的关键是 V 形槽的精度要相当高。

当输出光功率超过一定得范围时，为了使光接收机不产生失真，或是为了满足光线路中某种测试的需要，就必须对输入光信号进行一定程度的衰减。因此，光衰减器是光纤通信或测试技术中不可缺少的光无源器件。对衰减器的要求是体积小、重量轻、衰减精度高、稳定可靠、使用方便等。

光衰减器一般采用金属工艺蒸发镀膜滤光片作为衰减元件，依据镀膜厚度来控制衰减量。光衰减器可分为固定衰减器和可变衰减器两种。固定衰减器的原理如图 2-23 所示，它一般用于传输线路中，对光功率进行预定量的精确衰减，一般固定衰减器直接配有 FC 系列活动连接器插座，与活动连接器配套使用，也可以带尾纤直接熔接在线路中。

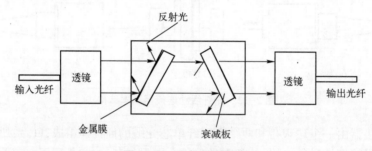

图 2-23　固定衰减器原理

可变衰减器通常是步进衰减与连续可变衰减相结合工作。改变金属蒸发模的厚度，可以使衰减量连续变化。目前，可变衰减器一般由 10dB×5 步进衰减与 0~15dB 连续可变衰减构成。

2.7.2　光耦合分路器

光耦合分路器是实现光信号汇聚和分配的常用光无源器件。图 2-24 就是常用 2×2 熔融光纤耦合分路器的基本结构。它将两根单模光纤扭绞在一起，加热并进行拉伸，使它们在长为 W 的均匀部分熔融在一起形成耦合光路。由于在加热过程中拉伸光纤，因此每根输入和输出光纤都有一段较长的锥形部分，这种器件即称为熔融双锥形耦合分路器。图 2-24 中 P_0 是输入功率，P_1 是直通功率，P_2 是耦合进第二根光纤中的功率，P_3 和 P_4 是由于器件的弯曲和封装而产生的向后反射和背向散射小信号功率，一般比输入功率要低 -50~-70dB。

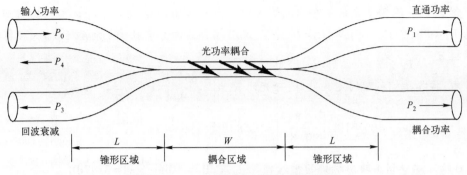

图 2-24　2×2 熔融光纤耦合分路器结构

当图 2-24 中的耦合器分路器左上端口注入光时,多数光功率将按照一定的比例从右侧的两个端口输出,此时该器件完成了功率分配功能,通常用分光比或耦合比来说明输出端口间光功率分配的百分比,它表示某个输出端口的光功率与所有输出端口总光功率之比,定义为

$$R_S = \left[\frac{P_{o-j}}{\sum_j P_{o-j}} \right] \times 100\% \tag{2.7-1}$$

分光比在耦合分路器的制作过程中可以通过调节耦合区域的技术参数灵调节,通常可以在 1∶99 到 50∶50 之间定制。需注意的是,由于上述结构中光路是可逆的,如果在图 2-24 左侧两个端口同时注入光信号,而将右侧的一个输出端口去除,则实现了两入一出的光信号耦合功能。

插入损耗是指特定的端口到另一端口路径上的损耗。例如,从输入端口 i 到输出端口 j 的路径中的插入损耗,可以用分贝表示为

$$\alpha_{i-j}(\text{dB}) = 10\lg \left[\frac{P_i}{P_{o-j}} \right] \tag{2.7-2}$$

由式(2.7-2)可看出插入损耗的主要来源是耦合分路器的分路效应,如 1 分 2 的分路器插入损耗至少是 3dB。但当信号光通过耦合器分路器时,会因为波导缺陷等因素使真正的插入损耗大于分光引入的损耗,这部分额外的损耗称为附加损耗。附加损耗的定义为总输入功率对总输出功率的比值,也就是说任何一个耦合分路器都不可能将能量100%地由输入端口分配到输出端口。

$$\alpha_a(\text{dB}) = 10\lg \left[\frac{P_{\text{in}}}{\sum_j P_{o-j}} \right] \tag{2.7-3}$$

串扰或回波损耗,表征某一个端口的输入信号与散射或反射回另一个输入端口的光功率间的隔离度。如图 2-27 中,左上端口注入的 P_0 光功率与从该端口返回的回波功率 P_4 之间的功率对比关系就是回波损耗。

$$\alpha_c(\text{dB}) = 10\lg \left[\frac{P_4}{P_0} \right] \tag{2.7-4}$$

同理,如果耦合分路器以 2 入 1 出的方式使用时,左上端口注入的 P_0 光功率与左下端口返回的 P_3 功率比关系就是对原左下端口注入信号的串扰。

例 2.12 某 2×2 光纤耦合器的输入功率为 $P_0 = 200\mu W$，另外 3 个端口的输出功率分别为 $P_1 = 90\mu W$，$P_2 = 85\mu W$，$P_3 = 6.3nW$，试求耦合器的分光比、附加损耗、插入损耗和回波串扰分别是多少？

解：按各指标参数的定义计算，分光比 $R_S = \left[\dfrac{85}{85+90}\right] \times 100\% = 48.6\%$

附加损耗 $\alpha_a(dB) = 10\lg\left[\dfrac{200}{90+85}\right] = 0.58dB$

0 输入端口到 1 输出端口的插入损耗 $\alpha_{0-1}(dB) = 10\lg\left[\dfrac{200}{90}\right] = 3.47dB$

0 输入端口到 2 输出端口的插入损耗 $\alpha_{0-2}(dB) = 10\lg\left[\dfrac{200}{85}\right] = 3.72dB$

0 输入端口到 3 输出端口回波串扰 $\alpha_c(dB) = 10\lg\left[\dfrac{6.3\times10^{-3}}{200}\right] = -45dB$

除了熔锥型耦合器分路器外，还有波导型耦合器分路器。不仅有两入两出型的，还有多入多出型的，其功能和指标含义类似。

2.7.3 光隔离器和光环行器

某些光器件，像 LD 及光放大器等对来自连接器、熔接点、滤波器等的反射光非常敏感，并导致性能恶化，因此需要用光隔离器来阻止反射光。光隔离器是一种只允许单向光通过的无源光器件。

光隔离器主要利用磁光晶体的法拉第效应。法拉第效应是法拉第在 1845 年首先观察到不具有旋光性的材料在磁场作用下使通过该物质的光的偏振方向发生旋转，也称磁致旋光效应。图 2-25 为基于法拉第旋转的光隔离器的结构图。对于正向入射的信号光，通过起偏器后成为线偏振光，法拉第旋磁介质与外磁场一起使信号光的偏振方向右旋 45°，并恰好低损耗通过与起偏器成 45°放置的检偏器。对于反向光，出检偏器以后的线偏振光经过旋转介质时，偏振方向再旋转 45°，从而使反向光的偏振方向刚好与起偏器方向正交，阻断了反向光的传输。光隔离器最低损耗约 0.5dB，隔离度达 35~60dB，最高可达 70dB。因此，光隔离器在光纤通信、光信息处理系统、光纤传感以及精密光学测量系统中具有重要的作用。

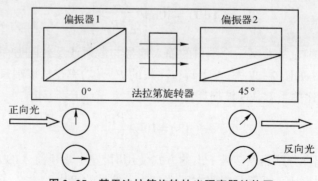

图 2-25 基于法拉第旋转的光隔离器结构图

光环行器是一种多端口非互易光学器件,光环形器的工作原理与隔离器相似,一个 4 端口环形器如图 2-26 所示,光传送顺序沿顺时针方向,当光由端口 1 输入时,光几乎毫无损失地由端口 2 输出,其他端口几乎没有光输出,而在端口 2 输入的光只会延顺时针方向从端口 3 输出。

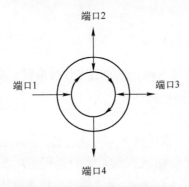

端口2

端口1　　　　　　　　　端口3

端口4

图 2-26　4 端口环行器示意图

光环形器的技术指标包括插入损耗、隔离度、串扰、偏振相关损耗及回波损耗等。光环形器的插入损耗、隔离度、偏振相关损耗的定义与其他无源光器件的基本相同,只不过对环形器而言,均指具体的两个相邻端口之间的指标,如端口 1、2 之间的或端口 2、3 之间的插入损耗、偏振相关损耗等。光环形器的串扰指两个不相邻端口之间本来应完全隔离(如 1 端口到 3 端口),但有 1 端口信号串扰到了 3 端口,同样以 dB 为单位。

光环形器的非互易性使其成光信号处理的重要器件,它可以完成同一光信道内的正反向传输光信号的分离任务。光环形器不仅在光通信中单纤双向通信、上/下话路、合波/分波及色散补偿等领域中应用,而且还在光纤传感、激光探测等系统中有广泛应用。

小　结

本章首先介绍了光纤导光原理,利用表 2-8 所列中的重要概念解释有关光纤导光的三个基本问题。

表 2-8　光纤导光的重点内容

分析方法	长距传输	入射光条件	最优光纤	重要概念
几何光学	全反射传输	入射角小于 NA 所对应的角	GI 光纤优于 SI 光纤	NA、SI 光纤、GI 光纤、多径展宽
波动光学	模式传输	入射光波长小与某个模式所对应的截止波长	单模光纤优于多模光纤	模式的三个特点、模式色散、V 与 V_c、模式传输条件、单模传输

损耗和色散是光纤信道的重要传输特性,也由此区分了不同标准的通信光纤。损耗引起光信号在光纤中传输时的能量衰减,从而限制无中继传输距离;色散导致光脉冲传播时域展宽,同时限制系统的带宽距离积。读者应理解光纤的典型工作窗口的损耗和色散指标,掌握链路损耗方法和色散对带宽距离积的影响规律,为进行系统设计打下基础。

光缆由缆芯、护套和加强元件组成，应掌握其主要分类和型号、端别和芯序的识别方法。此外由于连接、耦合等无源光器件是光纤通信系统运用维护中的常用品，应掌握其主要性能参数和使用方法。

习　题

1. 根据光线的传播路径，可以将光纤中的光线分成哪些类型？

2. 推导 SI 光纤数值孔径的计算公式：$NA = \sqrt{n_1^2 - n_2^2}$。式中 n_1 为纤芯折射率，n_2 为包层折射率。

3. 推导计算 SI 光纤最大传播时延差的表达式 $\Delta\tau_{max} = n_1\Delta/c$。

4. 射线光学分析中，为什么 GI 光纤的带宽距离积通常要优于 SI 光纤？

5. 某 SI 光纤，$n_1 = 1.48$，$n_2 = 1.46$，计算光信号在此光纤中传输 1km 时导致的脉冲展宽，并由此估算出光纤的传输容量。如果仍有 $n_1 = 1.48$，$n_2 = 1.46$，纤芯折射率按抛物线函数渐变，重新计算容量。

6. 什么是自聚焦光纤？折射率是什么分布？

7. 某 SI 型光纤，纤芯半径 $a = 62.5\mu m$，$n_1 = 1.48$，$n_2 = 1.47$，工作波长为 1310nm，计算其归一化频率，并估算其中可传播的模式总数。

8. 某 SI 型光纤，纤芯半径 $a = 5\mu m$，$n_1 = 1.48$，工作波长为 1310nm，当包层折射率为何值时此光纤中只传输 LP_{01} 模？

9. 某 SI 型光纤，纤芯半径 $a = 4.8\mu m$，$n_1 = 1.48$，数值孔径 $NA = 0.1$，此光纤在工作波长分别为 850nm、1310nm、1550nm 时，是否满足单模传输条件？

10. 某 GI 型光纤，纤芯半径 $a = 62.5\mu m$，$n_1 = 1.48$，$NA = 0.2$，工作波长为 850nm，计算此光纤中可以传播的模式总数。

11. 针对 SI 型光纤中 LP_{01} 模、LP_{02} 模、LP_{11} 模的光斑图，解释 LP_{mn} 模的模式序数 m、n 的意义。

12. 单模光纤的截止波长是如何定义的？某 SI 型单模光纤，纤芯半径 $a = 5.0\mu m$，$n_1 = 1.48$，相对折射率差 $\Delta = 0.003$，计算此光纤的截止波长。

13. 某光纤在 1300nm 处的损耗为 0.6dB/km，在 1550nm 处为 0.3dB/km。假设下面两种光信号同时进入光纤：1300nm 波长的 150μW 的光信号和 1550nm 波长的 100μW 的光信号，这两种光信号在 18km 和 100km 处的功率各是多少？

14. 某特定波长的光信号在光纤中传播 3.5km 后会损失其功率的 25%，此光纤的损耗是多少？以 dB/km 表示。

15. 一段 12km 长的光纤线路，其损耗为 3dB/km。

（1）如果在接收端保持 0.3μW 的接收光功率，则发送端的功率至少为多少？

（2）如果光纤的损耗变为 2.5dB/km，则所需的输入光功率又为多少？

16. 光纤有哪些色散来源？多模光纤和单模光纤各自的主要色散来源是什么？

17. 什么是正常色散？什么是反常色散？它们各自有何特征？常规单模光纤为何在 1310nm 附近色散几乎为零？在 1550nm 波段其色散特性如何？

18. 常规单模光纤、色散位移光纤(DSF)、非零色散位移光纤(NZDSF)各有什么特点?

19. 考虑一段由阶跃折射率光纤构成的 10km 长的光纤线路,纤芯折射率 $n_1 = 1.48$,相对折射率差 $\Delta = 1\%$。

(1) 求接收端最快和最慢的模式之间的传播时延差;

(2) 求由模式色散导致的脉冲展宽;

(3) 在展宽量是码元宽度的一半为条件,估计算光纤最大传输容量;

(4) 估算该系统的带宽距离积是多少。

20. 某石英多模阶跃光纤的纤芯和包层折射率分别为 1.46 和 1.459。当光源的发射波长为 1550nm、线宽为 30nm 时,试估算该光纤的传输带宽距离积。

21. 某单模光纤在 1310nm 附近色散斜率为 $S_0 = 0.05 \text{ps}/(\text{nm}^2 \cdot \text{km})$,在 1550nm 附近色散系数 $D = 18 \text{ps}/(\text{nm} \cdot \text{km})$,如果所用光源为 LED,线宽为 25nm。试求上述两个通信窗口的带宽距离积。如果改用线宽为 0.5nm 的单模激光器作为光源,重新计算。

22. 某单模光纤在 1550nm 附近色散系数 $D = 17 \text{ps}/(\text{nm} \cdot \text{km})$,如果使用单频激光器,其线宽远小于传输信号带宽,试求色散对系统传输容量的限制。

23. 色散位移光纤,在 1550nm 附近色散系数 $D < 2.5 \text{ps}/(\text{nm} \cdot \text{km})$。如果光源线宽为 2.0nm,试求色散对系统带宽距离积。如果改用超窄线宽激光器,重新计算带宽距离积。

24. 为什么一般光纤通信系统注入光纤的光功率要控制在 17dBm 以下?

25. 四波混频(FWM)现象对多波长复用通信系统会产生什么影响?

26. 分光比为 2:1 的定向耦合器,假设从输入口 1 输入的功率为 1mW,插入损耗为 1.5dB,求两个输出口的输出光功率。

27. 工作在 1.31μm 的野战光纤通信系统,需敷设 10km 的野战光缆,请估算链路总损耗是多少?

28. 为什么野战光缆链路的损耗系数要高于埋地光缆链路?

29. 光纤通信链路是否无须考虑窃听问题?

30. 色散补偿通常有哪几种方法?

31. 请用光环型器设计一个在单根光纤里进行双波长双向传输的系统简图。

第3章 光发送机

光通信系统主要使用 LD 和 LED 两类光源产生光信号,利用光发送机实施信号调制和功率控制,利用光放大器对光信号进行放大。本章主要介绍激光产生的原理以及半导体激光器的工作特性,介绍主要的光放大器的工作原理及工作特性,最后介绍光发送机的组成和主要指标。

3.1 激光产生原理

光纤通信对光源的基本要求有如下几个方面:①光源的峰值波长应在光纤的低损耗和低色散窗口之内;②光源输出功率必须足够大,入纤功率一般应在 10μW 到数毫瓦之间;③光源应具有高度可靠性,工作寿命至少在 10 万 h 以上才能满足工程的需要;④光源的输出光谱不能太宽以利于传输高速脉冲;⑤光源应便于调制,调制速率应能适应系统的要求;⑥电—光转换效率不应太低,否则会导致器件严重发热和缩短寿命;⑦光源应省电,光源的体积、重量不应太大。

那么如何产生这样一种"好光源"呢?光是电磁波,电磁波发生器常用 LC 振荡电路实现,即用电感 L、电容 C 组成振荡电路,用于产生高频正弦波信号。在这样的发生器模型里,谐振腔的几何尺寸必须与相应的波长大小同量级。到光频段,波长是微米量级的,因此谐振腔的尺寸只能是微米量级了,基本无法实现!那么有没有形成"好光"的新的理论了呢?

3.1.1 光与物质的相互作用

1916 年,爱因斯坦提出了光与物质作用的 3 种形式,即粒子和光子间相互作用时,有自发辐射、受激吸收和受激辐射 3 种不同的基本过程,如图 3-1 所示。

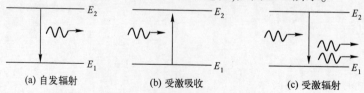

图 3-1 光与物质作用的 3 种形式

自发辐射是指高能级的电子,总是力图向低能级跃迁的行为方式,就像水往低处流的行为趋势一样。在高能级 E_2 能级上的电子,在没有外界作用的条件下,会自发辐射到低能级 E_1 能级上。

受激吸收是指处于低能级 E_1 上的电子,当受到一个频率 f_{21} 的外来光子的作用时,这个电子就有可能吸收这个光子的能量,从而跃迁到高能级 E_2 上去。E_1、E_2、f_{21} 需符合关系式:

$$f_{21} = (E_1 - E_2)/h \tag{3.1-1}$$

受激辐射是指一个处于高能级 E_2 的电子,当一个频率 f_{21} (同受激吸收)的外来光子趋近它时,这个电子受到光子的刺激,也有可能从高能级 E_2 跃迁到低能级 E_1,同时释放相同能量的光子。

3.1.2 激光器产生的条件

实际上,光的自发辐射、受激吸收、受激辐射是同时存在的,它们之间的关系就像溶液中溶质的溶解和析出一样,不存在任何一方被消灭,在通常情况下保持着动态的平衡。在该情况下,低能级上的电子数较多,所以光的受激吸收在这个动态平衡中占有优势,也就是说外来光与粒子作用的结果总是受到衰减。若要光得到放大,必须设法使受激辐射占优势。这样能级上的电子分布就需反常态,处于高能级的电子数目要远远多于低能级的电子数目,即形成粒子数反转分布,这是形成激光的条件之一。在这样的情况下,这时如外部有合适频率的光信号进入粒子数反转区,则在受激辐射的作用下,该光信号被放大,光子数倍增,原有光波特点保留。就样就可以产生我们需要的"好光",也就是激光!

但是从 1916 年理论建立到 1960 年第一台激光器问世,中间间隔了 44 年,那么这 44 年都在干什么呢?要知道实现光的放大,必须有"粒子数反转分布"的条件,但经历一次光放大,远不能产生大功率、频率单一的激光来,必须要建立反馈机制。当时存在两个障碍:一是谐振腔如何实现?二是光的反馈激励如何实现?如何产生光波的振荡?而人们从光的波动性没有找到产生激光的方法和技术。主要原因:一是当时对激光的需求还不迫切;二是从技术上讲,微波振荡器的金属封闭腔单模谐振模型还牢牢地紧箍着学术界的思想,认为实现激光反馈振荡的技术难度太大。当时还没有人能够想出开腔设计的理念。直到 1957 年 12 月,在古德的专利中,提出了以平行的外腔作为多模谐振腔的理念。1958 年 12 月,汤斯与肖洛合著《红外与光学激射器》,提出利用尺度可远大于波长的开放式光谐振腔新思想。1960 年,美国休斯公司的梅曼研制出世界上第一台"红宝石"激光器(Cr^{+3}),如图 3-2(a)所示。而图 3-2(b)是现在常用的带有尾纤的蝶形封装的工业标准激光器。

开腔设计的谐振腔结构如图 3-3 所示,利用两个平行的平面反射镜 M1 和 M2 来实现光的反馈放大,激光物质放在两个反射镜之间,产生受激辐射的光子流,射到谐振腔一端的部分反射镜 M2 上,再被反射回腔中,又继续沿轴线方向,向反射镜 M1 运动。在运动过程中,继续产生上述连锁反应,激发出许多光子,遇到反射镜 M1 又折回来朝 M2 运动,光子流就这样在谐振腔的两个反射镜之间来回反射,并不断加强。这相当于光在谐振腔得到了反馈放大,形成光振荡。被放大的光可以部分地通过透射镜 M2,于是射出一束笔直的强光,这就是激光。谐振腔除了正反馈外,还有对激光频率、相位、方向进行选择的功能。

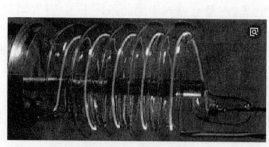
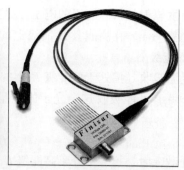

(a) 梅曼发明的"红宝石"激光器   (b) 蝶形封装的工业标准激光器

图 3-2   激光器实物图

总结一下激光产生的物质条件:一是增益介质,能够产生粒子数反转,才能有受激辐射现象;二是谐振腔,能产生正反馈机制,形成光振荡;三是激励源,要能为增益介质提供能量,使其产生粒子数反转。激光器的基本结构如图 3-4 所示。

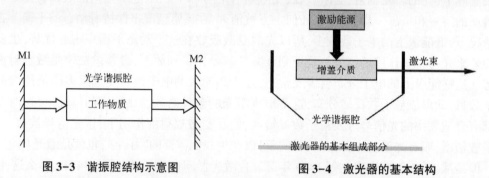

图 3-3   谐振腔结构示意图   图 3-4   激光器的基本结构

不同类型的激光器,其实就是上述个物质条件对应的类型不同,如表 3-1 所列。

表 3-1   各种激光器对应的 3 种物质条件

激光器类型	增 益 介 质	激 励 方 式	谐 振 腔
气体	二氧化碳、氦氖	电子束轰击	光学谐振腔
固体	红宝石(Cr^{3+},Al_2O_3) 掺钕钇铝石榴石 钕玻璃等	脉冲氙灯 氪灯	椭圆柱聚光腔 光学谐振腔
半导体	砷化镓 砷化镓铟	电流注入	半导体材料天然解理面

3.2   半导体激光器及工作特性

3.2.1   半导体激光器的工作原理与阈值条件

光通信中常用的半导体激光器的增益介质是半导体 PN 结(P 型半导体和 N 型半导

体之间形成的有源区）。激励方式是通过电流注入,谐振腔是半导体材料的天然解理面,如图 3-5 所示。半导体激光器是向高掺杂的半导体材料的 PN 结注入电流,实现结区的粒子数反转分布,产生受激辐射,利用谐振腔的正反馈产生光波振荡,从而输出激光。大家熟知的激光的英文单词 Laser就是"受激辐射的光放大"(Light Amplification by Stimulated Emission of Radiation)"的英文首字母缩写。早期半导体激光器的谐振腔通常就是如图 3-5 所示的半导体材料两边的天然解理面,称为 FP 腔半导体激光器。

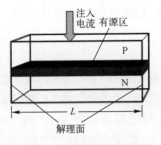

图 3-5　FP 腔半导体激光器

为了使 LD 发出稳定的激光,关键还必须满足两个工作条件:一是阈值条件;二是谐振条件。

1. 阈值条件

原子系统一旦实现了粒子数反转,就变成了增益介质,对外来光而言就变成了光放大器。在激光振荡器中,这个外来光并不是人为地送一束光进去,而是来自原子系统在光腔轴线方向自发辐射的光。这束光在光腔内往返传播过程中,若能不断增大起来,就称为起振,也就是说振荡起来。显然,这就要求在初始振荡过程中,振荡光束得到的增益必须大于损耗,这就是起振条件之一。也就是说,在腔内往返一次的过程中,它在介质中所获得的增益必须不小于介质的损耗加上腔的反射损耗,即腔的增益存在阈值条件。

$$g \cdot 2L \geqslant \alpha \cdot 2L + \ln\left(\frac{1}{R_1 R_2}\right) \tag{3.2-1}$$

式中:g 和 α 为单位长度的增益和损耗;L 为腔长;R_1 和 R_2 为两个反射面的反射系数。

而腔的增益来自于粒子数反转,最终来源于泵浦电流的激励。因此,泵浦电流存在阈值特性。

2. 谐振条件

我们知道波从某一点出发,经腔内往返一周后,如果与初始相位同相,即相差为 2π 的整数倍,会形成光的相加干涉;如果与初始相位反相,会形成光的相消干涉。因此在激光器中初始自发发射谱线中,只有满足相加干涉的光才能在腔内形成振荡并建立起场强,即

$$\frac{2\pi}{\lambda} n \cdot 2L = q \cdot 2\pi, \quad q = 1, 2, 3, \cdots \tag{3.2-2}$$

推导得到满足条件的光频:

$$f_q = qc/2nL, \quad q = 1, 2, 3, \cdots \tag{3.2-3}$$

频率之间的间隔为

$$\Delta f = c/2nL \tag{3.2-4}$$

利用关系式 $\Delta f/f = \Delta\lambda/\lambda$,可得波长间隔表达式为

$$\Delta\lambda = \frac{\lambda^2}{2nL} \tag{3.2-5}$$

由此得到了满足相位条件的光的频率是一系列分离的值,每个频率称为一个振荡模式(它与前面讨论的光纤中的模式是不一样的,前者为波导模式,后者严格地说是空间模

式,以示区别称为纵模)。而其频率的光受到了抑制。同时得到频率间隔,其大小和腔长有关。

通常腔内能存在许多模式,但只有获得净增益(满足阈值条件,且在半导体材料的增益谱范围内)的那些模式才能被激励,它的频率才会出现在输出光中。因此总体上 LD 的频谱呈现多谱线结构,如图 3-6 所示。幅度最高的称为主模。像这样的激光器同时有多个模式振荡就称为多纵模(Multiple Longitudinal Mode,MLM)激光器。前面讨论的 F-P 腔激光器就是 MLM 激光器。MLM 激光器通常有宽(大)的光谱宽度,典型值约为 10nm。

谱宽是光谱波长范围的量度。基于不同的光源类型,光谱宽度有不同的定义,有均方根谱宽(RMS)、-3dB 谱宽和-20dB 谱宽。其中多纵模激光器一般用均方根谱宽(RMS)和-3dB 谱宽来描述。以-3dB 谱宽为例,它是功率等于峰值波长功率 1/2 时的频谱宽度,也称为半高全宽,如图 3-7 所示。

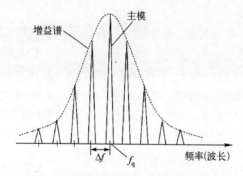

图 3-6 典型的激光器(多纵模激光器)光谱

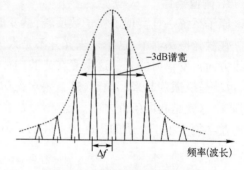

图 3-7 多纵模激光器谱宽示例

例 3.1 一个工作在 900nm 的 GaAs 激光器腔长为 300μ,折射系数为 $n=3.58$。请计算纵模的频率间隔。

解:从式(3.2-4)中可以得到频率间隔为

$$\Delta f = c/2nL = \frac{3\times10^{-8}\mathrm{m/s}}{2\times3.58\times300\times10^{-6}\mathrm{m}} = 140\times10^{9}\mathrm{Hz} = 140\mathrm{GHz}$$

3.2.2 典型半导体激光器及其工作特性

1. P-I 特性

由阈值条件分析可知半导体激光器是一阈值器件,它的工作状态,随注入电流的不同而不同。激光器的外部注入电流与输出光功率的关系,也就是 P-I 特性。P 表示输出光功率,I 表示注入电流。理想激光器的输出功率 P(正比于光子浓度)与注入电流的曲线如图 3-8 所示。可以看到如上所述,存在阈值电流这个参数。

LD 的输出光功率是随着注入电流的不同而改变的,注入电流常用毫安(mA)来表示,光功率的单位为毫瓦(mW),但实际工程应用中常用的单位是 dBm,是将功率 P 与 1mW 相比,然后取对数所得到的值。其定义为

$$P(\mathrm{dBm}) = 10\log\frac{P(\mathrm{mW})}{1\mathrm{mW}} \tag{3.2-6}$$

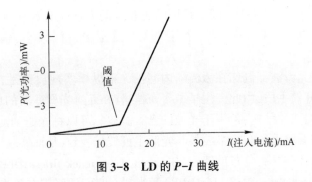

图 3-8　LD 的 P-I 曲线

当注入电流较小时,激活区不能实现粒子数反转,自发发射占主导地位,激光器发射普通的荧光。随注入电流量的增加,激活区里实现了粒子数反转,受激辐射占主导地位,但当注入电流小于阈值电流时,谐振腔内的增益还不足以克服损耗,如介质的吸收、镜面反射不完全(反射系数小于100%)等引起的谐振腔的损耗,不能在腔内建立起振荡,激光器只发射较强荧光;只有当注电流大于阈值电流时,才能产生功率很强的激光。

例 3.2　请分别用 dBm 来表示 $1\mu W$,$0.5mW$,$1mW$,$2mW$,$10mW$,$50mW$ 以及 $100mW$ 的光功率。

解:根据式(3.2-6),得到用 dBm 表示的光功率分别为 $-30dBm$,$-3dBm$,$0dBm$,$3dBm$,$10dBm$,$17dBm$ 以及 $20dBm$。

例 3.3　假设某半导体激光器的阈值电流是 10mA,超过阈值后光功率和输入电流关系曲线的斜率是 2mW/mA,用 mA 表示的总注入电流为 $i=20+\sin\omega t$,请写出输出光功率的计算公式。

解:根据 P-I 曲线关系,输出光功率为

$$P = imA \times 2mW/mA = (20+\sin\omega t) \times 2mW = (40+2\sin\omega t)mW$$

2. 光谱特性

图 3-6 所示 FP 腔的 LD 激光器的频谱呈现多谱线结构,谱宽典型值约为10nm。由第2章的分析可知,由于光纤中存在色散,MLM 激光器较大的光谱宽度,对高速光通信系统是很不利的。因而光源的谱宽应尽可能窄,希望激光器仅仅工作在单纵模状态,这样的激光器称为单纵模(Single Longitudinal Mode,SLM)激光器。SLM 激光器的典型光谱如图 3-9 所示。这样的辐射光具有很窄的谱线宽度。

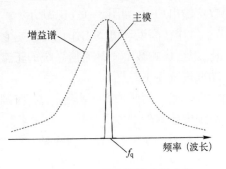

图 3-9　SLM 激光器的典型光谱

将激光器的辐射光限制成单纵模的一条途径是减小谐振腔的长度 L,使式(3.2-4)中给出的相邻模式间频率间隔 Δf 大于激光器的跃迁线宽。于是也就只有一个纵模落在器件的增益谱内。例如,对法布里珀罗激光腔,所有的纵模的损耗都几乎相同,当发光波长为1300nm时,对长为250μm的谐振腔,其模式间波长间隔为1nm。将腔长从250μm降为25μm,模式间波长间隔由1nm增加为10nm。垂直腔表面发射激光器(Vertical

Cavity Surface Emitting，VCSEL），就是采用缩短腔长的方法使光源实现了单纵模，从而使谱宽降低到 1nm 以内。但是由于谐振腔过短，激光增益区较小，输出光功率通常小于 1mW。

有鉴于此，将光滤波器制作在激光器内滤出一根纵模实现放大是在降低谱宽的同时保证输出功率的有效手段，由此产生了基于布拉格（Bragg）光栅滤波的单纵模激光器。布拉格光栅是一种周期性结构，常用于光域的光学滤波。可以将光栅刻蚀在激光器中，通过调整光栅周期，使得输出的布拉格波长与光源主模波长一致，从而实现了单模输出。由此得到了两种选频反馈结构：分布反馈式（Distributed Feedback Bragg，DFB）激光器和分布布拉格反射（Distributed Bragg Reflector，DBR）激光器。它们的区别在于光栅的位置，DFB 的光栅刻蚀在有源区内，而 DBR 将光栅刻蚀在有源区的外面，如图 3-10 所示。

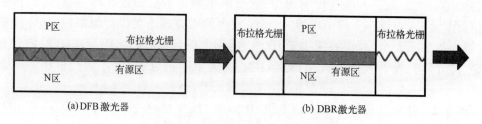

图 3-10　DFB 激光器和 DBR 激光器

以 DFB 激光器为例，它具有更窄的谱宽（线宽小于 0.4nm），边模抑制比高达 40～50dB 以上，调制速率高，更适合于长距离通信。

3. 温度特性和 ATC、APC

我们知道 LD 的 P-I 特性曲线是选择半导体激光器的重要的依据。但温度的变化会影响 PI 曲线的性能。图 3-11（a）是激光器输出功率与注入电流关系曲线随温度变化的情况。从图中可以看出，温度对半导体激光器的阈值电流 I_{th} 和曲线斜率都有影响，从而改变输出功率，如图 3-11（b）所示。

LD 在高温环境下工作也会影响它的寿命，另外在高温下，LD 的发射波长也会产生变化，以至影响数字光纤通信系统的正常工作，所以在光发送机电路中需要对 LD 的温度和功率进行控制。

一般采用两种方法来进行温度控制：一种是环境温度控制法；另一种是对 LD 进行自动温度控制（ATC）。

在图 3-12 中半导体制冷是基于帕尔贴效应的一种制冷方式，制冷器由特殊的半导体材料制成，当其通过直流电流时，一端制冷（吸热），另一端放热。在 LD 的组件中，将制冷器的冷端贴在 LD 的热沉上，测试用的热敏电阻也贴在热沉上，通过温度自动控制电路控制通过制冷器的电流就可以控制 LD 的工作温度，从而达到自动温度控制的预期效果。

同时 LD 稳定的输出功率对光发送机来说非常重要，所以要实现自动功率控制（APC）来实现光功率的稳定输出。APC 的主要内容有：①自动补偿 LD 由于环境温度变化和老化效应而引起的输出光功率的变化，保持其输出光功率不变，或其变化幅度不超过数字光纤通信工程设计要求的指标范围；②自动控制光发送机的输入信号码流中长连"0"序列或无信号输入时使 LD 不发光。

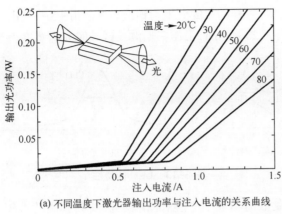

(a) 不同温度下激光器输出功率与注入电流的关系曲线

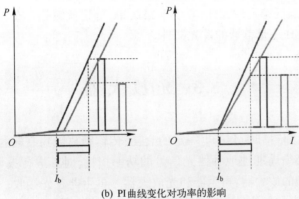

(b) PI曲线变化对功率的影响

图 3-11　温度对激光器输出特性的影响

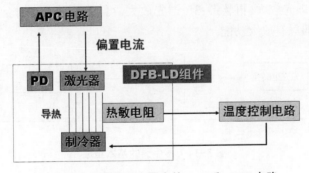

图 3-12　半导体激光器中的 ATC 和 APC 电路

4. 半导体发光二级管的工作特性

常用的光源除了 LD 外,还有半导体发光二极管(Light Emit Diode,LED),它是基于半导体 P-N 结自发辐射机理的发光器件。在中低速率、近距离传输系统中有广泛的用途。LED 发射的发光功率 P 与正向驱动电流 I 之间近似呈线性关系。典型的输出光功率和驱动电流之间的关系如图 3-13(a)所示。对比 LD 的 P-I 特性,可以看到 LED 是非阈值器件,发光功率随工作电流的增大而增大。

LED 没有谐振腔,其光谱就是半导体材料的自发辐射谱,因此它是非相干光源。因为半导体的价带和导带都是由一系列的间隔很小的能级构成,所以从导带中不同的能级跃迁产生的光子频率是不一样的。因此发射谱线较宽,如图 3-13(b)。LED 工作在 0.8~0.9μm 时,其光谱宽度为 20~50nm,工作在长波长区域时光谱宽度为 50~100nm。

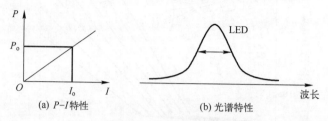

(a) P-I 特性 (b) 光谱特性

图 3-13　LED 的特性

LED 的主要缺点是输出功率小、发射光谱较宽、高频调制特性较差。主要优点是寿命长、线性特性好、温度稳定性较好、驱动电路简单、价格低廉等。在一些中、低速率的近距离传输系统中 LED 还是首选的发光器件。

3.3　光放大器

光信号在光纤中传播时,会产生一定的衰耗,传输距离受到衰耗的制约。因此,为了使信号传得更远,必须周期性地补偿光信号的功率损耗,对其进行放大。在光通信网络中,有两种不同类型的放大器:再生器和光放大器。再生器首先接收一个调制的光信号,然后转换成相同码率的电信号。因此再生器有 3 个主要部分:光接收器、电子放大器和光发送器(图 3-14)。此外,还有一些附加功能如定时、纠错、脉冲整形等。再生器分为 2R 和 3R 放大器,2R 即先放大,再整形;3R 即先放大,再整形,最后定时;而光放大器被归类为 1R 放大器件,即只有放大功能。

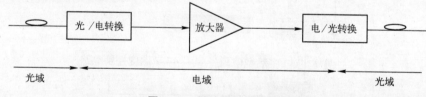

图 3-14　再生器的基本组成

传统的一个再生器放大一个波长的信号需先经光电转换再整形放大后电光转换,在多波长系统中使用再生放大器的成本和复杂度会急剧增加。因此,在密集波分复用(DWDM)系统中通常使用全光放大器。

如图 3-15 所示,光放大器只简单地增强光信号,而不需要把光信号先转换成电信号,然后再转回光信号。这个特性导致光放大器相比再生器具有两大优势:第一,光放大器支持任何比特率和信号格式,因为光放大器简单地放大所收到的信号。这种属性通常被描述为光放大器对任何比特率以及信号格式是透明的。第二,光放大器不仅支持单个信号波长放大,而且支持一定波长范围的光信号放大。而且,只有光放大器能够支持多种比特率、各种调制格式和不同波长的时分复用和波分复用网络。

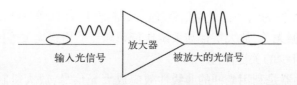

图 3-15　光放大器

输入光信号　放大器　被放大的光信号

光放大器的出现和发展极大地增加了长距离光信号传输的信息容量,与基于电学方式实现的信号放大相比具有诱人的经济优势。从超长海底链路到短距离的接入网链路,光放大器已经得到了广泛应用。在长距离海底链路和点到点的陆地链路中,传输类型相对稳定,所以输入光放大器的信号其功率水平相对稳定,不会出现大的波动。但由于传输链路中包含许多波长相近的不同信道,因此所用放大器必须具有宽带频谱响应范围,且必须是可靠稳定的。在城域网和接入网链路中,通常只有几个波长,但其传输类型比较随机,且信道波长要根据用户需求的服务进行增加或减少。因而,应用于这些场合中的光放大器要能够从总输入功率的变化中快速恢复过来。

3.3.1　全光放大原理

可以从之前学习的激光器的工作原理得到光放大器的原理:光与物质之间同时存在受激吸收、自发辐射和受激辐射 3 种相互作用。在热平衡状态下,低能级粒子占绝对多数,此时光子的受激吸收占绝对优势;在非热平衡状态下,可能出现高能级粒子数占多数的情况,称为粒子数反转;在粒子数反转的情况下,物质的自发辐射和受激辐射占一定优势,物质表现出发光特性。如果有合适频率的光信号进入粒子数反转区,则在受激辐射的作用下,该光信号可被放大,光子数倍增,原有光波的特点保留。基于这种受激辐射作用,设计并实现了激光器。

同样,设想一下,如果受激辐射中被放大的是外部进入的光子,基于这种作用,就可以用来放大光信号。对照激光器的组成,可实现全光放大器。其中,外部泵浦提供能量,在增益介质中形成粒子数反转;输入的信号光子经受激辐射作用,被放大输出;全光放大器在结构上与激光器非常很相似,区别在于其反馈机制不是必需的,如图 3-16 所示。

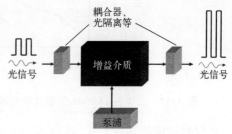

图 3-16　光放大器的原理图

光信号　增益介质　耦合器、光隔离等　光信号　泵浦

现在有两种主要的光放大器在使用:半导体光放大器(SOA)和光纤光放大器(FOA)。光纤光放大器又可以分为掺稀土离子光纤放大器和非线性光纤放大器。

半导体光放大器实质上是半导体激光器的活性介质,换句话说,一个半导体光放大器是一个没有或有很少光反馈的半导体激光器。

掺稀土离子光纤放大器像半导体光放大器一样,工作原理也是受激辐射,但与半导体光放大器不同,光纤光放大器的活性介质(或称增益介质)是一段特殊的光纤,并且与泵浦激光器相连;当信号光通过这段光纤时,信号光被放大。实用化的产品比如掺铒光纤放大器（EDFA）。EDFA 作为新一代光通信系统的关键部件,具有增益高、输出功率大、工作光学带宽较宽、与偏振无关、放大特性与系统比特率和数据格式无关等优点。它是大容量 DWDM 系统中必不可少的关键部件。

非线性光纤放大器是利用光纤的非线性效应放大光信号,放大机制无须粒子数反转的过程即可完成。实用化产品有光纤拉曼放大器（Raman Fiber Amplifier,RFA）。拉曼光纤放大器的基本原理是光纤中的受激拉曼散射。有关光纤中拉曼散射的形成机理已在第 2 章中介绍过,这里不再重复。石英光纤具有很宽的受激拉曼散射（SRS）增益谱,并在泵浦光频率下移约 13THz 附近有一较宽的增益峰对应波长上移 80-100nm。如果一个弱信号与一强泵浦光波同时在光纤中传输,并使弱信号波长置于泵浦光的拉曼增益带宽内,弱信号光即可得到放大,这种基于受激拉曼散射机制的光放大器即称为拉曼光纤放大器。

拉曼光纤放大器的结构与 EDFA 类似,其主要差别在于 EDFA 的增益由一段长度较短的掺铒光纤提供,而拉曼光纤放大器的增益则由传输光纤本身提供。也就是说,EDFA 是集总放大器,而拉曼光纤放大器则是分布式放大器。拉曼光纤放大器的泵浦光与信号光可以是同向的,也可以是反向的,同时还可以采用双向泵浦。如果将频率为 ω_s 的小信号光与一个频率为 ω_p 的强泵浦光同时注入光纤,而且 $\omega_p - \omega_s = \Omega$ 在光纤的拉曼增益谱的主瓣以内,则信号光将被有效地放大。图 3-17 中泵浦激光器波长 1445nm,它的拉曼增益谱曲线如图 3-17 所示,因此它将对 1535nm 的信号波长产生放大,信号波长距离泵浦波长 90nm。

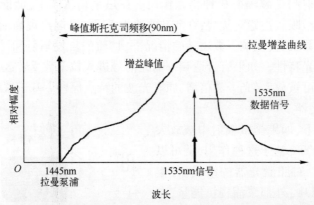

图 3-17　工作在 1445nm 的泵浦激光器产生的斯托克司频移,及其拉曼增益谱曲线

如何具体评价光放大器的性能好坏呢? 我们主要引入**功率增益、增益曲线与带宽、噪声系数和饱和输出光功率**指标来衡量。

功率增益用于表示光放大器的放大能力。具体定义为

$$功率增益 = 10\lg \frac{输出光功率}{输入光功率}(dB) \qquad (3.3-1)$$

增益曲线指的是描述增益和输入光波长的关系曲线,以此反映光放大器对不同波长光的增益大小。通过该曲线可定义放大器的带宽,即具有高增益的波长范围。

光放大器的噪声主要是来源于光放大过程中的自发辐射噪声;自发辐射是产生激光振荡所不可少的,然而在放大器中它却是有害噪声来源;噪声与信号在光纤中一起传输、放大,使得放大后信噪比恶化;信噪比的恶化可用噪声系数 F_n 表示,定义为输入信噪比

(绝对值)与输出信噪比(绝对值)之比:

$$F_n = \frac{(SNR)_{in}}{(SNR)_{out}} \qquad\qquad (3.3-2)$$

光纤通信对光放大器的性能提出了明确要求,即高增益、增益曲线宽且平坦、低噪和高稳定性。

3.3.2 掺铒光纤放大器

掺铒光纤(EDF)是光纤放大器的核心,它是一种内部掺有一定浓度 Er^{3+} 的光纤,为了阐明其放大原理,需要从铒离子的能级图讲起。铒离子外层电子具有三能级结构(如图 3-18 中的 E1、E2、E3),其中 E1 是基态能级,E2 是亚稳态能级,E3 是激发态高能级。

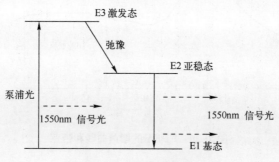

图 3-18   EDF 能级图

当用高能量的泵浦激光器来激励掺铒光纤时,可以使铒离子的束缚电子从基态能级大量激发到高能级 E3 上。然而,高能级是不稳定的,铒离子很快会经历无辐射衰减(即不释放光子)落入亚稳态能级 E2。而 E2 能级是一个亚稳态的能带,在该能级上,粒子的存活寿命较长,受到泵浦光激励的粒子,以非辐射跃迁的形式不断地向该能级汇集,从而实现粒子数反转分布。当具有 1550nm 波长的光信号通过这段掺铒光纤时,亚稳态的粒子以受激辐射的形式跃迁到基态,并产生出和入射信号光中的光子一模一样的光子,从而大大增加了信号光中的光子数量,即实现了信号光在掺铒光纤传输过程中不断被放大的功能。

EDFA 由耦合装置、掺铒光纤以及两个隔离器组成,如图 3-19 所示。载有信号的光纤与隔离器相连,隔离器的作用是阻止输出光纤中的信号反射进信号光纤。EDFA 输出端口的隔离器是为了阻止输出光纤中的信号反射回来。在 EDFA 中用来激发的更高频率的光源称为泵浦源,泵浦光(980nm 或 1480nm 或两者同时泵浦)耦合进 EDFA,激活光纤中的铒离子,使通过光纤中的波长在 1550nm 范围内的光信号被直接放大。

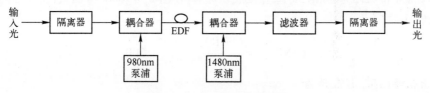

图 3-19   EDFA 组成示意图

EDFA 的工作波长与光纤最小损耗窗口 1550nm 一致,增益曲线在其附近很大一段波长范围内比较平坦,因此其频带比较宽。如图 3-20 所示。EDFA 还有其他的优点:①增益高。其小信号增益通常为 20~40dB,输出功率也比较大,可达 14~20dBm。②噪声系数较低,可低至 3~4dB。③由于是光纤放大器,易与传输光纤耦合连接,因此耦合效率高。④掺铒光纤的纤芯比传输光纤小,信号光和泵浦光同时在掺铒光纤中传播,光能量非常集中,这使得光与增益介质铒离子的作用非常充分,加之适当长度的掺铒光纤,因而光能量的转换效率高。⑤增益特性稳定:EDFA 对温度不敏感,增益与偏振无关,适应各种环境。增益特性与系统比特率和数据格式无关。

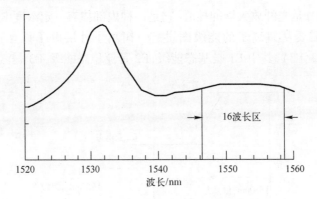

图 3-20   EDFA 的增益曲线和带宽

当然,EDFA 也有其不足。①增益波长范围固定:铒离子的能级之间的能级差决定了 EDFA 的工作波长范围是固定的,只能在 1550nm 窗口。这也是掺稀土离子光纤放大器的局限性,又如,掺镨光纤放大器只能工作在 1310nm 窗口。②增益带宽不平坦:EDFA 的增益带宽很宽,但 EDFA 本身的增益谱不平坦。在 WDM 系统中使用时必须采取特殊的技术使其增益平坦。③光浪涌问题:采用 EDFA 可使输入光功率迅速增大,但由于 EDFA 的动态增益变化较慢,在输入信号能量跳变的瞬间,将产生光浪涌,即输出光功率出现尖峰,尤其是当 EDFA 级联时,光浪涌现象更为明显。峰值光功率可以达到几瓦,有可能造成 O/E 变换器和光连接器端面的损坏。

例 3.4   某 EDFA 的噪声系数为 5,增益为 1000。如果输入信号的信噪比为 30dB,信号功率为 10μW。试计算输出信号功率(用 dBm 表示)和输出信噪比(用 dB 表示)。

解:此放大器增益 1000,输入信号功率为 10μW,则输出光功率为 10μW×1000 = 10mW,换算成 dBm 表示为

$$P_{\text{out}} = 10\lg\frac{10\text{mW}}{1\text{mW}} = 10\text{dBm}$$

输入信号信噪比为 30dB,用绝对值表示即为 $(\text{SNR})_{\text{in}} = 1000$,根据式(3.3-2),得输出信噪比为

$$(\text{SNR})_{\text{out}} = \frac{(\text{SNR})_{\text{in}}}{F_n} = \frac{1000}{5} = 200$$

输出信噪比用 dB 表示为

$$(\text{SNR})_{\text{out}} = 10\lg 200 = 23\text{dB}$$

3.3.3 光纤放大器的应用

光纤放大器无论在超长距离的海底链路还是在接入网的短链路中都有广泛的应用。尽管每种应用都有不同的放大器设计要求,但是所有的放大器都有相同的基本工作要求和性能参数。放大器的应用可以分为集总式放大和分布式放大。

1. 集总式放大

图 3-21 给出了光放大的 4 种基本的应用情形。

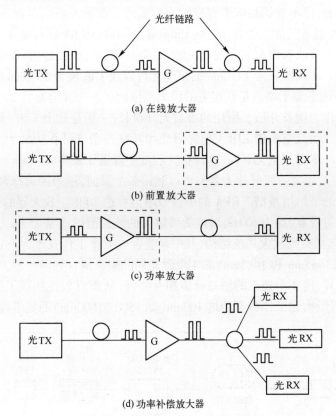

(a) 在线放大器

(b) 前置放大器

(c) 功率放大器

(d) 功率补偿放大器

图 3-21 光放大的 4 种应用情形

在线放大器如图 3-21(a)所示。将在线放大器代替光电光混合中继器。当光纤色散和放大器自发辐射噪声累积尚未使系统性能恶化到不能工作时,这种代替是完全可行的,特别是对多信道光波系统更有诱惑力,可以节约大量的设备投资。前置放大器如图 3-21(b)所示。将光放大器接在光接收机前,在光电检测之前将弱信号放大,以提高接收功率和信噪比,增加通信距离,这种放大器称为前置放大器。功率放大器将光放大器接在光发送机后以提高光发送机的发送功率,增加传输距离,这种放大器称为功率放大器,如图 3-21(c)所示。根据放大器增益和光纤损耗,传输距离可以增加 10~100km,如果将此技术与接收端光前置放大器同时使用,可以达到 200~250km 的无中继海底传输。图 3-21(d)将光放大器用于补偿局域网中的分配损耗,以增大网络节点数。还可以将光放大器用于光子交换系统等多种场合,称为功率补偿放大器。

虽然在这4种不同的结构中,放大器的物理应用过程相同,但却需要工作在不同的输入功率范围,这意味着要用到不同的放大器增益。要对信噪比进行完整分析是相当复杂的,这需要考虑诸如详细的光子统计特性及离散的放大器结构等因素。

2. 分布式放大

EDFA 的出现及商品化是通信史上的一个里程碑。它取代传统的光电光中继方式,实现了一根光纤中多路光信号的同时放大,成功应用于波分复用(WDM)光通信系统,极大增加了光纤中可传输的信息容量和传输距离。

但随着计算机网络及其他新的数据传输业务的迅猛发展,EDFA 工作波段和带宽的局限性越来越明显,已不能满足未来宽带网络的需求。普通光纤的低损耗区间是 1270~1670nm,而 EDFA 通常只能工作在 1525~1565nm 范围内,而 RFA(拉曼光纤放大器)可以全波长放大。其增益波长由泵浦光波长决定,只要泵浦源的波长适当,理论上可得到任意波长的信号放大。比如波长为 1450nm 的泵浦光可以放大波长为 1550nm 的信号光。

"分布式"一词来源于增益是在很宽的距离范围内实现。在分布式 RFA 应用中,利用了普通单模光纤作为增益介质。所用的增益光纤很长,一般是几十千米,泵浦的功率可以降低到几百毫瓦。而且它不像 EDFA 那样需要用特殊掺杂光纤作为放大介质,它的放大介质就是传输光纤本身。毫无疑问,这样很大程度上降低了成本。

同时 RFA 也是超宽带光纤放大器。可以利用多个泵浦,适当的选择泵浦的波长和功率可以实现较宽的平坦增益谱。RFA 的小信号增益可达 30dB。放大器的带宽,也就是前面提到的拉曼散射带宽,约为 6THz,转换为可放大的波长范围就是 45nm。

图 3-22 为典型拉曼放大系统结构,其中泵浦合成器将工作在不同波长(比如可能是 1425nm、1445nm、1465nm 和 1485nm)的4个激光器的输出耦合到同一根光纤中。几个泵浦光源波长的差异,使4个独立的增益峰值相互错开,从而有效地拓展了放大器的带宽。采用这种方案,可以构建工作带宽超过 100nm(如 1500~1600nm)的宽带放大器。

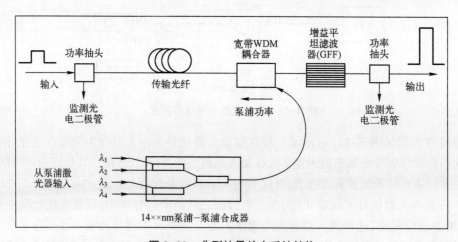

图 3-22　典型拉曼放大系统结构

RFA 由于具有全波段放大、低噪声,可以抑制非线性效应和能进行色散补偿等优点,近年引起人们广泛关注,现已逐步走向商用。其主要缺点是对 1.55μm 窗口的光信号放大,需要工作波长在 1.45μm 左右的大功率泵浦激光器,要求泵浦激光器的输出功率在数百毫瓦到 1W 左右。而 EDFA 的泵浦功率仅需要数十毫瓦,这是 EDFA 获得最广泛应用的原因之一。

但由于可以实现分布式放大,实现长距离传输和远程泵谱,RFA 特别适合海底、沙漠光缆通信等不方便设立中继器的场合。而将 RFA 与 EDFA 配合使用可以为光网络提供超宽带放大手段,是近年来关注的热点。采用双向泵浦技术,通过拉曼放大可以实现长达数百千米的无中继传输,这对于大陆与海岛、海岛与海岛之间的通信具有重要意义。

3.4 光 发 送 机

光源是实现信息在光纤传送的必要条件,要实现信息传输,首先必须解决信息信号对光源发出的光信号的调制,即光调制,调制后的光信号经过光纤传送到光检测器,经过处理再恢复出原有的信息,这个过程称为解调。光信号的调制是由光发送机完成的,解调是由光接收机完成的。光发送机和光接收机是光纤通信系统的重要组成。

光纤通信中,光信号的幅度、频率、相位和光强都可以被调制。对于数字光调制而言,前面 3 种方式与电信号调制的幅移键控(ASK)、频移键控(FSK)、相移键控(PSK)相对应,光强调制(Intensity Modulation,IM)是光纤通信特有的,也是目前最主要的调制方式。IM 用电信号的"1"和"0"来控制光源的开(对应光源接通发光)和关(光源关闭不发光),因而常称为开关键控(On-Off-Key,OOK),它既可以直接对光源进行调制,也可以采用外调制器。内调制方便,从而价格低廉,外调制技术复杂、价格高、性能优越。

3.4.1 光源的调制

根据调制与光源的关系,光调制可分为内(直接)调制和外(间接)调制两大类。

1. 内(直接)调制

内调制是光纤通信中最简单、经济、容易实现的调制方式,适用于 LD 和 LED。这种方法把要传送的信息转变为电流信号注入 LD 或 LED,由于它们的输出功率与注入电流成正比(LD 要在阈值电流以上),因此可以获得相应的光信号。只需通过改变注入电流就可实现光强度调制。光源在发光过程中完成光的参数调制,激光的产生和调制在一起,因此称为内调制。

1)模拟信号的内调制

所谓模拟信号的内调制,就是让 LED 或 LD 的注入电流跟随语音或图像等模拟量变化,从而使 LED 或 LD 的输出光功率跟随模拟信号变化,如图 3-23 所示。半导体光源的输出光强随注入电流变化,偏置点应选在光源 $P-I$ 曲线的线性部分的中点。

在模拟系统中,时变模拟电信号 $s(t)$ 直接调制光源(偏置电流点为 I_B)。设无信号输入时,输出光功率为 P_t,则当输入信号为 $s(t)$ 时,输出光信号为

$$P(t) = P_t[1 + ms(t)] \tag{3.4-1}$$

式中: m 为调制指数(或调制深度),它定义为

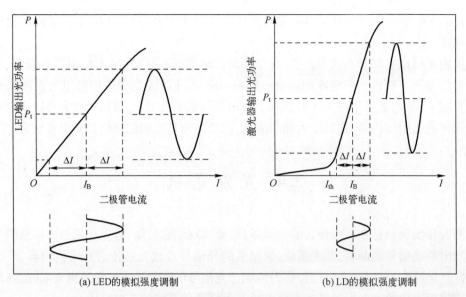

(a) LED的模拟强度调制　　　　　　　　　(b) LD的模拟强度调制

图 3-23　LED 和 LD 的模拟调制

$$m = \frac{\Delta I}{I'_B} \tag{3.4-2}$$

式中,对 LED 有 $I'_B = I_B$,对半导体激光器有 $I'_B = I_B - I_{th}$。参数 ΔI 是电流相对于偏置点的变化。为了防止输出信号失真,调制必须限制在输出 $P-I$ 电流曲线的线性部分。此外,如果驻 ΔI 大于 I'_B(也就是 m 大于 1),信号的下半部将会部分地被切除,这将产生严重的失真。在模拟系统中,m 的典型值在 0.25~0.5 之间。

2) 数字调制

在一些容量较大、通信距离较长的系统,多采用对半导体激光器进行数字调制的方式。数字信号的光强度调制原理如图 3-24 所示。

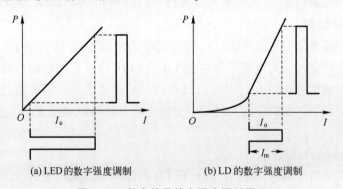

(a) LED的数字强度调制　　　　　　　(b) LD的数字强度调制

图 3-24　数字信号的光强度调制原理

内调制具有体积小、效率高、实现方便、功耗低等优点,但通常只能实现强度调制,适用于中低速光纤传输系统。

2. 外(间接)调制

直接调制方式对于中、低速率系统直接调制是十分有效的,但是对于高速系统,特别是传输速率超过 2.5Gb/s 的系统,直接调制将遇到两个问题:一是光源的调制带宽无法满足要求;二是高速调制会导致光源输出光束的频率啁啾。所以对于高速系统,几乎都采用外调制方式。也就是光源在恒定电流激励下发射连续光波,而信号加载过程则是在专门的外调制器中完成的。与内调制不同的是,激光的产生和调制是分开的,如图 3-25 所示。

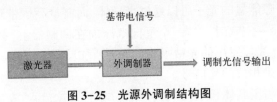

图 3-25　光源外调制结构图

外调制器主要有基于晶体电光效应的电光调制器、基于晶体磁光效应的磁光调制器、基于介质声光效应的声光调制器、基于半导体 P-N 结对光的吸收效应的电吸收调制器等。电光调制器和电吸收调制器是最常用的光调制器。

1) 电光调制器

当把电压加到晶体上的时候,可能使晶体的折射率发生变化,晶体的这种性质称为电光效应。当晶体的折射率与外加电场幅度成线性变化时,称为线性电光效应,即 Pocket 效应。电光调制器就是基于 Pocket 效应的器件。按照结构形式,电光调制器又可以分成体调制器与波导调制器两类。体调制器体积较大,所消耗的调制功率与所需要的调制电压比波导调制器要大得多。波导调制器可以与其他器件集成在同一基片上,构成集成光器件。因此,只有波导调制器在光通信系统中得到实际应用。最常用、技术最成熟的波导调制器是马赫-曾德尔干涉调制器,已经应用于 40Gbit/s 信道速率的 WDM 传输系统。

马赫-曾德尔干涉调制器有 LN-MZ(LiNbO$_3$)调制器、GaAs-MZ 调制器和聚合物-MZ 3 种。图 3-26 给出了集成光马赫-曾德尔干涉调制器的结构示意图。它由平行的铌酸锂衬底上采用钛扩散形成的波导构成。如图 3-26 所示,输入光束被均匀地分配到马赫-曾德尔干涉仪的两臂上,然后在输出端重新组合。光沿两个平行路径的传输距离相同,如果电极上不加电压,则在输出端以同相位相加产生相长干涉,此时获得最大幅度的传输光,输出"1"比特。如果施加一个合适的电压在电极上,则波导的折射率发生变化,致使两束光之间有 180° 的相位差。在这种情况下,在输出端将发生相消干涉,使得输出最小,输出"0"比特。马赫-曾德尔干涉调制器所需要的调制电压在 10V 左右,调制速率可达数十吉比特每秒。为了实现加调制电压时输出"1"比特,调制电压为零时输出"0"比特,可以给调制器加电压为 V_π 的预偏置电压。V_π 也就是可以在干涉仪的两臂产生 180° 相位差的电压。

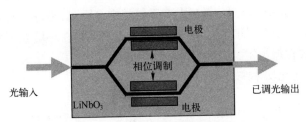

图 3-26　集成光马赫-曾德尔干涉调制器的结构示意图

2）电吸收式调制器

电吸收式调制器（EAM）是一种半导体结型器件,当外加反向偏置电压时,耗尽层中的电场引起禁带变窄,这就是所谓 Franz-Keldysh 效应。电吸收式调制器可以和半导体激光器集成在同一基片上,其结构如图 3-27 所示。图的左边是一个 DFB 型激光器,右边是调制器。能量低于带隙能量的光子可以通过半导体,而能量高于带隙能量的光子将会被吸收,并产生自由电子—空穴对。当一个反向电压加在调制器上,引起电吸收 p-n 结的带隙能量减少,于是激光器发出的光被吸收。如果所加反向电压就是待传送的信号电压,则从调制器输出的就是相应的光信号。

电吸收式调制器由于其体积小、驱动电压低,便于与激光器、放大器和光检测器等其他光器件集成在一起。EA 调制器的综合性能已经能够满足 40Gbit/s 以及更高速率的调制应用,调制带宽可达到 40~50GHz,调制器输出最高达 5.5dBm,一般大约 1dBm,消光比可达 15dB。

图 3-28 为某型号电吸收式的集成光发送机图。其单片集成 CW 激光器和 EA 调制器,传输距离 40/80km（800/1600ps/nm 色散容限）;7pin GPO 蝶形封装;支持最大速率 12.5Gb/s;并且中心波长符合 ITU-T G.692 标准要求（WDM）。

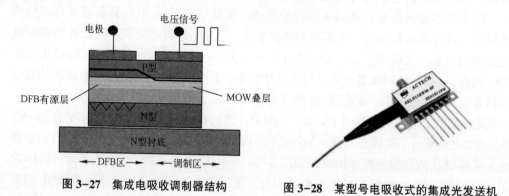

图 3-27　集成电吸收调制器结构　　　　图 3-28　某型号电吸收式的集成光发送机

3.4.2　光发送机指标

光发送机的性能主要包括光源性能（波长、谱宽等）、输出光功率及其稳定性、消光比等。

发送机的输出光功率,实际上是从其尾纤的出射端测得的光功率,因此应称为出纤光功率。发送机的输出光功率大小,直接影响系统的中继距离,是进行光纤通信系统设计时不可缺少的一个原始数据。输出光功率的稳定性要求是指在环境温度变化或器件老化过程中,输出光功率要保持恒定,如稳定度为 5%~10%。

通常用平均发送光功率来表示：

$$P_{\text{AVG}} = 10\log_{10} \frac{[P(1)+P(0)]/2(\text{mW})}{1(\text{mW})} (\text{dBm}) \qquad (3.4-3)$$

式中：$P(1)$ 和 $P(0)$ 分别为 1 码和 0 码时的光功率,同时假设 1 码和 0 码为等概率。

消光比是指发全"0"码时的输出光功率 P_0(mW)和发全"1"码时输出光功率 P_1(mW)之比,即

$$EXT = 10\lg \frac{P(1)}{P(0)}(dB) \qquad (3.4-4)$$

那么为什么要定义消光比这个指标呢?

比较图 3-29(a)和(b)这两个信号图。这两个图虽然不同,但计算一下它们的平均光功率却一样的。然而图 3-29(a)1 码功率与 0 码功率相差更大,也更有利于接收端正确识别码字。那么在相同平均光功率下如何区分信号的质量呢,就需要用到消光比这个指标。所以较高的平均光功率和较高消光比指标必须同时满足,消光比越大越好。消光比的不足容易引起对码元的误判等一系列问题。

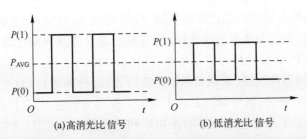

(a)高消光比信号　　　　　(b)低消光比信号

图 3-29　相同平均光功率不同消光比信号的对比

根据定义公式(3.4-2),0 码时让光功率为 0,消光比理论上可以达到无穷大了。但在 3.4.1 节中分析过,对于 LD 的数字调制方式,偏置电流的选择,要兼顾到电光延时,张弛振荡、码型效应等各方面情况,注入激光器的电流必须逼近或大于阈值电流,因此 0 码时光功率并不为零。

例 3.5 某型号光发送机,发送 1 码时光功率为 10dBm,消光比为 10dB,平均发送光功率是多少?

解:$P(1)$=10dBm,换算成 mW 形式为 10mW。消光比为 10dB,根据式(3.4-4)可得

$$\lg \frac{P(1)}{P(0)}(dB) = 10(dB) \Rightarrow \frac{P(1)}{P(0)} = 10$$

因此 0 码时的光功率为

$$P(0) = \frac{10mW}{10} = 1mW$$

再根据式(3.4-3)得平均发送光功率为

$$P_{AVG} = 10\log_{10} \frac{[10+1]/2mW}{1(mW)} = 7.4dBm$$

例 3.6 表 3-2 为某型号 SDH 光端机光接口参数规范。工作波长在 1310nm 附近,位于零色散波长附近。光源类型是 MLM(多纵模),MLM 激光器谱宽比较宽,在"最大均方根谱宽"指标里看到它的谱宽 7.7nm,是 FP 腔的激光器。它的平均发送光功率最大为-8dBm,最小为-15dBm。消光比最小为 8.2dB。

表 3-2　某型号光端机性能参数

项　　目		单　　位	数　　值
参数	光源类型		MLM（多纵模）
	最大均方根谱宽	nm	7.7
	最大平均发送功率	dBm	−8
	最小平均发送功率	dBm	−15
	最小消光比	dB	8.2

3.4.3　光发送机结构

光发送机完成的主要功能是光源的驱动、信号调制、线路编码、光源功率自动控制和温度控制。图 3-30 为光发送机的结构框图，其核心是光源及驱动电路。在数字通信中，输入电路将输入的 PCM 脉冲信号进行整形，变换成 NRZ/RZ 码后通过驱动电路调制光源（直接调制），或送到光调制器，调制光源输出连续光波（外调制）。对直接调制，驱动电路还要给光源加一直流偏置；而外调制方式中光源的驱动为恒定电流，以保证光源输出连续光波。控制电路是为了稳定输出的平均光功率和工作温度。此外，光发送机中还有报警电路，用以检测和报警光源的工作状态。光纤数字通信系统中的光发送机与模拟系统中的光发送机组成相比，除了都有一个驱动电路和光源外，它还多了扰码、线路编码和控制部分。

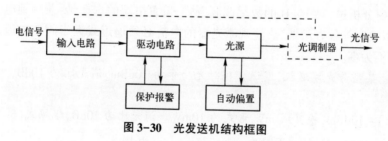

图 3-30　光发送机结构框图

小　　结

本章介绍光通信系统中的光源和光发送机。光源的功能是产生信息的载体——光载波，或直接产生加载信息的已调光信号；最重要的通信光源是半导体激光器（LD），其工作的机理是半导体 PN 结的受激发射。光放大器对光信号实施模拟光放大，掺铒光纤放大器（EDFA）是最重要的光放大器，具有增益带宽宽、噪声系数小、对光信号透明等优点。光发送机的核心是光源及驱动电路，主要的性能指标有光源性能、平均发送光功率、消光比和调制方式等。通过本章的学习，要求了解光源、光放大器及光发送机的工作原理、工作特性及主要性能参数。具体要了解激光产生的 3 个相互作用、3 个物质条件和两个工作条件；了解半导体激光器的 PI 特性、光谱特性及温度特性；理解光源的内调制和外调制工作机理；了解光放大器的工作原理、特性和工作参数。掌握光发送机的组成与光接口指标。

习　　题

1. 物质和光波之间的有哪几种互作用？在热平衡条件下为何受激吸收是主要的，而受激辐射是次要的？

2. 假设单个光子的能量 $E = 1.2\text{eV}$，相应的光波长和光频率为多少？

3. 某 F-P 型半导体激光器的 F-P 谐振腔长度为 0.3mm，材料的折射率 $n = 3.0$，两端解理面的反射系数均为 0.35。求相邻纵模间的频率间隔和波长间隔。

4. 光放大器可以分为哪两类？EDFA 全称是什么？它属于哪一类放大器？

5. 简述 EDFA 光放大原理。说明其成为光纤通信常用光放大器的理由。

6. 某特殊的掺铒光纤放大器工作带宽超过 20nm(1530~1550nm)。有多少 10GHz 的信道能安置在这个区域内（即所谓复用）并被同时放大？

7. 某掺铒光纤放大器的噪声系数为 6，增益为 100。如果输入信号的信噪比为 30dB，信号功率为 $10\mu\text{W}$。试计算输出信号功率（用 dBm 表示）和输出信噪比（用 dB 表示）。

8. 比较发光二极管与半导体激光器的优缺点。

9. 试述光发送机的组成及部分功能。

10. 试述光发送机消光比的含义和用途。

11. 试述光发送机的光调制方法及各种调制方法的基本原理和特性。

12. 假设半导体激光器向光纤注入 0.5mW 的光功率，随后接一个增益为 25dB 的功率放大器；紧随其后连接的光纤长度为 100km，损耗是 0.25dB/km；接下来是在线放大器，能够提供足够的增益可以将信号功率放大到功率放大器输出端的功率电平。后面的光纤同第一段光纤完全一样，但长度为 150km。一个前置放大器将信号功率放大到注入光纤时的量级(0.5mW)。此前置放大器的增益是多少？画出此光纤通信系统中以 dBm 为单位的光信号功率随位置的变化曲线。

第4章 光检测器与光接收机

在光通信系统中,光发送机输出的光信号经光纤传输后,通常利用 PIN 型光电二极管和雪崩光电二极管(APD)两类光检测器将其还原成电信号后完成放大再生。本章将介绍光电检测器的工作原理和主要特性,同时介绍光接收机的组成、工作原理和性能指标。

4.1 光检测器

4.1.1 光检测器工作原理与特性

由 3.1 节光与物质的 3 种相互作用知识可知:自发辐射和受激辐射都是辐射出光,而受激吸收是吸收入射光子,使低能级粒子获得能量跃迁到高能级,其实这就是光电转换的基本原理。

1. 光电检测器的工作原理——光电转换

图 4-1 示出了光电检测器的工作原理图。半导体光检测器的核心是 PN 结,从能级的角度上形成导带和价带,带隙为 E_g,如图 4-1(a)所示。如果有光照射到半导体上,并且光子的能量 hf 大于带隙,则价带中的电子就会吸收光子的能量跃迁到导带中,同时在价带中留下带正电的空穴。因此当 PN 结被光照射时,就产生了许多电子、空穴对。受到结区内自建场的作用,电子漂移到 N 区,空穴漂移到 P 区。这样,在 PN 结两边就产生一个光生电动势,其极性如图 4-1 所示。这一现象称为光生伏特效应。如果把 PN 结的外电路接通,将会有光电流 I_s 流过电路,从而完成了由光信号到电信号的变换。

2. 波长响应

产生光电效应的条件是入射光子的能量 $h\nu$ 要大于半导体材料的禁带宽度 E_g。只有这样,价带的电子才能吸收足够的能量跃迁到导带上,即

$$h\nu \geqslant E_g \tag{4.1-1}$$

把 $\lambda = c/\nu$ 代入式(4.1-1),由此可以得到半导体光电二极管工作的长波长极限 λ_c,即

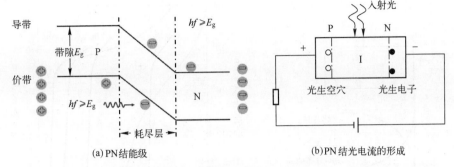

(a)PN结能级   (b)PN结光电流的形成

图 4-1   光电检测器的工作原理

$$\lambda \leqslant \lambda_c = \frac{hc}{E_g} \tag{4.1-2}$$

式中:h 为普朗克常数,$h = 6.626 \times 10^{-34} \mathrm{J \cdot S}$;$c$ 是光速。把它们的值代入式(4.1-2),就可以得到简单的计算公式

$$\lambda_c = \frac{1.24}{E_g(\mathrm{eV})}(\mu\mathrm{m}) \tag{4.1-3}$$

表 4-1 列出了常用半导体材料的禁带宽度和相应的截止波长。

表 4-1   常用半导体材料的禁带宽度与相应的截止波长

材 料	E_g/eV	$\lambda_{截止}/\mu\mathrm{m}$
Si	1.17	1.06
Ge	0.775	1.6
GaAs	1.424	0.87
InP	1.35	0.92
$\mathrm{In_{0.55}Ga_{0.45}As}$	0.75	1.65
$\mathrm{In_{1-0.45Y}Ga_{0.45Y}As_YP_{1-Y}}$	0.75~1.35	1.65~0.92

作为光检测器,Ge 材料和 Si 材料的长波长极限分别约为 1.6μm 和 1.06μm,只有小于这个波长的光才能产生响应。但并不是说只要波长小于 λ_c 的光都能被检测,光电二极管还存在一个短波长极限。这是因为半导体材料对入射光的吸收作用和波长有关,通常用吸收系数 $\alpha(\lambda)$ 来表示这种吸收作用。光在半导体中按照指数规律被吸收,如图 4-2(a)所示。

$$P(x) = P_0(1 - e^{-\alpha_s(\lambda)x}) \tag{4.1-4}$$

在波长大于 λ_c 时,吸收系数 $\alpha(\lambda)$ 极小,不产生光电流。当入射波长很短时,它的吸收系数变得很大,这就导致大量的光子在表面附近很薄的区域里就被吸收,不能进入其作用区,形成光生电流,这就造成了半导体光电二极管工作的短波长极限。几种常用的半导体材料的对光的吸收系数与波长之间的关系如图 4-2(b)所示。

综上所述,PIN 光检测器只能对一定波长范围内的入射光进行光电转换,称为光检测器波长响应范围。带隙决定上限波长,吸收系数决定下限波长。新的复合半导体材料铟镓砷(InGaAs)和铟镓砷磷(InGaAsP)被用作 1.3μm 和 1.55μm 波长的光检测器,Si 材料用作 0.85μm 波长的光检测器。

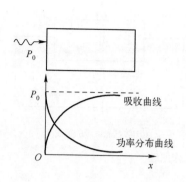

(a) 光在半导体中按照指数规律被吸收

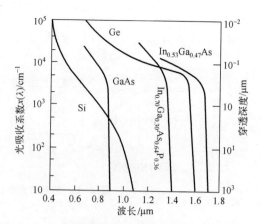

(b) 几种常用的半导体材料的对光的吸收系数与波长之间的关系

图4-2　光在半导体中的吸收

例4.1　某光电二极管由 GaAs 材料构成,在温度为 300K 时其带隙能量为 1.43eV,求其截止波长。

解:由式(4.1-3),其截止波长为

$$\lambda_c = \frac{hc}{E_g} = \frac{(6.625 \times 10^{-34} \text{J} \cdot \text{s})(3 \times 10^8 \text{m/s})}{(1.43 \text{eV})(1.6 \times 10^{-19} \text{J/eV})} = 869 \text{nm}$$

因此,这个 GaAs 光电二极管不能被用于波长大于 869nm 的系统中。

3. 量子效率与响应度

响应度和量子效率表征了光检测器的光电转换效率。响应度用于表征光检测器的外部特征,量子效率用于表征光检测器内部特性。

被光子吸收,产生了光电流的那部分光信号能量称为光检测器的量子效率。量子效率表示每个能量为 $h\nu$ 的入射光子所产生的电子空穴对数,即

$$\eta = \frac{\text{光电转换产生的电子空穴对数}}{\text{入射光子数}} = \frac{I_p/q}{P_{in}/h\nu} \tag{4.1-5}$$

式中:I_p 为光生电流;P_{in} 为入射光功率。

对于高速率、长距离的系统,光能量是很重要的,因而在设计光检测器时应使其量子效率 η 尽可能地接近 1,即 $\eta = 1$,为了获得如此高的量子效率常采用具有一定厚度的半导体平板。

光检测器常用另一个参数:响应度 $\Re$ 来衡量,其定义为光生电流与输入光功率之比,即

$$\Re = \frac{I_p}{P_{IN}} (\text{A/W}) \tag{4.1-6}$$

通过式(4.1-5)与式(4.1-6),可以得到响应度与量子效率之间的关系:

$$\eta = \frac{I_p/q}{P_0/h\nu} = \Re(h\nu/q) \tag{4.1-7}$$

图4-3是常用光电检测材料硅、锗和砷化镓铟的响应度和量子效率。

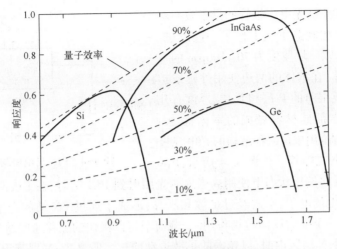

图 4-3 常用材料的响应度和量子效率

例 4.2 一个 InGaAs 材料的光电二极管,发射波长为 1300nm,在脉冲时段内共入射了光子 6×10^6 个,平均产生了 5.4×10^6 个电子空穴对,则它的量子效率可以由式(4.1-5)得出

$$\eta = \frac{光电转换产生的电子空穴对数}{入射光子数} = \frac{5.4 \times 10^6}{6 \times 10^6} = 0.9$$

因此,这个光电二极管在 1300nm 波长上的量子效率为 90%。

例 4.3 一定能量的光子入射到一个光电二极管上,此二极管的响应度为 0.65A/W,如果入射光功率为 $10\mu W$,则根据式(4.1-6),产生的光电流为

$$I_p = \Re P_{in} = (0.65A/W)(10\mu W) = 6.5\mu A$$

4. 响应时间

光检测器的响应时间可以用上升时间 t_r 表示。其定义为,在入射光功率呈阶跃变化的条件下,检测器的输出电流从最大值的 10% 上升到 90% 所用的时间。它决定于检测器的结电容和外电路电阻构成的电路的时间常数和电荷载流子渡越耗尽区的时间。上升时间决定了器件的可用频带宽度,其 3dB 电带宽与上升时间的关系为

$$f_{3-dB} = \frac{0.35}{t_r} \tag{4.1-8}$$

4.1.2 PIN 型光检测器

光纤通信长距离大容量的特点决定了要求光检测器光电转换效率高,响应速度快。在半导体光检测器中 PN 结区形成耗尽层,耗尽层是光检测器的工作区,只有在这里,入射光子才能被吸收转换成电子空穴对,因此入射光只有在耗尽层内被吸收才是有效吸收。而实际上图 4-1(b)这种 PN 结型光电二极管的耗尽层非常薄,约 $0.1\mu m$,因此光电转换效率低,而且耗尽层内电场低,载流子运动慢,而在两边 P 层、N 层很宽的距离内,扩散运动前进的时间太长,所以它的响应速度低。

为了提高 PN 结光电二极管的量子效率和响应速度,人们在制造工艺上作了一些改进。如图 4-4 所示,以一块厚度为 70~100μm 的本征硅材料做本体,在本体的两边使用外延或扩散工艺分别形成很薄的 P 层和 N 层,厚度有几个微米。这种本征硅材料做成的本体称为 I 层,它夹在 PN 结的中间,这种结构的光电二极管称为 PIN 光电二极管。如图 4-4 所示,PIN

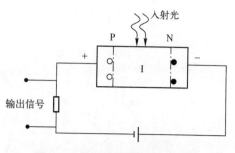

图 4-4 PIN 光电检测器原理图

光电二极管在反向偏压状态下使用。当入射光照射到 PIN 结时,在 I 层两边的 P 层和 N 层中,光激发产生的电子、空穴经过扩散和漂移,形成了通过 PN 结的光电流。虽然 I 层较厚,但它处于一个强的反向电场作用下,载流子将以极快的漂移速度通过 I 层。载流子通过两边的 P 层、N 层区内时,以较慢的扩散运动前进。但 P 层、N 层都很薄,所以总的说来,载流子通过 PIN 结的时间很短,因而它的响应速度很快,可以探测高调制频率的光信号。

4.1.3 APD 型光检测器

例 4.2 中看到,很多时候经过长途传输,往往微弱的光信号转变成的光电流已经很小了,不利于后续的检测。那么还可以进一步提高响应度吗?

1. 雪崩效应

目前为止讨论的光电二极管都是基于这一事实,每一个被吸收的光子只能产生一个电子—空穴对。但如果将光电二极管的反偏压不断增加,PN 结内的电场增高,光生载流子漂移速度加快,当电场增高到一定值时,高速漂移的载流子从晶格中碰撞出二次电子,从而激发出新的电子-空穴对,这种现象称为碰撞电离。二次电子与原电子又加速碰撞出更多的电子,即碰撞电离,这是一种连锁式反应,导致载流子雪崩式的猛增,这种现象就是雪崩效应。因此,这种光电二极管称为雪崩光电二极管(APD)。

高的电场需要高的偏置电压,这是难以实现的。可以设计成局部区域具有雪崩所需的高电场,从而达到降低偏置电压的目的。最常用的具有低倍增噪声的结构是拉通(Reach-through)型的 APD,如图 4-5 所示。

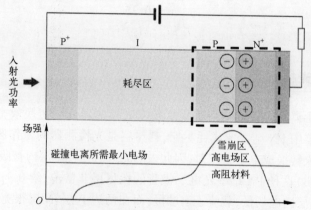

图 4-5 拉通型 APD 的结构以及耗尽区与倍增区的电场分布

因为 APD 具有电流增益,所以其响应度比 PIN 的响应度大大提高。因而,APD 具有较高的检测灵敏度。

光电二极管中所有载流子产生的倍增因子 M 定义为

$$M = \frac{I_M}{I_p} \qquad (4.1\text{-}9)$$

式中:I_M 为雪崩增益后输出电流的平均值,而 I_p 是式(4.1-5)中所定义的未倍增时的初级光电流。实际上,雪崩过程是一种统计过程,并不是每一个载流子都经过了同样的倍增,所以 M 只是一个统计平均值。

与 PIN 光电二极管类似,APD 的性能也是由它的响应度来表征的:

$$\Re_{APD} = \frac{I_M}{P_0} = \frac{MI_p}{P_0} = M\Re_{PIN} = M\frac{\eta q}{h\nu} \qquad (4.1\text{-}10)$$

典型的雪崩光电二极管的倍增因子在几十到几百,多用于微弱信号的检测。

例 4.4 一种硅 APD 工作在波长 900nm 时量子效率为 65%,假设 0.5μW 的光功率产生的倍增电流为 10μA,试求倍增因子 M。

解:根据式(4.1-7),首先计算初级光电流

$$I_p = \Re P_{in} = \frac{\eta q}{h\nu}P_{in} = \frac{\eta q\lambda}{hc}P_{in} = 0.235\mu A$$

由式(4.1-9),倍增因子 M 为

$$M = \frac{I_M}{I_p} = \frac{10\mu A}{0.235\mu A} = 43$$

此 APD 能够将初级光电流放大 43 倍。

2. PIN 和 APD 的比较

由于 APD 具有电流增益,因此 APD 的响度比 PIN 的响应度大大提高。而量子效率只与初级光生载流子数目有关,不涉及倍增问题,故 APD 的量子效率值与 PIN 相同,总是小于 1。

APD 的线性工作范围没有 PIN 宽,它适宜于检测微弱光信号。通常 APD 在入射光功率从不到 1nW 至几微瓦的范围内有很好的线性响应特性。如果接收机的输入功率超过 1μW,就不再需要 APD 作为检测器了。在这个功率等级上,PIN 型光电二极管完全可以胜任绝大多数的应用。

APD 具有很高的灵敏度,但电流倍增时的噪声比较大。APD 的暗电流有初级暗电流和倍增后的暗电流之分,它随倍增因子的增加而增加;此外,还有漏电流,漏电流没有经过倍增。

APD 的响应速度主要取决于载流子完成倍增过程所需要的时间,载流子越过耗尽层所需的渡越时间以及二极管结电容和负载电阻的 RC 时间常数等因素。而渡越时间的影响相对比较大,其余因素可通过改进结构设计使影响减至很小。

表 4-2 和表 4-3 分别列出了 PIN 光电二极管和 APD 的性能参数值。这些参数值是从各厂商的数据单和文献中报告的性能参数值中选出的,它们可以作为对性能参数进行对比的指南。具有特殊用途的特种器件的详细值可以从光检测器和接收模块供应商那里得到。

表 4-2　Si,Ge,InGaAs pin 光电二极管的一般工作参数

参　数	符　号	单　位	Si	Ge	InGaAs
波长范围	λ	nm	400~1100	800~1650	1100~1700
响应度	$\Re$	A/W	0.4~0.6	0.4~0.5	0.75~0.95
暗电流	I_D	nA	1~10	50~500	0.5~2.0
上升时间	τ_r	ns	0.5~1.0	0.1~0.5	0.05~0.5
带宽	B_m	GHz	0.3~0.7	0.5~3.0	1.0~2.0
偏置电压	V_B	V	5	5~10	5

表 4-3　Si,Ge,InGaAs 雪崩光电二极管的一般工作参数

参　数	符　号	单　位	Si	Ge	InGaAs
波长范围	λ	nm	400~1100	800~1650	1100~1700
雪崩增益	M	—	20~400	50~200	10~40
暗电流	I_D	nA	0.1~1	50~500	10~50($M=10$)
上升时间	τ_r	ns	0.1~2	0.5~0.8	0.1~0.5
增益带宽积	$M \cdot B_m$	GHz	100~400	2~10	20~250
偏置电压	V_B	V	150~400	20~40	20~30

4.2　光接收机

4.2.1　光接收机的组成与工作原理

光纤通信系统有模拟及数字两大类,光接收机相应也有模拟接收机和数字接收机两类,分别如图 4-6(a)、(b)所示。它们均由光检测器、低噪声前置放大器及其他信号处理电路组成,显然,这是一种直接检测方式。相比于模拟接收机,数字接收机更复杂,在主放大器后还有均衡滤波、定时提取与判决再生、峰值检波与 AGC 放大等电路,但因它们在高信号电平下工作,并不影响对光接收机基本性能的分析。

光检测器的作用是把接收到的光信号转换成光电流。对光检测器的基本要求是高的光电转换效率、低的附加噪声和快速的响应。由于光检测器产生的光电流非常微弱(nA~μA),必须先经前置放大器进行低噪声放大,当然这时也不可避免地会引进附加噪声。光检测器和前置放大器合起来称为接收机前端,其性能的优劣是决定接收灵敏度的主要因素。无论是模拟接收机还是数字接收机,基本性能的分析计算都是针对前端进行的。主放大器的任务是把前端输出的毫伏级信号放大到后面信号处理电路所需的峰-峰值电压为伏级电平。接收机的其余电路则对信号进行进一步的处理、整形,以提高系统的性能,最后解调出发送信息。例如,均衡滤波器的作用是消除放大器及其他部件(如光纤)引起的信号波形失真,使噪声及码间干扰的影响减到最小。抽样所需的时钟由定时提取电路

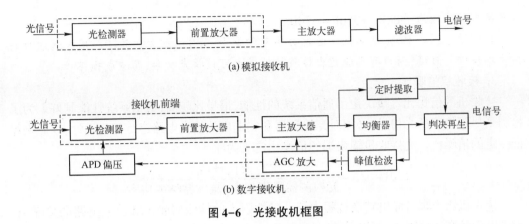

图 4-6　光接收机框图

恢复。自动增益控制（AGC）电路用来控制 APD 偏压及放大器增益,以提高接收机的动态范围。

　　因为传输到光接收机的光信号已经很微弱,所以如何提高光接收机的灵敏度、降低输入端的噪声是研究光接收机的主要问题。光检测器和前置放大器对光接收机的性能起着关键性作用。对模拟光接收机来讲,表征其性能的指标是信噪比和接收灵敏度。对数字光接收机而言误码率、接收灵敏度及其动态范围则是其主要指标。这些指标都与这两部分电路有关。

4.2.2　光接收机的性能指标

　　对数字光接收机而言,误码率、接收灵敏度及其动态范围是其主要指标。

1. 接收机灵敏度

　　光纤通信系统用 BER 值来表明特定传输链路的性能要求,通常是给定测量时间内误码个数与发送码元个数的比值。对于数字光纤通信系统,通常速率 622Mb/s 情况下要求误码率低于 10^{-9},而 2.5Gb/s 和 10Gb/s 系统低于 10^{-12}。为了实现给定数据速率系统的 BER,光检测器必须有一个最小的平均接收光功率。这个最小功率值就称为接收灵敏度。光接收机正常工作时能接收的光功率越小,其灵敏度越高,性能越好。一般用 dBm 作为单位。如果一部光接收机在满足给定的误码率指标下所需的平均光功率低,说明它在微弱的输入光条件下就能正常工作,显然这部接收机的性能是好的。

2. 动态范围

　　实际系统中,由于中继距离、光纤损耗、连接器及熔接头损耗不同,发送光功率随温度的变化及老化等原因,接收光功率有一定的范围。定义最大允许接收光功率和最小可接收光功率之差为光接收机的动态范围。

$$D = 10\lg\frac{最大输入光功率}{最小输入光功率}(\mathrm{dB}) \tag{4.2-1}$$

最大光功率决定于非线性失真及前置放大器的饱和电平（过载点）,最小功率则决定于接收灵敏度。动态范围表示了光接收机对输入信号的适应能力,其数值越大越好。

　　例 4.5　某型光端机动态范为 35dB,接收灵敏度小于等于-38dbm,那么它的最大接收光功率有可能为-38dBm+35dB=-3dBm。

我们注意到此 PDH 光端机发送光功率大于等于-3dBm,就要注意不能用发送端口与接收端口进行自环,因为有可能超出接收机的最大可接收光功率,而造成损坏。

3. 接收机信噪比

接收机的信噪比直接决定了通信系统的性能,信噪比越高,通信系统性能越好。为了检测到尽可能小的光信号,必须对光检测器和它随后的放大电路进行优化设计,以此来保证一定的信噪比。光接收机输出端的信噪比定义为

$$SNR = S/N = \frac{光电流信号功率}{光检测器噪声功率 + 放大器噪声功率}$$

接收机噪声来自光电转换过程中统计特性引入的检测器噪声和放大电路的热噪声。为了得到较高的信噪比,可以采取以下措施:一是光检测器必须有很高的量子效率,以产生较大的信号功率;二是使光检测器和放大器噪声保持尽可能低的值。大多数应用中,光电二极管的量子效率通常都接近于它的最大可能值,因此噪声电流的大小决定了可以检测到的最小光功率。

4.2.3 光接收机的噪声

影响光接收机性能的主要因素是接收机内的各种噪声源。光接收机的各种噪声源可以分为两大类:散弹噪声和热噪声。散弹噪声包括光载波的量子噪声、光电检测器的暗电流噪声、漏电流噪声和 APD 过剩噪声。热噪声包括检测器负载电阻的热噪声和放大器的噪声。图 4-7 所示为接收机各种噪声源的分布位置。

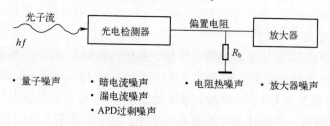

图 4-7 接收机的各种噪声及其分布位置

光检测器在工作时,将光信号转换成电信号。在这一过程中,将一些与信息无关的随机变化的量引入信息量中,产生噪声。主要有量子噪声、暗电流和漏电流噪声,对于 APD 光电二极管还有雪崩倍增噪声。倍增噪声又称过剩噪声。

1. 量子噪声

出现量子噪声的原因可以这样来解释:光束由大量光量子(光子)组成,例如,1mW 频率为 $f = 10^{15}$Hz 的光功率,所对应的每秒钟接收到的光子数 n 应为

$$n = \frac{P}{hf} = \frac{10^{-3}}{6.625 \times 10^{-34} \times 10^{15}} = 1.509 \times 10^{15}(个) \tag{4.2-2}$$

式中:hf 为一个光子具有的能量;h 为普朗克常数。但是这只是一个平均值,实际上某一个时间间隔内接收的光子数是一个随机量,可以认为满足泊松分布。光电检测器在某个时刻实际接收到的光子数,是在一个统计平均值附近浮动,因而产生了噪声。从噪声产生

的过程看出,这种噪声是顽固地依附在信号上的,用增加发射光功率,或采用低噪声放大器都不能减少它的影响。因而,它限制了光接收机灵敏度指标。在带宽 B_e 内,量子噪声均方根电流与光电流 I_p 的平均值成正比,即

$$\langle i_{\text{shot}}^2 \rangle = \sigma_{\text{shot}}^2 = 2qI_pB_eM^2F(M) \tag{4.2-3}$$

式中:$F(M)$ 为和雪崩过程的随机特性有关的噪声系数。实验结果表明,可以将 $F(M)$ 近似为 M^x,其中 $x(0 \leqslant x \leqslant 1)$ 取决于所用的材料。对 PIN 光电二极管,$F(M)$ 与 M 均为 1。

2. 光检测器的暗电流噪声和漏电流噪声

当没有光照射时,在理想条件下,光电检测器应没有光电流输出。但是,实际上由于热激励、宇宙射线或放射性物质的激励,在无光的情况下,光电检测器仍有电流输出,这种电流称为暗电流。

由于上述各种激励条件是随机的,因此,暗电流也是随机浮动的,从而形成了暗电流噪声。对于 APD,由此产生的载流子同样会得到 PN 结区高电场的加速,并因雪崩效应而被倍增,其均方值为

$$\langle i_{\text{DB}}^2 \rangle = \sigma_{\text{DB}}^2 = 2qI_DM^2F(M)B_e \tag{4.2-4}$$

式中:I_D 为初始(未倍增过的)光检测器体暗电流。

表面暗电流也称表面漏电流,或简称漏电流。它是由于光电检测器表面的缺陷或受污染等表面状态不完善所致,并与偏置电压及表面面积的大小有关。漏电流不会被倍增,它所产生的噪声并非本征噪声,可借助于器件的合理设计、良好的结构和工艺的严格要求来降低,甚至可以忽略不计。表面暗电流的均方值为

$$\langle i_{\text{DS}}^2 \rangle = \sigma_{\text{DS}}^2 = 2qI_LB_e \tag{4.2-5}$$

式中:I_L 为表面漏电流的值。应注意的是,由于雪崩倍增是一种体效应,因此表面漏电流并不受雪崩增益的影响。

3. 热噪声

热噪声是由热力学温度在零度以上的物体内部电子的无规则热运动造成的,它具有高斯分布。在负载电阻和放大电路中都会产生这种热噪声。为了简化接收机电路的分析,在这里假设放大器输入阻抗远大于负载电阻 R_L,所以放大电路的热噪声远小于 R_L 的热噪声。光检测器负载电阻的均方热噪声电流为

$$\langle i_T^2 \rangle = \sigma_T^2 = \frac{4k_BT}{R_L}B_e \tag{4.2-6}$$

式中:k_B 为玻耳兹曼常数,其值为 $1.38 \times 10^{-34}\text{J/K}$;$T$ 为电阻 R_L 工作时的热力学温度。可见,热噪声与光电流无关,即使没有光功率输入,热噪声依然存在。

4. 总噪声

光检测器中多种噪声相互独立,按中心极限定理,可将各类噪声的均方线性叠加作为总噪声。

$$\langle i_N^2 \rangle = \sigma_{\text{shot}}^2 + \sigma_{\text{DB}}^2 + \sigma_{\text{DS}}^2 + \sigma_T^2 \tag{4.2-7}$$

通常,漏电流比较小可以忽略不计,而当平均信号电流远大于暗电流时,暗电流噪声也也可忽略,于是光检测器噪声可以简化为

$$\langle i_N^2 \rangle = \sigma_{\text{shot}}^2 + \sigma_T^2 \tag{4.2-8}$$

当输入光功率相对较高时,散弹噪声功率远大于热噪声。在这种情况下的信噪比

（SNR）就称为散弹噪声极限或者量子噪声极限。当光功率相对比较小时,热噪声相对散弹噪声占主要地位。这种情况下的 SNR 就称为热噪声极限。

例 **4.6** 假设一个 InGaAs 光电二极管在波长为 1300nm 时性能参数如下:$I_D = 4nA$, $\eta = 0.9$,$R_L = 1000\Omega$,表面漏电流可以忽略,入射光功率为 300nW (−35dBm),接收机带宽为 20MHz,请计算接收机的各种噪声。

解:(a) 首先计算初级光电流,由式(4.1-7) 得到

$$I_p = \Re P_{in} = \frac{\eta q}{h\nu} P_{in} = \frac{\eta q \lambda}{hc} P_{in} = 0.282(\mu A)$$

(b) 由式(4.2-3),得到 PIN 光电二极管的均方根量子噪声电流为

$$\langle i_{shot}^2 \rangle = \sigma_{shot}^2 = 2q I_p B_e = 1.80 \times 10^{-18}(A^2)$$

或者可以写为

$$\langle i_{shot}^2 \rangle^{1/2} = 1.34(nA)$$

(c) 由式(4.2-4)可得均方暗电流为

$$\langle i_{DB}^2 \rangle = \sigma_{DB}^2 = 2q I_D B_e = 2.56 \times 10^{-20}(A^2)$$

或者可以写为

$$\langle i_{DB}^2 \rangle^{1/2} = 0.16(nA)$$

(d) 接收机的均方热噪声电流可以从式(4.2-6)得到

$$\langle i_T^2 \rangle = \sigma_T^2 = \frac{4k_B T}{R_L} B_e = 323 \times 10^{-18}(A^2)$$

或者可以写为

$$\langle i_T^2 \rangle^{1/2} = 18(nA)$$

因此,此接收机的均方根热噪声电流大约是均方根散弹噪声电流的 14 倍,是均方根暗电流的 100 倍。

5. 光放大器噪声

由以上分析可知,简单的直接检测接收机的性能主要受接收机中热噪声的限制,这可以通过在光检测器前采用光放大器来改善,光放大器提供了输入信号的功率放大,但不幸的是在放大光信号的同时,放大的自发辐射(ASE)作为一种噪声出现在输出端。它来源于放大器媒质中电子—空穴对的自发复合。自发复合出现在电子—空穴对能量之差的宽范围内,并且导致了与光信号一起放大的噪声光子具有很宽的谱宽。

为了理解放大器对光检测器上接收到的信号的影响,考虑图 4-8 的系统,PIN 用作直接检测系统的光检测器,光检测器输出的光生电流与入射光功率成正比为

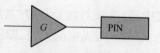

$$I = \Re G P \qquad (4.2-9)$$

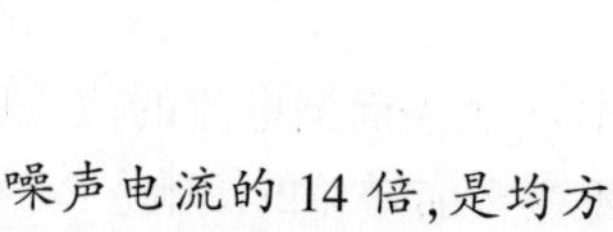

图 4-8 具有光放大器的光接收机

式中:G 为放大器的增益;P 为接收到的光功率。

由于 ASE 发生在光检测之前,这就导致了在光接收机中除了光检测器的热噪声之外,还有 3 种不同的噪声成分,这是因为光电流中除了信号场和自发辐射场的平方之外,还包括信号和光噪声场之间的许多差拍信号。如果总的光场是信号场 E_s 与自发辐射场 E_n 之和,那么总的检测电流 i_{tot} 正比于复合光信号电场的平方,即

$$i_{tot} \propto (E_s + E_n)^2 = E_s^2 + E_n^2 + 2E_s \cdot E_n \qquad (4.2-10)$$

式中前两项分别来自信号和噪声,第三项则是信号和噪声的混合成分(差拍信号),它可以落在光接收机的带宽内,降低接收机的信噪比。首先考虑 ASE 光子,注入光检测器的光功率为(G 是光放大器增益)

$$P_{in} = GP_{s,in} + P_{ASE} = GP_{s,in} + S_{ASE}B_o \tag{4.2-11}$$

式中:S_{ASE} 为 ASE 噪声的功率谱密度。如果在光检测器之前放置一个光滤波器可以明显降低 B_o,将 P_{in} 的表达式代入式(4.1-6),并将光电流 I_p 的表达式代入式(4.2-3)求得散粒噪声,可得总的散粒噪声电流的均方值为

$$\langle i_{shot}^2 \rangle = \sigma_{shot}^2 = \sigma_{shot-s}^2 + \sigma_{shot-ASE}^2 = 2qB_e\Re(GP_{s,in} + S_{ASE}B_o) \tag{4.2-12}$$

式中:B_e 为接收机前端的电带宽。

另外,两种噪声是由光信号和 ASE 中的不同光频成分的混合物产生的,这个混合物产生了两个拍频序列。由于信号和 ASE 具有不同的光频,在 ASE 噪声与信号具有相同的偏振状态时,信号和 ASE 的差拍噪声为

$$\sigma_{s-ASE}^2 = 4(\Re GP_{s,in})(\Re S_{ASE}B_e) \tag{4.2-13}$$

另外,由于 ASE 展宽了光频范围,它可以产生自拍噪声电流为

$$\sigma_{ASE-ASE}^2 = \Re^2 S_{ASE}^2(2B_o - B_e)B_e \tag{4.2-14}$$

综上所述,总的接收机噪声电流的均方值可表示为

$$\langle i_{total}^2 \rangle = \sigma_{total}^2 = \sigma_T^2 + \sigma_{shot-s}^2 + \sigma_{shot-ASE}^2 + \sigma_{s-ASE}^2 + \sigma_{ASE-ASE}^2 \tag{4.2-15}$$

通常可根据式(4.2-15)和接收机光电流值来计算接收机的信噪比,从而进一步计算误码率。

小　　结

本章介绍光通信系统中的光检测器和光接收机。光检测器的作用是实现光信号的解调,将光信号还原为电信号。目前,通用的光检测器 PIN 型光电二极管和 APD 光检测器的工作机理是物质的光电效应,主要的指标是量子效率、响应度、响应波长。光接收机完成的工作是将光电转换后的微弱光电流放大、整形,在数字接收机中还需要进行时钟信号提取和数字信号再生,灵敏度和动态范围是光接收的主要指标。通过本章的学习,要求了解光电效应、PIN 和 APD 的基本工作原理;简单应用响应度和量子效率、波长响应范围以及响应速率等光检测器工作特性;掌握光接收机的基本结构和主要光接口指标。

习　　题

1. 光电检测器的作用是什么? 简述其原理并列举几类光纤通信中常用的光电检测器。

2. 试述数字光接收机的组成及各部分功能。

3. 比较 PIN 和 APD 的工作原理和性能指标的不同。

4. 光纤通信系统噪声的主要来源有几种? 其中哪些噪声属于光接收机噪声?

5. 有一个模拟通信系统，$\lambda = 850\text{nm}$，$\Delta f = 5\text{MHz}$，$m = 1$。若光检测器是理想的，且仅考虑信号光的量子噪声，计算 $S/N = 50\text{dB}$ 时的接收光功率。

6. 一个 GaAs PIN 光电二极管平均每 3 个入射光子，产生一个电子—空穴对。假设所有的电子都被收集。

（1）试计算该器件的量子效率；

（2）当在 $0.8\mu\text{m}$ 波段接收功率是 10^{-7}W 时，计算平均输出光电流；

（3）计算长波长截止点 λ_c，即当这个光电二极管超过此波长时将停止工作。

7. 什么是雪崩增益效应？

8. 设 PIN 光电二极管的量子效率为 80%，计算在 $1.3\mu\text{m}$ 和 $1.55\mu\text{m}$ 波长时的响应度，说明为什么在 $1.55\mu\text{m}$ 光电二极管比较灵敏。

9. 一个光接收机，接收机灵敏度为 -40dBm，最大可接收光功率为 1mW，此光接收机的动态范围为多少？

第 5 章 光纤通信系统

本章所说的光纤通信系统是指点到点的光纤传输系统,其基本构成如图5-1所示。首先来自信源的原始信息经电端机处理,使之成为适合在光纤中传输的形态;然后经光发送端机转换为光信号,并馈入光纤信道传输。在接收端光接收端机将接收到的微弱光信号放大并转换成电信号,经接收电端机还原处理,送给信宿,完成信息传输。

图 5-1 光纤通信系统基本构成

根据传输信号的形态,可以将光纤通信系统分为数字光纤通信系统和模拟光纤通信系统。经拾音器转换成的话音信号、来自摄像机的图像信号都是模拟信号,如果用模拟电信号直接调制光波的幅度、相位、频率等特征参量就可以得到模拟光信号。如果将来自信源的模拟电信号经模数转换成数字信号,或者来自计算机等数字终端的数字信号调制光波的特征参量就可以得到数字光信号。模拟光纤通信系统主要用于视频分配、微波遥感信号、雷达信号的短距离传输。数字信号便于处理,传输损伤带来的信号畸变可以得到恢复。光纤的可用频带极宽,对传输数字信号十分有利,所以高速率、大容量、长距离的光纤通信系统均为数字光纤通信系统。

5.1 模拟光纤通信系统

电信网络的发展趋势是使电话交换与数字电路结为一体。这要归因于数字集成电路技术,这种技术为同时传送话音和数据提供了既可靠又经济的方法。光纤光学的最初应用是电信网络,其最初的推广应用就已包括了数字链路。然而,许多时候,以模拟形态传送信息比立即转化为数字格式传送信息更加简单方便、调制方式多样、使用灵活,因此在微波多路复用信号、视频分配、光载射频(ROF)天线拉远等领域得到广泛应用。

5.1.1 模拟信号的光调制

光纤通信中的调制方式主要有内(直接)调制和外(间接)调制(见3.4节)。模拟光

81

纤通信系统主要采用内调制方式,外调制则主要用于高速数字光纤通信系统。

模拟调制可以分为强度调制(IM)、频率调制和相位调制。在光纤通信系统中强度调制是最常用的调制方式,如果采用 LED 和 LD 作光源,其工作原理分别如 3.4.1 节中图 3.23(a)和(b)所示。半导体光源的输出光强随注入电流变化,偏置点应选在光源 P–I 曲线的线性部分的中点。

用模拟基带信号对光源进行直接强度调制是最简单的模拟调制方式。另一种调制方式是先用幅度、频率或相位调制的方法将基带信号搬移到电副载波上,再用副载波对光源进行强度调制,这是一种预调制方式。下面具体介绍这几种调制方式。

1. 基带直接强度调制

利用基带电信号直接对光源进行强度调制,使光源输出光功率随时间变化的波形和输入模拟基带信号的波形成比例。因为不需要任何电的调制和解调,所以发送机和接收机的电路较为简单。在光纤视频基带模拟直接强度调制系统中,由于受到微分增益(DG)、微分相位(DP)指标的影响,对光源的线性特性要求较为苛刻,LED 和 DFB 激光器线性较好是可以选用的光源。用 LED 作光源,成本低、易连接,但功率小,传输距离不超过 1km。用 DFB 激光器,发送光功率较大,可以实现较长距离的传输。

2. 单边带调制

单边带调制(Single-sideband Modulation,SSB),是一种可以更加有效的利用电能和带宽的调幅技术。SSB 也可看作是幅度调制(AM)的一种特殊形式。调幅信号频谱由载频 f_c 和上、下边带组成,被传输的消息包含在两个边带中,而且每一边带包含有完整的被传输的消息。因此,只要发送单边带信号,就能不失真地传输消息。显然,把调幅信号频谱中的载频和其中一个边带抑制掉后,余下的就是单边带信号的频谱。

SSB 技术在无线通信中可以使用双边带调制一半的带宽,同时避免将能量浪费在载波上。在光载微波链路中,SSB 还可以抑制色散衰落效应,因此在高频微波信号的射频拉远系统中得到应用。

3. 副载波调制—强度调制

首先用原始的模拟信号对射频副载波或类似于时钟信号的脉冲副载波进行预调制,然后再对光源进行强度调制。对射频副载波的调制可以采用幅度调制(AM)、频率调制(FM)、相位调制(PM)等方式;对脉冲副载波的调制可以采用脉冲幅度调制(PAM)、脉冲重复频率调制(PFM)、脉位调制(PPM)、脉宽调制(PWM)、脉冲间隔调制(PIM),以及方波化频率调制(SWFM)等。这些方式适合于模拟视频信号的光纤传输。SWFM 方式具有更高的信噪比,适宜于传输高质量的视频信号。

4. 副载波复用强度调制

在单根光纤上传输单一的基带信号对于光纤的可用带宽是极大的浪费。将多个单独承载基带信号的副载波首先在电域复用,然后再对光源实施强度调制,就可充分利用光纤的带宽潜力。这种方式就是副载波复用强度调制(SCM-IM)。为此,首先在第一级调制器上,将多个基带信号对各个不同频率的射频副载波分别进行幅度调制、频率调制或相位调制,形成副载波复用(SCM)或频分复用(FDM)信号,本地振荡使用的频率范围在 2 ~ 8GHz 之间,这就是所谓的副载波,如图 5-2 所示。然后在第二级调制器上,复合的电信号对光源进行强度调制后,搬移到光载波上,并送进光纤信道传输,成为 AM-IM、FM-IM

或 PM-IM 光信号。利用基带信号对副载波实施频率调制,需要占用比基带信号宽得多的频谱资源,但是用较大带宽可以换取信噪比的提高,这对于传输高质量的视频信号是值得的,再利用副载波复用技术可以在单根光纤上传输数十路高质量的模拟电视信号,这是早期有线电视最主要的干线传输方式。

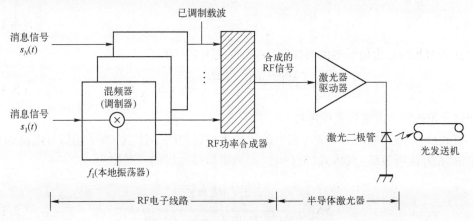

图 5-2　副载波复用的基本原理框图

5.1.2　模拟光纤通信系统的性能指标

评价模拟信号直接光强度调制系统的传输质量,最重要的性能参数是信噪比(SNR)和信号失真。而评价副载波复用系统的主要指标则是载噪比。

1. 信噪比

信噪比是评价光接收机性能的重要指标。特别是模拟接收系统,它直观地表示出噪声对信号的干扰程度;对数字接收系统,信噪比与误码率直接相关。因此,无论任何通信系统都希望系统的噪声尽可能低,以提高接收信噪比。信噪比定义为

$$\text{SNR} = \frac{\text{平均信号功率}}{\text{噪声功率}} = \frac{\langle i_S^2 \rangle}{\langle i_N^2 \rangle} \tag{5.1-1}$$

式中:$\langle i_S^2 \rangle$ 和 $\langle i_N^2 \rangle$ 分别为均方信号电流和均方噪声电流。信噪比有时用 dB 作单位,则可写成

$$\text{SNR} = 10\lg \frac{\langle i_S^2 \rangle}{\langle i_N^2 \rangle} \tag{5.1-2}$$

在上面的讨论中,已经给出了均方噪声电流的表达式,为了计算 SNR,还必须确定均方信号电流的表达式。

这里仅讨论用模拟电信号 $s(t)$ 对光源进行直接调制的情形。$P(t) = P_t[1+ms(t)]$ 表示调制后光源输出的光信号功率(见 3.4.1 节),适当选择光源的偏置电流和调制深度,并注意到一般光纤的频带足够宽,则可以假设信号在传输过程中不存在失真,只考虑光纤的损耗。这样,光接收机接收到的光功率可表示为

$$P(t) = P_i[1+ms(t)] \tag{5.1-3}$$

式中:P_i 为平均接收光功率;m 为调制深度;$s(t)$ 为时变调制信号,通常是正弦(或余弦)

信号。

经光电转换后,输出的光电流为

$$i_S(t) = M\mathfrak{R}P_i[1+ms(t)] \tag{5.1-4}$$

式中:M 为 APD 的雪崩倍增因子;$\mathfrak{R}$ 为光电检测器的响应度。均方信号电流为

$$\langle i_S^2 \rangle = \left(\frac{I_m}{\sqrt{2}}\right)^2 \tag{5.1-5}$$

式中:$I_m = M\mathfrak{R}P_i m$,为信号电流的幅度(略去直流项)。即

$$\langle i_S^2 \rangle = \frac{(M\mathfrak{R}P_i m)^2}{2} = \frac{(MI_p m)^2}{2} = M^2 \frac{m^2}{2} I_p^2 \tag{5.1-6}$$

式中:$I_p = \mathfrak{R}P_i$ 为一次平均光生电流。

将式(5.1-6)和式(4.2-8)(漏电流比较小可以忽略不计,而当平均信号电流远大于暗电流时,I_D 也可忽略)代入式(5.1-1),得到模拟接收机的信噪比为

$$SNR = \frac{\frac{1}{2}(MI_p m)^2}{2qI_p B_e M^2 F(M) + 4k_B T B_e / R_L} \tag{5.1-7}$$

也可以将式(5.1-7)写成以分贝作单位的形式。对于用 PIN 作为光检测器的接收机,取式(5.1-7)中 $M=1$。

例 5.1 假设有一个例 4.6 描述的 InGaAs pin,如何计算它的 SNR?

解:与散弹噪声和热噪声相比,暗电流可以忽略不计,因此根据式(5.1-1),可以得到

$$SNR = \frac{S}{N} = \frac{(0.282 \times 10^{-6})^2}{1.80 \times 10^{-18} + 323 \times 10^{-18}} = 245$$

以分贝表示,则为

$$SNR = \frac{S}{N} = 10\lg 245 = 23.9 dB$$

当入射到光检测器的光功率较小时,光生电流较小,噪声电流主要由热噪声项决定。或者说,热噪声主导了接收的性能,散弹噪声可以忽略,故有

$$SNR = \frac{\frac{1}{2}(MI_p m)^2}{4k_B T B_e / R_L} \tag{5.1-8}$$

式(5.1-8)表明,在热噪声占支配地位时,SNR 与输入光功率的平方(P_i^2)成正比,与负载电阻 R_L 成正比。可通过增加 R_L 值来提高 SNR,大多数光接收机采用高阻抗或互阻抗前端的原因就在这里。此外,由式(5.1-8)还可以看出,APD 接收机的 SNR 比 PIN 接收机提高了 M^2 倍。

若光检测器接收的光功率较大,将出现与上述相反的情况:信号产生的噪声——量子噪声占主导地位,热噪声等可忽略不计。于是有

$$SNR = \frac{\mathfrak{R}P_i m^2}{4qB_e F(M)} \tag{5.1-9}$$

这时,SNR 与输入光功率 P_i 呈线性关系。SNR 要提高 1 倍,则要求输入光功率也需相应

增大 1 倍。从式(5.1-9)还可知,APD 接收机的 SNR 因过剩噪声系数的影响而比 PIN 接收机减低了 $F(M)$ 倍。

2. 载噪比

在副载波强度调制光纤传输系统中,由于信息是加在副载波上的,因此不直接用信噪比而是用载噪比(C/N)来衡量传输质量。载噪比定义为光接收机输出端的均方根载波功率与均方根噪声功率之比,并可表示为

$$\frac{C}{N} = \frac{载波功率}{光源噪声功率+光检测噪声功率+放大器噪声功率+交调噪声功率} \tag{5.1-10}$$

另外,在采用光放大器进行中继放大的系统中,还需考虑 ASE 噪声功率。光源的噪声功率中包括 LD 的相对强度噪声(RIN)和阈值限幅噪声。

分别举例说明典型的数字和模拟信号的 CNR 值。对数字信号考虑使用频移键控(FSK)的方式,在这种调制方式下,正弦载波的幅度保持为常数,频率的变化代表二进制信号。对于 FSK,BER 分别为 10^{-9} 和 10^{-15} 时,转换为 CNR 值则分别为 36(15.6dB)和 64(18.0dB)。模拟信号的分析要更为复杂一些,如电视图像,信号质量有时还要要依赖于用户感觉上的认识。例如,广泛应用的 525 线的演播级电视信号这样的模拟信号。若使 AM 发送这样的信号,需要的 CNR 值为 56dB。若采用 FM,则只需要 15~18dB 的 CNR 值。

3. 非线性失真

为使基带直接光强度调制系统输出光信号能真实地反映输入电信号,要求系统输出光功率与输入电信号成比例地随时间变化,即不发生信号失真。一般地,实现电光转换的光源,由于在大信号条件下工作,其线性不理想,发射机光源的 $P-I$ 关系曲线非线性是基带直接光强度调制系统产生非线性失真的主要原因。

非线性失真一般可以用幅度失真参数——微分增益(DG)和相位失真参数——微分相位(DP)表示。DG 的定义为

$$DG = \left[\frac{\left. \frac{dP}{dI} \right|_{I_2} - \left. \frac{dP}{dI} \right|_{I_1}}{\left. \frac{dP}{dI} \right|_{I_2}} \right]_{max} \times 100\% \tag{5.1-11}$$

DP 是半导体光源发射光功率 P 和驱动电流 I 的相位延迟差,其定义为

$$DP = \left[\varphi(I_2) - \varphi(I_1) \right] \tag{5.1-12}$$

式中: I_1、I_2 为 LED 不同数值的驱动电流,一般取 $I_2 > I_1$。

虽然 LED 的线性比 LD 好,但仍然不能满足高质量电视传输的要求。例如,短波长 GaAlAs-LED 的 DG 可能高达 20%,DP 高达 8°,而高质量电视传输要求 DG 和 DP 分别小于 1% 和 1°。因而需要从电路方面进行非线性补偿。这里不具体介绍非线性补偿电路,有兴趣的读者可参阅其他教科书。

5.1.3 ROF 系统

微波射频(Radio Frequency, RF)信号以及毫米波信号的频率范围包括 0.3~3GHz(UHF)的超高频,3~30GHz(SHF)的特高频以及 30~300GHz(EHF)的极高频。常常应用

在雷达、卫星链路、宽带地面通信以及有线电视网络。传统的射频链路使用无线或同轴电缆,只能将微波信号从接收单元(如天线)传输至几百米处的信号处理中心。而光纤与同轴电缆相比具有损耗低、带宽宽、体积小、抗电磁干扰、可进行远距离传输等优势。为了满足现代高速大容量无线通信的需求,人们研究采用高速光纤链路来传输模拟格式的微波、毫米波信号。这种通过光纤链路传输微波模拟信号的技术就是光载射频(Radio Over Fiber,ROF)技术。

ROF 技术是应高速大容量无线通信需求而新兴发展起来的将光纤通信和无线通信相结合的无线接入技术。简单地说就是在中心站将微波调制到激光上,调制后的光波通过光纤链路进行传输,到达基站后,再通过光电转换将微波信号解调,最后通过天线发射供用户使用。

ROF 系统中光纤仅起到传输的作用,基站与中心站之间利用光载波来直接传输射频信号。而交换、控制和信号的再生都集中在中心站,基站仅实现光电转换,这样,可以把复杂昂贵的设备集中到中心站点,多个远端基站可以共享这些设备,减少基站的功耗和成本。正是这些优点,使得 ROF 技术在未来无线宽带通信、卫星通信以及智能交通系统等领域有着广阔的应用前景。

1. 关键链路参数

图 5-3 是一个典型 ROF 链路的组成框图。三个主要模块分别为发送端的射频-光转换器件,接收端的光-射频转换器件以及连接两者的光纤线路。在光载无线信号系统中,主要的性能参数分别为增益、噪声系数以及无杂散动态范围(SFDR)。

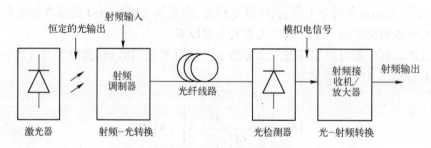

图 5-3 ROF 链路的组成框图

1) 链路增益

它的定义为:经过探测器检测之后的射频电信号功率 P_{out} 与发送端电信号功率 P_{in} 之比,直接调制链路增益定义为

$$G = \frac{P_{out}}{P_{in}} \tag{5.1-13}$$

2) 噪声系数

噪声系数 NF 是对输出、输入信噪比劣化的度量,其定义为

$$NF = 10\lg \frac{SNR_{in}}{SNR_{out}} \tag{5.1-14}$$

式中:SNR_{in} 为输入信噪比;SNR_{out} 为输出信噪比。

3) 无杂散动态范围

在常见的光载无线系统中,马赫—曾德尔调制器(MZM)被广泛地用于将微波、毫米波信号调制到光载波上,承载了无线信号的光波在光纤中进行分配传输,接收端采用直接强度探测的方式探测光强从而获得微波、毫米波电信号。然而由于调制器固有的非线性特性,在电光调制的过程中对微波、毫米波信号产生了非线性失真,这将影响到整个 ROF 系统的无杂散动态范围。

对于信号而言,非线性所带来的直接影响,在频谱上表现为由原来的频率分量产生出新的频率分量,这些新生的频率分量分别是原来各个频率及其倍频项之间的差与和的组合,包括谐波频率失真(倍频项)以及交叉调制失真(差项与和项)。而在这诸多失真频率中,以二阶交调失真(IMD2)和三阶交调失真(IMD3)对非线性的贡献最大。在微波、毫米波系统中,通常信号的带宽远小于载波频率,此时 IMD2 通常在倍频程以外,可直接使用带通滤波器滤除,因此 IMD3 的大小成为影响信号质量的决定性因素。

假设两个相同大功率的信号频率分别为 f_1 和 f_2,如图 5-4 所示,这两个信号会产生二阶信号 $2f_1$、$2f_2$ 和 $f_1 \pm f_2$,以及三阶互调信号 $2f_1 \pm f_2$ 和 $2f_2 \pm f_1$。二阶参量落在带外,不需要考虑,然而,三阶参量落在系统带宽之内,必须考虑,而且不能简单地靠滤波技术来滤除。如果有两个相等功率信号发生三阶交调,它产生的频率落在最弱工作通道上。对于图 5-4 中的情况,可以看出两个大功率载波信号的三阶互调分量的功率等于噪声功率。

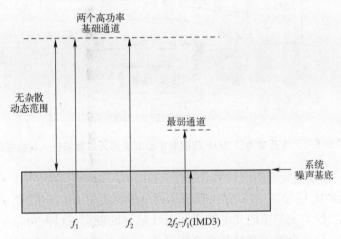

图 5-4 系统正常工作所要求的三阶互调产物(虚线)

对于标准的模拟链路,三阶交调分量会随着输入射频信号功率的改变而改变,其信号功率与输入射频功率呈线性关系。输入射频信号比较小时,IMD3 也很小,对弱通道的影响也很小。随着输入信号的增加,IMD3 功率逐渐增加,直至达到噪声基底功率。此时,f_1 和 f_2 信号功率不可再进一步增加,否则将引起信号失真。

因此无杂散动态范围(SFDR)定义为在三阶交调信号功率等于噪声基底功率时,基本载波与三阶互调信号功率之比。这就意味着 SFDR 是在无杂散噪声引起基础信号失真条件下的可用动态范围。链路的 SFDR 决定了链路不引入交调失真的动态范围。

测量所得一般显示 SFDR 与其频率有关,SFDR 的单位是 dB · Hz$^{2/3}$。随着无线信号调制格式的复杂化和信号带宽的增加,对系统线性度的要求越来越高。对于 ROF 应用而言,其无杂散动态范围至少需要 95dB · Hz$^{2/3}$ 甚至更高。随着频率的升高,需要采用合适的高线性化 ROF 系统。通常在频率较低时,直接调制的微波链路有较大的 SFDR(在 1GHz 时可以达到 125dB·Hz$^{2/3}$）。随着频率的升高，SFDR 性能下降明显，此时采用外调制器具有更好的性能，例如，当频率为 17GHz 时，MZM 调制器 SFDR 可以达到 112dB·Hz$^{2/3}$。

2. 光载射频链路

1）ROF 网络天线基站

光载射频的一个重要用途是无线宽带网络基站天线与控制中心之间的无线宽带接入。图 5-5 是一个基本系统网络框架。其中，天线基站采用毫米波技术为用户提供接入服务。基站的服务范围称为微蜂窝（直径小于 1km）或者热点区域（半径为 5~50m）。基站通过光纤连接到微蜂窝控制中心，控制中心能够实现射频信号调制、解调、交换和路由等功能。

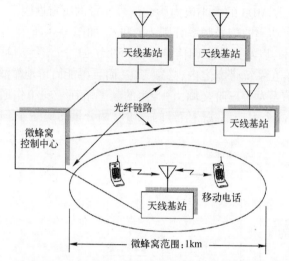

图 5-5　天线基站通过 ROF 与控制中心互连的无线宽带接入网格框架

可以为每一个基站分配不同的波长，各个基站就可以通过 WDM 技术连接到控制中心。在 ROF 系统中，信号的处理、路由选择和调制等都由中心站来完成，而不是由基站来完成的。在基站，仅实现简单的光电转换和无线信号的发射，这样，可以把复杂昂贵的设备集中到中心站，让多个远端基站共享这些设备，减少基站的功耗和成本。

2）多模光纤链路射频

基于无源光网络（Passive Opitcal Network，PON）的光纤到户（Fiber to the Home，FTTH）技术已经把光纤链路连接到家门口。那么如何将光纤提供的宽带接入引进到家庭内部呢？在图 5-6 中，采用本地网关、光纤链路以及无线接入方式将各个房间连接在一起，构成一个室内的 ROF 网络。在这网络中，个人台式电脑、打印机等固定终端和移动电话、笔记本电脑、PDA 等无线终端通过无线分配系统融合在一个网络里。图 5-6 所示的无线分配系统采用毫米波，这个频段由于传输损耗大，不能穿过墙壁，因此各个天线发射信号可以很好地限制在单独的房间内，从而保证了每一个房间都可以形成不受干扰的微蜂窝。

室内有线网络由于距离短，因此可以采用 50μm 或者 62.5μm 芯径的多模光纤或者从 50μm 到 1mm 的大芯径聚合物光纤。聚合物光纤有着灵活、韧性好、容易拉线组网、易于与光纤连接的优点，同时它的安装非常简单，可以用剃刀切割，然后通过金属连接头直接连入光纤。

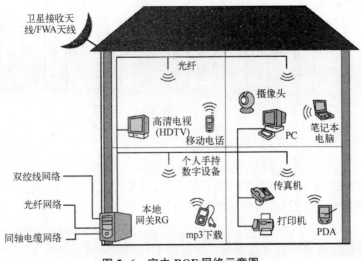

图 5-6　室内 ROF 网络示意图

5.2　数字光纤通信系统

　　光纤是数字通信理想的传输信道。与模拟通信相比,数字通信有许多优点,最主要的是数字系统可以恢复因传输损伤导致的信号畸变,因而传输质量高。大容量长距离的光纤通信系统几乎无例外都采用数字传输方式。

5.2.1　数字光纤通信系统的组成

　　数字光纤通信系统的组成如图 5-7 所示,与模拟系统的主要区别是数字系统中有模数转换设备和数字复接设备,即图中的 PCM 端机。模数转换设备将来自用户的模拟信号,例如话音信号、图像信号转换为相应的数字信号。数字复接设备则将多路低速数字信号按特定的方式复接成一路高速数字信号,以便在单根光纤中传输。输入接口将来自 PCM 端机的数字基带信号适配成适合在光纤信道中传输的形态。光发送端机将数字电信号转换为数字光信号,并将其馈入光纤传输。在接收端,光接收机将数字光信号转换为数字电信号。接收端的输出接口的功能与输入接口相反,接收端 PCM 端机则完成数字分接,将高速数字信号解复用,分解成多路低速信号,通过数模转换将数字信号还原为模拟信号并送给用户。如果待传输信息本身即为数字信号,如计算机数据,则无须模数转换和数模转换设备。

　　数字光纤通信系统发送端,一般采用强度调制方式实现数字电信号到数字光信号的转换,即通过直接调制或间接调制,使得"1"码出现时发出光脉冲,而"0"码出现时不发光。这种调制方式称为开关键控,简称为 OOK 方式。

　　接收端一般采用直接检测方式将光脉冲信号转换成电流脉冲。当有光脉冲照射在光电检测器的光敏面时就有一个相应的电流脉冲产生,从而接收到"1"码,无光时接收到"0

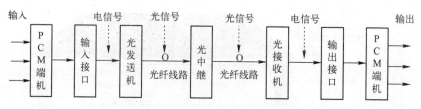

图 5-7　数字光纤通信系统的组成

码"。这就是所谓直接检测。采用强度调制/直接检测方式工作的光纤通信系统称为 IM/DD 系统。

为了提高系统的灵敏度,检测微弱光信号,接收端可以采用相干检测方式工作。即在接收端加本振光源,使之与接收到的微弱光信号在光电检测器中产生混频效应,并获得相应的电信号。由于本振光源的功率远大于信号光功率,可以获得混频增益,因此相干检测方式可以使系统接收灵敏度显著提高。但是相干检测方式对器件要求苛刻,系统复杂,在实际系统中很少采用。

对于长途传输系统每隔一定距离必须加中继器。光纤通信系统的中继器可以采用光-电-光方式工作,也可以采用直接光放大方式工作。所谓光-电-光工作方式,实际上就是光接收与光发送的结合。中继器的接收端将接收到的微弱光信号转换为电信号,经放大、再定时、再生,恢复出数字电信号,并调制发送机的光源,再转换为光信号送进光纤再传输。这种工作方式包括对已受到传输损伤的信号再放大(reamplifying)、再定时(retiming)、再生(regeneration),因而被称为 3R 中继方式。光-电-光 3R 中继方式的主要优点是可以修复因传输损伤导致的信号失真,主要缺点是结构复杂,尤其是对于大容量的波分复用系统,采用这种中继方式几乎不可行。直接光放大方式就是采用光放大器放大光信号,弥补因光纤损耗导致的信号能量损失。直接光放大方式的主要优点是结构简单,可以在放大器的工作带宽以内同时透明放大多路光信号,所以波分复用系统无例外都采用这种中继方式。直接光放大只能解决因损耗导致信号衰减,无法修复因光纤色散、噪声导致的信号畸变,而且还会引进附加的放大器噪声。EDFA 因其工作波段在 1550nm 附近,与光纤的最低损耗窗口重合,是最常用的光纤线路放大器。不经光电转换,在光域实现信号的放大、再定时及再生,即全光 3R 中继,可以克服前面所说的直接光放大的缺点。但是全光定时信号的提取、光信号的判决再生尚处在实验室研究阶段,离商用化还有相当的距离。

5.2.2　数字光纤通信系统的性能指标

在实际中,测量数字数据流的差错率有许多种标准方法。其中一种常用的方法是在一定的时间间隔 t 内,区分发生差错的脉冲数 N_e 和在这个时间间隔内传输的总脉冲(1 或 0)数 N_t,这种方法也称为误码率或误比特率,通常简写为 BER,因此有

$$\text{BER} = \frac{N_e}{N_t} = \frac{N_e}{Bt} \tag{5.2-1}$$

式中: $B = 1/T_b$ 是比特率(也就是脉冲传输速率)。误码率以一个数字表示,如 10^{-9},它代

表平均每发送十亿个脉冲有一个误码出现。光纤电信系统的典型误码率范围是 10^{-12} ~ 10^{-9}，这个误码率取决于接收机的信噪比(信号功率和噪声功率的比)。给定系统误码率时，由于接收机的噪声电平使得在光检测器上的光信号功率有一个最低限。

在实际的通信系统运行过程中，可能遇到一些突发事件，导致系统短时间内出现大量误码，性能恶化，达不到规定的误码率指标。但这并不意味着系统不可用，因为突发事件过去以后系统又会恢复正常。所以还有一些指标作为误码率指标的补充，用来衡量系统的可用性，如误码秒(Error Second, ES)表示在 1s 内至少有 1bit 的误码，而严重误码秒(Serious Error Second)表示该秒的误码率低于 10^{-3}，劣化分(Degrade Minute, DM)表示误码率低于 10^{-6} 的 1min，上述 3 个指标反映了误码性能随时间的变化。此外还有严重误码秒比例，其定义是误码率超过 10^{-3} 的秒数在观测时段内所占的比例，一般规定严重误码秒不得超过观测时限总秒数的 2‰。对各类系统性能参数指标及其测量方法，在 ITU-T 的相关建议中都有明确的规定。

5.2.3 数字光纤通信系统链路设计

在设计一个数字光链路时必须考虑的系统要求有：①预期(或可能)的传输距离；②数据速率或信道带宽；③信噪比或误码率。为了达到这些要求，需要考虑以下要素：①光纤，需要考虑选用单模还是多模光纤，需要考虑的设计参数有纤芯尺寸、纤芯折射率分布、光纤的带宽或色散特性、损耗特性。②光源，可以使用 LED 或 LD，光源器件的参数有发射功率、发射波长、发射频谱宽度、发射功率分布或光束发散角等。③检测器，可以使用 PIN 组件或 APD 组件，主要的器件参数有工作波长、响应度、接收灵敏度、响应时间等。

为了确保获得预期的系统性能，必须进行两种分析，即链路功率预算和展宽时间预算或带宽预算。在链路的功率预算分析中，首先要确定光发送端的输出和接收端灵敏度之间的功率富余量，以保证特定的性能指标。这个富余量用于连接器、熔接点和光纤的损耗，以及用于补偿由于器件的退化、传输线路的损耗或温度的影响而引起的损耗。如果所选择的器件不能达到预期的传输距离，就必须更换器件，或在链路中加入光放大器。同样，系统带宽预算也必须留有余量，以保障信号传输质量。下面将详细介绍数字系统设计中的这两种预算。

1. 链路的功率预算

图 5-8 给出了点到点链路的光功率损耗模型。光检测器上接收的光功率取决于耦合进光纤的光功率以及发生在光纤、连接器和熔接点的损耗。链路的损耗预算可由链路上各个部分的损耗推出。

图 5-8 中 P_T 和 P_R 分别为 S 点和 R 点的光功率，L 为从 S 点到 R 点的传输距离，一般在光发送机之后和光接收机之前各有一个活动连接器，其损耗为 α_c；每段光纤之间通常用固定连接器或熔接头连接，每个连接头的损耗为 α_s，假设每盘光纤的长度为 L_f，则会有 $N = (L/L_f) - 1$ 个连接头。光纤的损耗为 α_f，有时候为了方便，也可以把连接头损耗 α_s 等效分配到光纤损耗 α_f 里。

除了图 5-8 所示的能产生损耗的器件外，分析过程中还应引入链路功率富余量用于补偿器件老化、温度波动以及将来可能加入链路的器件引起的损耗。即使在将来没有其

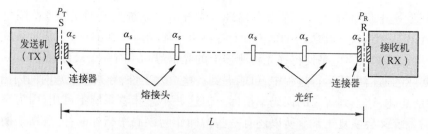

图 5-8　点到点链路的光功率损耗模型

他器件加入链路的条件下,一般的系统应有 6~8dB 的链路功率富余度,用 M 表示。链路损耗预算只考虑总光功率损耗 A,即光源和光电检测器之间所允许的功率损耗,并将预算损耗分配到光缆衰减、连接器损耗、熔接点损耗以及系统富余度中,则有

$$P_T - P_R = 2\alpha_c + A_f L + M \tag{5.2-2}$$

其中熔(连)接头损耗已等效分配到损耗系数中,记为 A_f。则传输距离为

$$L = \frac{P_T - P_R - 2\alpha_c - M}{A_f} \tag{5.2-3}$$

例 5.2　设系统的数字速率为 20Mb/s,误码率为 10^{-9}。如果选择工作在 850nm 的 Si PIN 光电二极管接收机,接收机的灵敏度为 -42dBm。如果选择一个 GaAlAs LED,设其能够把 $50\mu W(-13dBm)$ 的平均光功率耦合进纤芯直径为 $50\mu m$ 的尾纤,计算传输距离。

解:链路上允许总的光功率损耗由式(5.2-2)得到

$$A = P_T - P_R = 29(dB)$$

假设在发送机和接收机处各有一个损耗为 1dB 的连接器,系统功率富余度为 6dB,则 $29 = 2\times1 + A_f L + 6$。

如果光纤损耗(包含熔接头损耗)A_f 为 3.5dB/km,则传输距离为 6km。

但需要进一步注意的是固定网埋地或架空光缆的链路损耗系数和富余度与野战光缆链路不同。其典型参数如表 5-1 所列:一方面,由于固网敷设时每盘光缆之间是熔接,一般可以按照每千米增加了 0.1dB 损耗计算。野战光缆之间用活动连接头连接,每个接头大约增加 0.5dB 的损耗,我们知道野战光缆通常每盘 1km,所以每千米链路损耗增加 0.5dB。

表 5-1　不同敷设条件下的光纤损耗富余度

链 路 类 型	A_f(含连接)	富裕度
埋地、架空	0.3dB/km@1550nm	6dB
	0.4dB/km@1310nm	
野战光缆、临时敷设(活动连接)	0.8dB/km@1550nm	3dB(暂定)
	1dB/km@1310nm	

另一方面,固定链路的富余度 6dB 是工程建设所遵从的典型参数,而野战光缆链路敷设时则需要根据实际情况灵活掌握,一般至少预留 3dB 以应对链路变化、中断修复、过桥过路弯曲挤压等因素引入的额外损耗。

例 5.3　PDH 野战光端机的多个 E1 接口汇聚多路视频,传送到演训基地中心。野战光端机发端使用了 1310nm 波长的 F-P LD,平均发送光功率为-3dBm,系统速率为 34Mb/s 时(也就是最多可以传送 16 路视频)的接收灵敏度约为-38dBm。

解:本案例中发送机功率为-3dBm 而接收机灵敏度为-38dBm,按此公式计算,系统 35dB 功率增益,减去野战光缆链路 1dB 的活动连接头损耗和 3dB 的富裕度,还剩 31dB 的损耗可消耗在链路中,按照 1.31μm 工作波长野战光缆链路的损耗系数为 1dB/km 计,则该 PDH 野战光端机最多可传输 31km。

$$L = \frac{(-3)-(-38)-2\times0.5-3}{1} = 31\text{km}$$

继续这个案例,假设演训基地中有预埋的光纤链路,需要用速率为 155Mb/s 的野战 SDH 光端机将汇聚后的业务引接注入固定网络,则按固定网 6dB 富裕度和 1.31μm 工作波长除 0.4dB/km 的链路衰耗系数计算,最远可以传输 70km。

$$L = \frac{(-3)-(-38)-2\times0.5-6}{0.4} = 70\text{km}$$

2. 展宽时间预算

随着光纤制造工艺的成熟,光纤的损耗可以达到理论值。在高速光纤通信系统中,工作波长选在 1550nm 窗口,光纤的损耗非常低,此时限制传输距离的是光纤的色散。一种简单的分析方法是进行系统上升时间的分析。上升时间定义为系统在阶跃脉冲作用下,从幅值的 10% 上升到 90% 所需要的响应时间。链路总的脉冲展宽时间 t_{sys} 等于每一种因素引起的脉冲展宽时间 t_i 的平方和的平方根,即

$$t_{sys} = \left(\sum_{i=1}^{N} t_i^2 \right)^{\frac{1}{2}} \tag{5.2-4}$$

严重限制系统数据速率的 4 个基本因素是:光发送机展宽时间 t_{tx}、光纤材料色散展宽时间 t_{mat}、光纤模式色散展宽时间 t_{mod}、接收机展宽时间 t_{rx}。单模光纤没有模式色散,所以其展宽时间只与材料色散有关。通常情况下,一条数字链路总的展宽时间劣化不得超过 NRZ(非归零)比特周期的 70%,或不超过 RZ(归零)比特周期的 35%。这里的比特周期定义为数字速率的倒数。

1) 发送机和接收机的展宽时间

发送机的展宽时间主要取决于光源及其驱动电路,接收机的展宽时间由光检测器响应和接收机前端 3dB 带宽决定。接收机响应的前沿可以用一个具有阶跃响应的一阶低通滤波器来模拟。

$$g(t) = \left[1-\exp(-2\pi B_{rx}t) \right] u(t) \tag{5.2-5}$$

式中:B_{rx} 为接收机的 3dB 电带宽;$u(t)$ 为阶跃函数,当 $t \geq 0$ 时其值为 1,当 $t<0$ 时其值为 0。接收机的展宽时间 t_{rx} 通常定义为在 $g(t) = 0.1$ 和 $g(t) = 0.9$ 之间的时间间隔,这就是我们熟知的 10%~90% 的上升时间。如果 B_{rx} 用兆赫兹表示,则接收机前端的展宽时间可用纳秒表示为

$$t_{rx} = \frac{350}{B_{rx}} \tag{5.2-6}$$

2) 光纤材料色散展宽时间

在实际的链路上,光纤都是由几段光纤连接而成的,而每段光纤的色散特性并不完全

相同,因此确定光纤的材料色散上升时间比较复杂。

长度为 L 的光纤引起的材料色散上升时间可以近似表示为

$$t_{\mathrm{mat}} = |D| L \sigma_\lambda \tag{5.2-7}$$

式中:σ_λ 为光源的半功率谱宽;D 为色散系数,由于实际链路每段光纤的色散系数可能是不同的,因此 D 应取一个平均值。

3) 光纤模式色散展宽时间

经过实践的验证和模式色散理论的分析,长度为 L 的链路带宽可以近似地表示为

$$B_{\mathrm{M}}(L) = \frac{B_1}{L^q} \tag{5.2-8}$$

式中:B_1 为单位长度(1km)的光纤带宽;q 为光纤质量指数,在 $0.5 \sim 1$ 之间取值,$q = 0.5$ 时表示达到稳定的模式平衡状态,$q = 1$ 表示几乎没有模式混合,一般情况下取 $q = 0.7$ 比较合理。光纤模式色散引起的展宽时间为

$$t_{\mathrm{mod}} = 0.44/B_{\mathrm{M}} = 0.44 L^q/B_1 \tag{5.2-9}$$

如果 t_{mod} 用纳秒表示,B_{M} 用兆赫兹表示,则有

$$t_{\mathrm{mod}} = 440/B_{\mathrm{M}} = 440 L^q/B_1 \tag{5.2-10}$$

把式(5.2-6)、式(5.2-7)及式(5.2-10)代入式(5.2-4)中,可以得到总的系统展宽时间为

$$\begin{aligned}
t_{\mathrm{sys}} &= \left[t_{\mathrm{tx}}^2 + t_{\mathrm{mod}}^2 + t_{\mathrm{mat}}^2 + t_{\mathrm{rx}}^2 \right]^{1/2} \\
&= \left[t_{\mathrm{tx}}^2 + \left(\frac{440 L^q}{B_1} \right)^2 + D^2 \sigma_\lambda^2 L^2 + \left(\frac{350}{B_{\mathrm{rx}}} \right)^2 \right]^{1/2}
\end{aligned} \tag{5.2-11}$$

式中所有的时间都用纳秒表示,σ_λ 表示光源的半功率谱宽,色散 D 用 ns/(nm·km) 表示。

例 5.4 这里继续使用例 5.2 所用的功率预算例子。假设 LED 及其驱动电路的展宽时间为 15ns。LED 典型的谱宽为 40nm,6km 链路与材料色散相关的展宽时延为 $t_{\mathrm{mat}} = 21$ns。假设接收机有 25MHz 的带宽,则由式(5.2-6)可得,接收机导致的上升时延为 14ns。如果选择的光纤带宽距离积为 400MHz·km,而且式(5.2-10)中的 $q = 0.7$,则由式(5.2-10)有

$$t_{\mathrm{mod}} = 440/B_{\mathrm{M}} = 440 L^q/B_1 = 440 \times 6^{0.7}/400 = 3.9 (\mathrm{ns})$$

于是计算得到模式色散引起的光纤展宽时间为 3.9ns。把这些数值全部代入式(5.2-11)则可得到链路的展宽时间为

$$\begin{aligned}
t_{\mathrm{sys}}^2 &= \left(t_{\mathrm{tx}}^2 + t_{\mathrm{mat}}^2 + t_{\mathrm{mod}}^2 + t_{\mathrm{rx}}^2 \right) \\
&= \left[(15\mathrm{ns})^2 + (21\mathrm{ns})^2 + (3.9\mathrm{ns})^2 + (14\mathrm{ns})^2 \right]^{1/2} \\
&= 30\mathrm{ns}
\end{aligned}$$

对于 20Mb/s 的 NRZ 码来讲,要求的上升时间应小于 $70\% \times [1/(20\mathrm{Mb/s})] = 35\mathrm{ns}$。所以本系统的器件选择是合适的。

本来信号在光纤通信系统中传输时,理论上发送机、光纤和接收机都会导致脉冲的畸变展宽,但端设备的展宽总是相对固定和可控的,所以信号展宽导致的距离受限通常主要考虑光纤色散引起的脉冲展宽问题。

在链路中,总色散会随着距离的增加不断累积,因此设计传输系统时,可以设定系统

色散容限,也可以采取色散补偿措施。这里对链路性能的色度色散极限给出一个基本判据,即规定色散累积总量与 $T_b = 1/B$ 之比小于 ε,B 是比特率,也就是 $\dfrac{|D|\sigma_\lambda L}{T_b} < \varepsilon$,或者

$$|D|\sigma_\lambda LB < \varepsilon \tag{5.2-12}$$

ITU-T G.957 标准和 TGR 的 GR-253 标准,建议 SDH 或 SONET 系统对于 1dB 的功率代价,色散累积量应该小于 0.306 比特周期;对于 2dB 的功率代价则有 $\varepsilon = 0.491$,约为 1/2。实际工程应用中通常要求色散展宽小于码元宽度的 1/2,按此要求有

$$L < \frac{1}{2 \cdot |D| \cdot \sigma_\lambda B} \tag{5.2-13}$$

由此可以得到色散限制中继距离。

例 5.5　某固定台站要将 2.5Gb/s 系统扩容为 10Gb/s,参数如下:发送光机功率为 2mW(3dBm);DFB 激光器的谱宽 0.1nm。系统采用 G.652 光纤作为传输信道,接收端有个增益为 20dB 的光纤放大器,接收机灵敏度为 -20dBm,请计算系统最远通信距离。

解:首先计算损耗受限距离。

依据固网传输链路计算公式,考虑到光纤放大器的 20dB 增益,链路可以容忍的总损耗是 36dB。在 1.55μm 工作波长处,包含熔接损耗的光缆损耗系数大约是 0.3dB/km,则最远传输距离可以达到 120km。

$$L = \frac{3 - (-20) - 2 \times 0.5 - 6 + 20}{0.3} = \frac{36}{0.3} = 120 \text{km}$$

由于计算过程与容量无关,也就是说,系统扩容前后损耗受限条件下的最远传输距离并没有变化。

但 10Gb/s 的高速光纤通信系统必须考虑色散问题。根据式(5.2-13)可得色散受限条件下的最远传输距离公式。将系统参数代入式(5.2-13)可得系统最远传输距离约为 27.7km,这就是色散受限距离的计算方法。

$$L < \frac{1}{2 \times 18 \times 10^{-12} \text{s}/(\text{nm} \cdot \text{km}) \cdot 0.1 \text{nm} \cdot (10^{10}/\text{s})} = 27.7 \text{km}$$

不难发现,在该扩容案例中,损耗受限距离为 120km 而色散受限距离为 27.7km。色散成为限制系统通信距离的主要因素,因此该系统为色散受限系统,要维持原有的通信距离,必须要在扩容升级的同时进行色散补偿。

5.3　波分复用传输系统

5.3.1　波分复用的基本概念

1. 波分复用原理

随着科学技术的迅猛发展,通信领域的信息传送量正以一种加速度的形式膨胀,信息

时代要求越来越大容量的传输网络。就 SDH 电时分复用而言,1992 年商用速率为 155Mbit/s,1998 年发展到 10Gbit/s,现在先进的国家水平已达 40Gbit/s。近几年来,世界上的运营公司及设备制造厂家把目光更多地转向了 WDM 技术,以进一步增大系统容量,提高线路利用率,降低经营成本。

光复用的主要技术有光空分复用(Optical Space Division Multiplexing,OSDM)、光时分复用(Optical Time Division Multiplexing,OTDM)、光码分复用(Optical Code Division Multiplexing,OCDM)、光波分复用(Optical Wavelength Division Multiplexing,OWDM)和光频分复用(Optical Frequency Division Multiplexing,OFDM)。所谓空分、时分、码分、波分和频分复用,是指按空间、时间、脉冲编码、波长和频率进行分割的通信系统。在物理上,频率和波长是紧密相关的,频率也即波长。但在光纤通信系统中,波分复用系统分离波长是采用光学分光元件,它不同于一般电通信中采用的滤波器(传统的频分复用用的是滤波器),所以我们仍将两者分为两个不同的系统。码分复用由于在应用方面受到限制在这里不再具体阐述。

波分复用是利用单模光纤低损耗区的巨大带宽,将不同波长的光信号耦合在同一根光纤中进行传输的一项技术。其基本原理是在发送端将不同波长的光信号组合起来,并耦合到光缆线路上的同一根光纤中进行传输,在接收端将组合波长的光信号分开,并做进一步的处理,恢复出原信号后送入不同的终端,如图 5-9 所示。这些不同波长的光信号所承载的数字信号可以是相同速率、相同数据格式,也可以是不同速率、不同数据格式。可以通过增加新的波长特性,按用户的要求确定网络容量。对于 2.5Gbit/s 以下的速率的 WDM,目前的技术已经完全可以克服由于光纤的色散和非线性效应带来的限制,满足对传输容量和传输距离的各种需求。OWDM 扩容方案的缺点是需要较多的光学元件,增加了失效和故障的概率。目前 OWDM 光纤传输系统只适用于点到点的传输,如何在网络环路中使用,如何进行自愈环保护还存在网络管理上的问题。

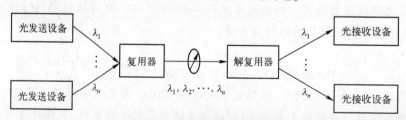

图 5-9　波分复用技术原理简图

波分复用技术其实并不是一个近几年才出现的技术,在光纤通信兴起之初,即 20 世纪 80 年代,人们就开始在光纤的两个低损耗窗口 1310nm 和 1550nm 各传送一路光波长信号,也就是最初的 1310nm/1550nm 两光波信道 WDM 系统,这种系统在我国也有实际的应用。但由于这种系统存在着诸多弊病,使得 WDM 技术在当时没有得到很好的发展和广泛的应用。直到 20 世纪 90 年代,随着 1550nmEDFA 的出现及商用化,WDM 系统才进入一个新时期。利用 EDFA 可以同时对多个波长的光进行放大,无须光-电-光的电中继器,大大降低了波分复用系统的复杂程度和成本。由于光放大器放大频谱的原因,此时人们不再利用 1310nm 窗口,而只在 1550nm 窗口传送多路光载波信号。随着光有源器件、无源器件的成熟,光源发出的光谱线更窄、波长更稳定,波分复用器件的分辨率也越来越高,例如,平面波导型波分复用器、光纤光栅型波分复用器等新型光器件,因而,WDM系统的相邻波长间隔逐渐变窄,且工作在一个窗口内(1550nm)共享 EDFA。

如图 5-10 所示,从 O 波段到 L 波段范围内可以划分为许多独立的工作区域,在这些区域内可以同时使用多个窄线宽光源。由于波长 λ 和载波频率 v 的关系式为 $c=\lambda v$,c 是光速。在 $\Delta\lambda\ll\lambda^2$ 条件下,波长间隔和频率间隔之间的关系为

$$|\Delta v|=\frac{c}{\lambda^2}|\Delta\lambda| \qquad (5.3-1)$$

给特定光源分配的工作频带通常为 25～100GHz(相当于 1550nm 波长附近 0.25～0.8nm 谱宽)。

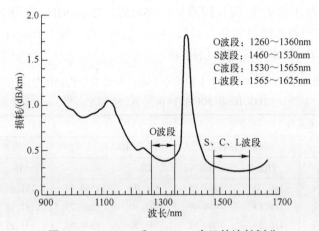

图 5-10 1310nm 和 1550nm 窗口的波长划分

从相邻波长间隔来分,可以分为稀疏波分复用系统和密集波分复用系统。

相邻波长间隔小于 50nm(典型波长间隔为 20nm)的波分复用称为稀疏波分复用(Coarse WDM,CWDM),相邻波长间隔小于 8nm 的波分复用称为密集波分复用(DWDM),目前典型的波长间隔为 0.8nm 和 0.4nm。

2. 波分复用标准

由于 WDM 本质上是光载波的频分复用,WDM 标准是国际电信联盟(ITU)用指定信道间频率间隔的方式建立起来的。选择固定的频率间隔而不是波长间隔的主要原因是,当把一个激光器锁定到特定的工作模式时,激光器的频率是固定的。

1) DWDM 标准

G.692 建议是关于 WDM 最早的 ITU-T 规范。ITU G.692 建议指定在以 193.100THz(1552.524nm)作为参考频点的栅格中选择信道,信道间隔为 100GHz(在 1550nm 附近为 0.8nm)。G.692 建议可选择的间隔有 50GHz 和 200GHz,在 1550nm 处分别相当于 0.4nm 和 1.6nm 的谱宽。

由于 DWDM 典型波长间隔在 0.8nm 以下,温度变化引起的波长漂移与波长间隔相比不能忽视,因此要采用高成本的方法来稳定温度,从而达到稳定波长;DWDM 信号可以用光纤放大器直接进行放大,适用于广域网,进行长途传输。对于 OptiX BWS 1600G 骨干DWDM 光传输系统,当 160 波均采用时,波长间隔为 0.4nm(50GHz),当仅采用偶次波的情况下,波长间隔则为 0.8nm(100GHz)。

历史上,密集波分复用这个术语一般就是指由 ITU-T G.692 所规定的小波长间隔。2002 年 ITU-T 发布了特别针对 DWDM 的 G.694.1 建议,建议指定 WDM 工作在 S、C 和 L 波段,为高质量高速率的城域网(MAN)和广域网(WAN)服务,频率间隔要求在 12.5~100GHz(相当于在 1550nm 处 0.8~0.1nm),这就需要使用稳定的、高质量的、温度和波长可控的激光器来实现。例如,25GHz 信道的波长漂移公差是±0.02nm。

表 5-2 列出了 ITU-T G.694.1 建议中 L 波段和 C 波段间隔分别为 100GHz 和 50GHz 的密集 WDM 频率表格,表格中"50GHz 偏移量"一列是指在前一列的 100GHz 频点中按 50GHz 的偏移再间插频点,即可得到 50GHz 间隔的频点序列。例如,L 波段 50GHz 间隔信道的频点在 186.00THz、186.05THz、186.10THz 等。需要注意的是当频率间隔均匀时,根据式(5.3-1)中给出的关系,波长间隔是不均匀的。在 100GHz 应用中,ITU-T 使用了一套信道编号方法来表明使用的是 C 波段中哪个信道,比如频率 19$n.m$ THz 对应 ITU-T 信道号 nm,194.2THz 频率对应 ITU 信道 42。

表 5-2　ITU-T G.694.1 建议中 L 波段和 C 波段内间隔分别为
100GHz 和 50GHz 的密集 WDM 频率表格

L 波段				C 波段			
100GHz		50GHz 偏移量		100GHz		50GHz 偏移量	
THz	nm	THz	nm	THz	nm	THz	nm
186.00	1611.79	186.05	1611.35	191.00	1569.59	191.05	1569.18
186.10	1610.92	186.15	1610.49	191.10	1568.77	191.15	1568.36
186.20	1610.06	186.25	1609.62	191.20	1576.95	191.25	1567.54
186.30	1609.19	186.35	1608.76	191.30	1567.13	191.35	1566.72
186.40	1608.33	186.45	1607.90	191.40	1566.31	191.45	1565.90
186.50	1607.47	186.55	1607.04	191.50	1565.50	191.55	1565.09
186.60	1606.60	186.65	1606.17	191.60	1564.68	191.65	1564.27
186.70	1605.74	186.75	1605.31	191.70	1563.86	191.75	1563.45
186.80	1604.88	186.85	1604.46	191.80	1563.05	191.85	1562.64
186.90	1604.03	186.95	1603.60	191.90	1562.23	191.95	1561.83

2) 粗波分复用标准

随着全频谱(低含水量)G.652C 和 G.652D 光纤组合产品的问世,以及廉价光源的开发,在接入网和本地网中就有可能实现低成本光链路,于是产生了粗波分复用(CWDM)概念。2002 年,ITU-T 发布了 G.694.2 建议,定义了 CWDM 光谱表,如图 5-11 所示。CWDM 由 1270~1610nm(O 波段到 L 波段)范围内 18 个波长组成,间隔为 20nm,波长漂移公差为±2nm,这样就可以使用无须温度控制的便宜光源来实现。从设备成本上比较,CWDM 大约是 DWDM 的 30%。

但是 CWDM 的常用波长为 1470nm、1510nm、1530nm、1550nm、1590nm 和 1610nm,这个波长范围超过了目前最常使用的 EDFA 的放大范围,对于粗波分复用后的光信号用目前的 EDFA 不能直接进行放大,因此 CWDM 一般只用于不需要中继放大的短距离场合,如城域网。

2004 年 ITU-T 发布了 G.695 建议,简略描述了距离为 40~80km 多信道 CWDM 的光

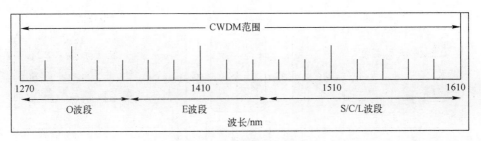

图 5-11 CWDM 光谱表

接口规范,建议中包括单向和双向系统(应用于无源光网络)。G.695 建议全部或部分覆盖了 1270~1610nm 范围,主要是为单模光纤配置,如 ITU-T 建议的 G.652 光纤和 G.655 光纤。

3)短波分复用

多模光纤自 20 世纪 80 年代进入市场以来,先后经历了从 OM1、OM2、OM3 到 OM4 的演进,支持的有效带宽不断增加,传输距离也变得越来越远。随着 OM5 光纤的出现,多模光纤的优势逐渐延伸到数据中心中。

在 OM5 标准中,基于 VCSEL 激光器阵列的 800~950nm 窗口波分复用也已经应用。OM5 光纤是一种经激光优化的多模光纤,专为波分复用(WDM)指定了带宽特性。它的设计旨在支持 850~950nm 范围内的至少 4 个低成本波长(而 OM3 和 OM4 的设计则主要为了支持 850nm 的单一波长),从而能够优化支持新兴的短波分复用(SDWM)应用,将平行光纤数量减少至少 4 倍,能使用仅仅两芯光纤(而不是 8 芯)来持续传输 40Gb/s 和 100Gb/s,减少光纤数量,实现更高速度。

OM5 在横向上延展了 OM3、OM4 光纤所支持的波长范围。如果把多模光纤看成一条高速公路,传统的 OM1、OM2、OM3、OM4 多模光纤只有一条通道,而 OM5 具有 4 个通道,传输能力提高了 4 倍。对于 40G SWDM4 光模块来说,OM3 光纤传输距离为 240m,OM4 光纤传输距离为 350m,OM5 光纤传输距离为 440m;对于 100G SWDM4 光模块来说,OM3 光纤传输距离为 75m,OM4 光纤传输距离为 100m,OM5 光纤传输距离为 150m。

5.3.2 波分复用通信系统的组成

一般来说,WDM 系统主要由 5 部分组成:光发射机、光中继放大设备、光接收机、光监控信道和网络管理系统,如图 5-12 所示。

1. 双纤单向传输系统和单纤双向传输系统

WDM 系统从不同的角度可以分为不同的类型,常见的分类方法有:从传输方向分,可分为双纤单向传输系统和单纤双向传输系统。如图 5-13 所示,双纤单向波分复用系统采用两根光纤,一根光纤只完成一个方向光信号的传输,反向光信号的传输由另一根光纤来完成,两根光纤上的光信号波长可以相同或重合,也可以不重合。

这种 WDM 系统可以充分利用光纤的巨大带宽资源,使一根光纤的传输容量扩大几倍至几十倍。在长途网中,可以根据实际业务量的需要逐步增加波长来实现扩容,十分灵活。

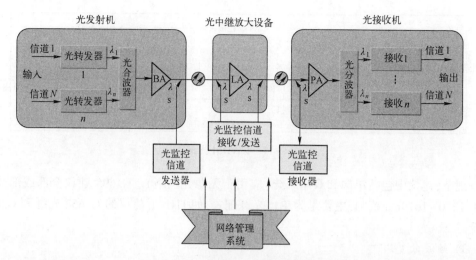

图 5-12   WDM 总体结构示意图

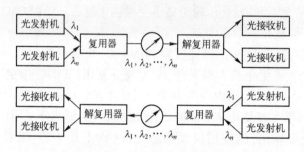

图 5-13   双纤单向传输示意图

单纤双向波分复用系统则只用一根光纤,来实现两个方向光信号的同时传输,两个方向的光信号应安排在不同的波长上,如图 5-14 所示。

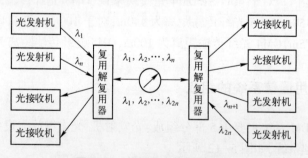

图 5-14   单纤双向传输示意图

单纤双向 WDM 传输方式允许单根光纤携带全双工通路,通常可以比单向传输节约一半的光纤器件,由于两个方向传输的信号不交互产生四波混频(FWM)产物,因此其总的 FWM 产物比双纤单向传输少很多。但缺点是该系统需要采用特殊的措施来对付光反射(包括由于光接头引起的离散反射和光纤本身的瑞利后向反射),以防多通道干扰;当需要光信号放大以延长传输距离时,必须采用双向光纤放大器以及光环形器等元件,但其噪声系数稍差。实用的 WDM 系统大都采用双纤单向传输方式。

2. 集成式系统和开放式系统

从光接口类型分,WDM 系统可以分为集成式系统和开放式系统。考虑到各波长之间的影响最小(如通道干扰和温度变化引起的波长漂移等)和更多的厂家的设备能互通工作,WDM 系统传输的光信号中心波长、波长间隔、中心频率偏移等均有严格的规定,必须符合 ITU-T G.692 建议。

集成式 WDM 系统没有采用波长转换技术,而是要求 SDH 终端设备具有满足 G.692 建议的光接口:标准的光波长、满足长距离传输的光源。不同的终端设备发送符合 G.692 建议的不同波长信号,这样它们在接入合波器时就能占据不同的通道,从而完成合波,如图 5-15 所示。该系统的优点是结构简单,没有增加多余设备,成本低,但没有互操作性。

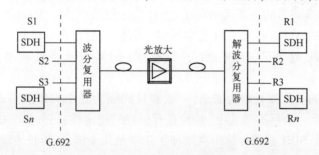

图 5-15　集成式 WDM 系统

开放式 WDM 系统在波分复用器前加入波长转换器 OUT,将 SDH 终端设备送来的非规范的波长信号转换为不同的符合 G.692 建议的波长,占据不同的通道,然后进行合波,如图 5-16 所示。OUT 对输入端的信号波长没有特殊要求,可以接入任何速率、任意波长、各种数据格式的光信号,可以兼容各种厂家的 SDH 系统,兼容性好,但成本较高。OptiX BWS 1600G 骨干 DWDM 光传输系统即是一个开放式 WDM 系统。

在实际应用中,可以根据不同的工程需要选择不同的应用形式,也可以混合使用。

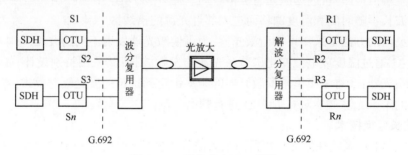

图 5-16　开放式 WDM 系统

5.3.3　波分复用系统的关键技术

随着 WDM 技术的发展和日益使用化,波分复用系统的实现不仅和本身技术的发展密切相关,还需要对配套光器件的关键技术进行研究。WDM 关键技术主要包括光源技术、光波长转换技术、光放大技术、光复用/解复用技术和色散补偿技术。光放大和色散补偿技术在本书前述内容中已有介绍,本节介绍其余三个关键技术。

1. 波长稳定+可调谐光源

光源的作用是产生激光或荧光,它是组成光纤通信系统的重要器件。目前,应用于光纤通信的光源有 LD 和 LED,都属于半导体器件。共同的特点是体积小、重量轻、耗电量小。在 WDM 系统中所使用的光源主要是 LD。

LD 和 LED 相比,主要区别在于,前者发出的是激光,后者发出的是荧光,因此,LED的谱线宽度较宽,调制效率低,与光纤的耦合效率也低;但它的输出特性曲线线性好,使用寿命长,成本低,适用于短距离、小容量的传输系统。而 LD 一般适用于长距离、大容量的传输系统,在高速率的 PDH 和 SDH 设备上被广泛采用。

高速光纤通信系统中使用的光源分为 MLM 激光器和 SLM 激光器两类。从性能上讲,这两类半导体激光器的主要区别在于它们发射频谱的差异。MLM 激光器发射的频谱的线宽较宽,为纳米量级,而且可以观察到多个谐振峰的存在。SLM 激光器发射频谱的线宽为 0.1nm 量级,而且只能观察到单个谐振峰。SLM 激光器比 MLM 激光器的单色性更好。

DWDM 系统的工作波长较为密集,一般波长间隔为几个纳米到零点几个纳米,这就要求激光器工作在一个标准波长上,并且具有很好的稳定性;另外,DWDM 系统的无电再生中继长度从单个 SDH 系统传输距离增加了几倍至几十倍,在延长传输系统的色散受限距离的同时,为了克服光纤的非线性效应(如受激布里渊散射效应(SBS)、受激拉曼散射效应(SRS)、自相位调制效应(SPM)、交义相位调制效应(XPM)、调制的不稳定性以及四波混频(FWM)效应等),要求 DWDM 系统的光源使用技术更为先进、性能更为优越的激光器。

总之,DWDM 系统的光源的两个突出的特点是:比较大的色散容纳值以及标准而稳定的波长。为了产生 DWDM 网络所需的光谱,人们提出了很多不同的激光器设计方案。一种最简单的方法是采用单独的单波长 DFB 或 DBR 激光器,手工选择工作波长。这种方法虽然直接但很昂贵,因为激光器价格较高。此外,必须严格地控制和监测光源,以保证它们的波长不随时间和温度漂移而进入邻近光源的谱线区。

较为灵活的方法是采用可调谐激光器,为了使激光器发射不同的波长,基本的可调谐选项包括:①通过温度或电流变化调节激光器的发射波长;②采用特别设计,如多段激光器或外腔激光器;③将法布里珀罗激光器的频率锁定到特定的激光辐射模式;④通过固定的或可调的窄带光滤波器对宽带 LED 进行频谱分割。

2. 波长变换技术

开放式 WDM 系统在波分复用器前加入波长转换器 OUT,将 SDH 终端设备送来的非规范的波长信号转换为符合 G.692 建议的波长,占据不同的通道,然后进行合波。这就需要波长变换技术,也就是将光信号转换成一个新的波长的光信号,中间不需要经过电域的转换。在 WDM 网络中,波长变换可以通过交叉相位调制和四波混频实现。本节将分别用两个例子介绍两种波长转换器。

3. 波分复用/解复用器

利用 WDM 技术可以在同一根光纤中同时传输多个波长不同的光载波,从而极大地提升光纤通信系统的传输容量。实现波分复用的关键是要有合适的波分复用器和解复用器。这种器件的基本功能是在发送端把多个波长不同的光载波合成一路,在接收端把它们重新分开。有多种形态的波分复用器和解复用器可供系统设计者选用。

光波分复用、解复用器作为一种耦合器,其性能及其评价方法,与普通耦合器有相似之处,但作为一种特殊的有波长选择性的耦合器,又有其特殊之处。光波分复用、解复用器的主要性能参数为插入损耗、串扰和通道带宽。

插入损耗 L_{ii} 指某特定波长信号通过 WDM 器件相应通道时所引入的功率损耗。与无波长选择性的普通耦合器不同,WDM 器件中不存在分路损耗,只需考虑真正的插入损耗 L_{ii}。L_{ii} 越小越好,其大小主要决定于制造技术。插入损耗 L_{ii} 可以表示为

$$L_{ii} = -10\lg(P_{ii}/P_i) \tag{5.3-5}$$

式中:P_i 为波长为 λ_i 的光信号的输入功率;P_{ii} 为波长为 λ_i 的信号的输出功率。

串扰 L_c 指在某一指定波长输出端口所测得的另一非选择波长的功率与该波长输入功率之比的对数。而其比值倒数的对数则称为隔离度,串扰 L_c 可表示为

$$L_c = 10\lg(P_{ij}/P_i) \tag{5.3-6}$$

式中:P_{ij} 为波长为 λ_i 的光信号串入到波长为 λ_j 的光信道的光功率。在系统应用中,希望 L_c 越小越好。

通道带宽 Δv_{ch} 指各光源之间为避免串扰应具有的波长间隔。从光波系统信道数与通信容量的要求考虑,通常在光纤可用带宽内可复用的信道数 N 越大越好,通道带宽越窄越好。但从可获得的光源线宽、待传送的光信号速率和信号带宽 Δv_s、接收终端的解复用方案和降低串音考虑,Δv_{ch} 应取较宽的值。从设计与制造技术考虑,通道带宽越窄,技术难度越大。系统设计时,应从三个方面综合考虑。根据 Δv_{ch} 的宽窄不同,通常可将 WDM 分为 3 类:粗波分复用(CWDM),通道间隔为 10~100nm,通常用于 2~5WDM 系统;1310/1550nm 的两波分系统也属这类,但间隔特大,达 240nm;密集型 WDM 或 DWDM 系统,通带间隔 0.1~10nm,通常用于 8 波长信道以上 WDM 系统;通带间隔小于 0.1nm 的 WDM 系统也称光频分复用系统(OFDM)。ITU-T 于 1998 年 10 月首次提出了采用 EDFA 的 WDM 光波系统有关光通道中心频率(波长)和通道间隔的 G.692 建议,根据不同的传输光纤型号和复用信道数,规定了每个通道的中心频率和通道间隔。建议 DWDM 系统的通道频率间隔为 100GHz 的整数倍或整数分之一,在 1.55μm 波段对应的波长间隔为 0.8nm、1.6nm、2.4nm 或 0.4nm、0.2nm 等。为减轻四波混频的影响,还规定了不等间隔 WDM 系统的各通道中心频率和通道间隔。

光波分复用器的种类有很多,大致可以分为干涉滤光器型、光纤耦合器型、光栅型、阵列波导光栅(AWG)型四类。下面介绍两类典型的波分复用器。

1)介质薄膜型波分复用器

介质薄膜滤波器型波分复用器是由介质薄膜(DTF)构成的一类芯交互型波分复用器。DTF 干涉滤波器是由几十层不同材料、不同折射率和不同厚度的介质膜,按照设计要求组合起来,每层的厚度为 1/4 波长,一层为高折射率,一层为低折射率,交替叠合而成。当光入射到高折射层时,反射光没有相移;当光入射到低折射层时,反射光经历 180° 相移。由于层厚 1/4 波长(90°),因而经低折射率层反射的光经历 360° 相移后与经高折射率层的反射光同相叠加。这样在中心波长附近各层反射光叠加,在滤波器前端面形成很强的反射光。在这高反射区之外,反射光突然降低,大部分光成为透射光。据此可以使薄

膜干涉型滤波器对一定波长范围呈通带,而对另外波长范围呈阻带,形成所要求的滤波特性。薄膜干涉型滤波器的结构原理如图5-17所示。

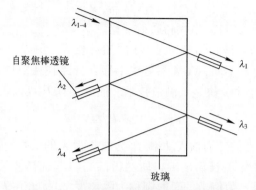

图 5-17　薄膜干涉型滤波器的结构原理

　　介质薄膜滤波器波分复用器的主要特点是,设计上可以实现结构稳定的小型化器件,信号通带平坦且与极化无关,插入损耗低,通路间隔度好。缺点是通路数不会很多。具体特点还与结构有关,例如,薄膜滤波器型波分复用器在采用软型材料的时候,由于滤波器容易吸潮,受环境的影响而改变波长:采用硬介质薄膜时材料的温度稳定性优于0.0005nm/℃。另外,这种器件的设计和制造过程较长,产量较低,光路中使用环氧树脂时隔离度不易很高,带宽不易很窄。在波分复用系统中,当只有4~16个波长波分复用时,使用该型波分复用器件,是比较理想的。

　　2)集成光波导型波分复用器

　　集成光波导型波分复用器是以光集成技术为基础的平面波导型器件,典型制造过程是在硅片上沉积一层薄薄的二氧化硅玻璃,并利用光刻技术形成所需要的图案并腐蚀成型。该器件可以集成生产,在今后的接入网中有很大的应用前景,而且,除了波分复用器之外,还可以做成矩阵结构,对光信道进行上、下分插(OADM),是今后光传送网络中实现光交换的优选方案。

　　使用集成光波导波分复用器较有代表性的是日本NTT公司制作的阵列波导光栅(Arrayed Waveguide Grating)光合波分波器,它具有波长间隔小、信道数多、通带平坦等优点,非常适合于超高速、大容量波分复用系统使用。其结构示意图如图5-18所示。

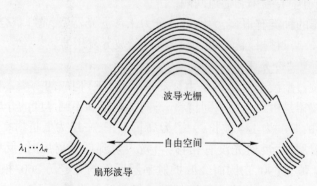

图 5-18　阵列波导光栅波分复用器原理

上面简单介绍了几种典型波分复用器,表5-3列出了4类不同波分复用器的性能比较。

表5-3 4类不同波分复用器的性能比较

器件类型	机理	批量生产	通道间隔/nm	通道数	串音/dB	插入损耗/dB	主要缺点
衍射光栅型	角色散	一般	0.5~10	131	≤-30	3~6	温度敏感
介质薄膜型	干涉吸收	一般	1~100	2~32	≤-25	2~6	通路数较少
熔锥型	波长依赖型	较容易	10~100	2~6	≤-(10~45)	0.2~1.5	通路数少
集成光波导型	平面波导	容易	1~5	1~5	≤-25	6~11	插入损耗大

小　结

本章介绍了点对点光纤通信系统的组成原理,包括模拟光纤通信系统和数字光纤通信系统。针对模拟光纤系统,详细讲述了模拟系统的光调制,ROF系统的优势和特点。针对数字光纤系统,详细讲述了数字光纤通信系统的组成和主要的性能指标:误码率。重点分析了IM-DD数字光纤通信系统的两种设计方法:功率预算法(功率受限)和展宽时间预算法(色散受限)。WDM技术使光纤的传输容量极大地提高,波分复用系统的基本构成主要有双纤单向传输和单纤双向传输两种形式。WDM关键技术主要包括稳定可调谐光源技术、光波长转换技术、光放大技术、光复用和解复用技术。通过本章的学习,要求熟悉功率受限光纤传输系统、色散受限光纤传输系统的链路设计方法;理解密集波分复用(DWDM)的基本概念和关键技术。

习　题

1. 试述光发送机的调制方法及各种调制方法的基本原理和特性。

2. 模拟光纤通信系统一般采用何种调制方式?工作点应如何选择?

3. 数字光纤通信系统的误码率决定于哪些因素?

4. 有一长距离单模光纤传输系统,工作波长1310nm,其他参数如下:LD光源平均入纤功率:0dBm;光缆损耗:0.4dB/km;熔接头损耗:0.1dB/km;活动连接器损耗:1dB/个;APD接收机灵敏度:-55 dBm(BER=10^{-9});系统富余度:6dB,试计算损耗限制传输距离?

5. 简述波分复用,密集波分复用和粗波分复用在概念上的区别。

6. 简述波分复用技术的基本原理。

7. 波分复用系统由哪几部分组成?各部分的作用是什么?

8. 简述波分复用技术的主要特点。

9. 波分复用有哪些关键技术?

10. 简述波长转换在波分系统中的作用。

11. 一个 DWDM 光传输系统，信道间隔设计为 100GHz，在 1536~1556nm 频带内可用波长信道数为多少？

12. 某 155Mb/s 野战光纤通信系统，采用 MLM-FP 光源的发送机，采用 1550nm 通信窗口，平均发送光功率为 2mW，接收机灵敏度为 −25dBm。对系统其余参数做合理假设，完成以下设计：

(1) 若敷设单盘长度为 1km 的 G.652 野战光缆架设通信链路，估计系统最远通信距离。

(2) 若系统采用埋地 G.652 光缆作为传输信道，估计系统最远通信距离。

(3) 题(2)中如果要实现超过 100km 的传输，需要采用什么技术手段？

第6章　光纤通信传送网

光纤通信网络经历了由低速到高速、由传输到交换、由电层到光层、由人工管控到智能管控的不同阶段,走过了从同步数字体系(SDH)到光传送网(OTN)再到自动交换光网络(ASON)直到当下智能化、软定义网络的演进之路。本章阐述了光纤传送网基本概念,介绍 PDH、SDH、MSTP、OTN 和 ASON 的技术体制。

6.1　光纤通信传送网概述

6.1.1　光纤通信传送网的基本概念

"网络"泛指由节点和链路构成,相互作用联系从而实现某个或某些复杂功能的集合体。光网络并不是一个准确的定义,当下通常指光纤网络,它兼具"光纤"和"网络"两层含义。前者表示由光纤提供的大容量、长距离、高可靠的链路传输,后者则强调利用先进的电子或光子交换技术,实现多节点间的信息互联互通,以及针对资源与业务的灵活配置、控制和管理。

从光纤网络的功能演变来看,早期因其主要完成大容量、长距离和高可靠的信息传递,并且其承载业务以话音、视频等基于电路交换的业务为主,因此通常将其称为光纤通信网。而自 20 世纪 90 年代起由于 IP 等基于分组交换业务成为信息源主体,光纤通信网转变为多种业务的承载网,并且具备了交换、控制和智能化管理功能,因此称为光纤通信传送网。近年来,随着大数据、光载无线、光纤传感、光纤时频同步等多种应用的不断涌现,光纤网络作为一个多信号、多业务基础信息承载平台的传送网属性愈发凸显。

光纤通信传送网知识概念抽象、标准和技术体制较为庞杂,但无论何种技术体制通常都要解决如表 6-1 所列有关信息传送的基本问题,即信息的广泛收集、高速可靠和还原分发,在上述过程中要尽量保证实时高效、灵活调度和缓存可用,这些要求与日常生活中的快递物流网络十分类似,不同的网络技术体制针对的服务对象或实现的具体技术手段不同。

表 6-1　光纤通信传送网需解决的问题和主要技术手段

目　　标	需解决问题	主要技术手段
广泛收集	多业务汇聚和复用	多址接入、同步/异步复用、标准接口和统一帧结构
高速可靠	通信和性能监测	高速通信、纠错码、在线性能监测
还原分发	业务恢复、透明传送	解复用、标准接口和统一帧结构
实时高效	低延时,时间频率同步	在线实时信令、同步网技术
灵活调度	业务按需、按服务等级传输、交换,动态配置	建立网管网 电路交换:端到端业务的网管配置 分组交换:服务质量配置,自动路由寻址
缓存可用	网络保护、安全防护	告警监测,故障定位 电路交换网中的端到端业务保护和点到点的链路保护切换;分组交换网中的自动寻路算法

　　广泛收集并集中发送是任何一个光纤传送网所面临的首要问题,这一任务通常又可以分为 3 个小任务,即如何收集处理与不同位置用户的信息?用户端不同数据格式和速率的低速业务如何变换为网络所能接纳的统一格式?多用户的数据如何集中汇聚便于高速传输?这 3 个问题在通信网络中通常称为多址接入、映射和复用。如互联网通常以随机突发方式接收各用户信息,把承载的语音、视频、数据信息变换成了统一的 IP 包,以低速写入高速读出的存储转发方式汇聚及集中传送信息。PDH 传输网中各路标准 64kb/s 的数字语音信号从不同端口接入设备,设备分时轮流高速读取各端口信号,以时分复用的方式汇聚 30 路信号,并留两路信号带宽用于信令和管理从而形成 E1 帧结构。而 SDH 网络则将 E1、IP 数据包等各类不同速率等级的低速数据首先映射入统一的三类帧结构"容器",再按照同步复用的方式逐级由低速汇聚为统一速率和帧结构的高速业务。

　　光纤通信系统和网络的传输速率由兆比特每秒提升到现在的太比特每秒量级,高速可靠是其优势所在。不同的技术体制一般有不同的速率等级,但是向下向前兼容,即新出现的光纤通信网络设备虽然速率等级有所提高,但一般接纳早期设备信号作为其低速业务。如 SDH 网络就将 PDH 的 2.048Mb/s 和 34Mb/s 标准速率业务作为其低速率的接入业务接口。需注意的是任何一个通信系统都会产生误码,成熟的光纤传送网都具备在线误码监测机制,网络设备可以实时感知链路中发生的误码,为故障告警、保护倒换等后续网络管理措施提供依据。如 SDH 帧结构中就安排了 B 字节,收发双发可以利用校验码来检测链路误码,同理 IP 帧结构中的 CRC 校验字节也承担了相同的功能。

　　网络中的接收节点准确无误地收到高速码流,必须利用解复用技术"抽取"并还原各类低速业务,分发给终端用户。因此,如何从高速码流中"抽取"还原低速业务是各类光纤传送网技术体制必须解决的问题。分组业务中每个数据包有帧头、目的地址、源地址和帧长等信息,接收端可以把所有的高速数据先存储后逐一检查分发。电路交换业务则分为异步复用和同步复用两种体制。异步复用是在发送端业务汇集时,由于各终端用户的速率不同,汇聚复用时低速数据在高速码流帧结构中的位置并不固定,接收端需要查找到标记位置的特殊信息才能判定低速数据的位置,PDH 就采用了此种体制。同步复用是指由于各终端接入用户发送低速数据节拍速率一致,发送端可以将不同用户的低速数据安排在相对确定的位置上,因此接收端可以直接到确定的位置上去"抽取"低速用户数据,

SDH 就采用同步复用体制。在早期数字处理电路的速率和规模受限阶段,当网络设备要实现多级复用/解复用时,异步方式必须逐级查找低速业务位置才能还原低速信息,因此同步复用方式对业务上下、交叉调度更方便灵活。但以同步复用体制组网时,则要求网络中的所有设备要频率同步以保证信息流的低延迟抖动,因此 SDH 网络中采用了从接收的光信号码流中提取工作节拍,以逐级跟踪方式实现全网节点工作频率同步的机制,也就是所谓的数字同步网。目前,OTN 网络又转向采用了异步复用方式。

实时高效是网络信息传送服务又一要求,在视频传送、数据融合、指控协同、分布式网络等应用中尤为重要。传统电路交换体制的网络一般能够满足低延迟要求,但当流媒体或具有时间顺序的信息以分组交换的方式切分传送时,由于存储转发效应和各分组可能路由不同等原因,不一定按原顺序到达接收站,且存在较大的延迟,因此 IP 网络中通过某些技术手段在分组交换网络中开辟类似于固定端到端电路的路由保证低延时,PTN 和 OTN 网络也在利用 1588v2 技术提高路由器节点时间戳的精度和一致性,从而便于接收端精确重组。近年来,由于 4G 和 5G 移动通信业务、大数据和金融领域等对时间频率同步精度要求不断提升,以及 GPS/北斗授时服务精度和可靠性受限问题,基于光纤网络的时间频率同步技术发展迅速,目前可以保证时间同步误差小于 1ns。

针对业务进行带宽和路由配置是网络运行管理的五大功能之一。网络管理需要在各节点之间传送网络管理信息和指令,这就意味着任何一个成熟的信息网络必须有为传送、处理和执行网络管理信息指令而建立的特殊网络,通常称为网络管理网。在分组交换网络中通常会有独立于净负荷信息的特殊数据包用于网络管理,最常见的莫过于用于底层通信握手应答数据包以及源于互联网管理的简单网络管理协议(Simple Network Management Protocol,SNMP)。而在电路交换网络中通常会留出额外的固定带宽资源用于管理,如 SDH 帧结构中的开销字节约占总信息传送量的 5%,其中有数据通道字节专门用于承载网络管理信息的持续互联互通。在网管通道的支撑下,分组网络可以利用路由自动发现选择机制来实现数据包的端到端传送,而早期电路交换网络通常靠人操作网络管理软件来对整网业务进行逐一配置,在网络业务庞大繁杂、动态变化的条件下,人工操作显然无法满足要求,因而光纤通信传送网的智能化发展势在必行。

光纤通信传送网的高可靠性是其成为人类信息网络基础的重要原因,电信级的光纤传送网可用性要求高于 99.999%,对应年平均故障时间小于 5min。因此,网络管理中的故障管理就包含了告警监测、故障定位和业务保护恢复等功能。SDH 在中小型网络中突出的故障管理能力是其流行 30 年的重要原因,在其帧结构中除安排了 B 字节用于误码监测外,还安排了专门的告警指示字节用于各网元的告警互通、上报和故障定位隔离,在其网络管理软件中定义了数十种告警类型用于区分故障原因,专门设计了底层复用段保护和高层业务保护的双层保护恢复机制,可以在 50ms 内将业务由故障链路切换至预留的保护链路,使用户业务几乎不受中断影响。但是这种基于电路交换的保护机制带宽占用较多,且其底层复用段保护机制在网络拓扑庞大复杂时难以奏效,因此在高层借鉴分组交换业务的路由发现机制重新建立端到端的业务是 ASON 常用的方法,但其代价是保护恢复的时间大大增加。

6.1.2 光纤通信传送网的分割与分层

由于网络的复杂性给认识、描述、研究和建设网络带来了困难，通常采用"分而治之"方法简化，如国家通常按地域划分为省、市、县，并按照行政隶属关系建立了自上而下的层级管理体制，光传送网络的分割与分层也采用了类似的方法。

网络可以按照其覆盖的地域及其功能进行如图6-1所示的横向分割。基于电路交换体制的电信网络通常划分为骨干网/核心网、城域网和接入网；基于分组交换体制的原计算机网络通常划分为广域网、城域网和局域网。横向分割使网络功能和设备类型明晰。如骨干网设备一般重在其通信容量大、距离长，而不对底层用户的业务种类和端口数目提过多要求，而接入网设备一般恰好相反。从一个长距离通信的业务流看，一般用户端的业务通常可能由一个接入网内发起并与其他业务汇聚，经支线网和骨干网传输再注入支线网，到达终端用户所在的接入网后还原分发给用户。业务的传送过程与物流网络非常类似，不同网络各司其职，功能界面较为清晰，便于网络的建设、管理与控制。

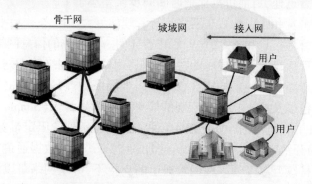

图6-1 通信网的横向分割

将网络纵向分层是认识研究网路的另一种手段，且分层的方式多种多样。其中最著名的分层方式就是如图6-2所示的国际标准化组织制定的开放互连参考模型。在分层

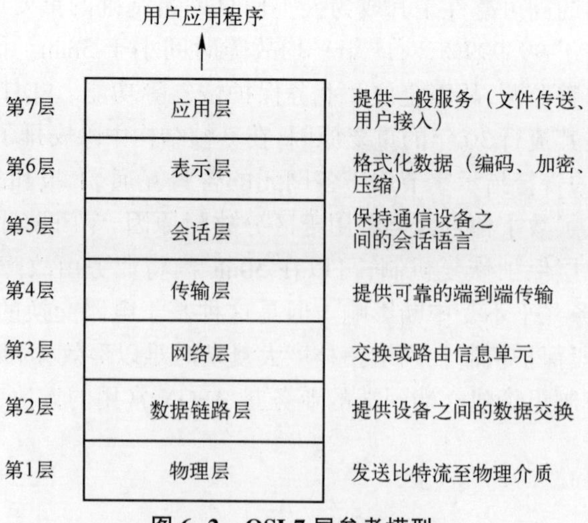

用户应用程序

第7层	应用层	提供一般服务（文件传送、用户接入）
第6层	表示层	格式化数据（编码、加密、压缩）
第5层	会话层	保持通信设备之间的会话语言
第4层	传输层	提供可靠的端到端传输
第3层	网络层	交换或路由信息单元
第2层	数据链路层	提供设备之间的数据交换
第1层	物理层	发送比特流至物理介质

图6-2 OSI 7层参考模型

结构中,每一层都要利用本层的功能为上一层提供服务,上层负责提供所有其下各层的服务能力。一般底层负责物理信号传输、中继、交换与控制,高层负责针对用户的需求对信息进行组织整理。

值得注意的是, 在使用这 7 个层次时, 每一层的指定功能并非不可或缺。在实际应用中可能会省略其中某几层然后把其他几层细分为更小的子层。如图 6-3 (a) 基于 SDH 的光传送网分层结构中,可以把高层业务 IP 化处理后再映射入 SDH 的帧结构并进行端到端的传送。这里 IP 网络仅把 SDH 网络看成是 IP 路由器之间一系列点到点物理链路的集合,支持多业务的城域网可采用此结构。而在图 6-3 (b) 所示的分层结构中, IP 化后的数据直接交由以太网交换机或路由器通过基于波分复用网络的光互联完成端到端的数据传送,该网络分层结构也被称为光 IP 网结构,典型的应用如数据中心互联。需要注意的是,即便是如同 SDH、IP、ATM 等较为单一技术体制的网络本身,通常也采用分层的方式描述,具体内容可参见本章有关 SDH 部分的内容。

(a) 基于SDH的分层　　　　　(b)基于IP 的分层

图 6-3　实际网络的分层模型

除按照 OSI 7 层参考模型依据技术体制分层描述网络外,还有其他一些方式将复杂网络分层,但其目的都是从不同角度定义和描述复杂网络,便于理解、研究和运用网络。

6.1.3　光纤通信传送网的演进

由于早期的准同步数字系列(PDH)多数情况下只完成了点到点的信息传输,一般不将其称为网络,因此从光纤网络的技术体制的发展看可以分为三代。同步数字系列(SDH)就是第一代光网络。SDH 网络中的"光"只是用来实现大容量传输,所有的交换、选路和其他智能都是在电层面上实现的。但 SDH 又可以认为是迄今为止最成功的技术体制,自 1984 年诞生以来一直应用至今。早期的 SDH 网络以话音传输为主,因此其信息组织的最小颗粒仍然是由 64kb/s 的数字话音组合而成的 E1 帧,后来随着数据业务尤其是基于 IP 的局域网、城域网业务成为主体,SDH 必须能够承载 10M/100M/1Gb/s 速率等级的数据通信业务,因此就出现了基于 SDH 体制的多业务传送平台(MSTP)。MSTP 本质上就是 SDH 的多业务承载的升级版,也就是把一定速率等级和帧结构的数据包业务,通过映射和复用转换为 SDH 标准的信息传送格式,然后再依托 SDH 网络传送。由于当前几乎任何一个 SDH 设备都同时具备基于话音业务的 E1 接口和基于数据业务的以太网接口,因此现在通常的 SDH 设备就是 MSTP 设备。

但 SDH 其本质上是一种以电层处理为主的网络技术,业务只有在再生段终端之间转移时保持光的形态,而到节点内部则必须经过光/电变换,在电层实现信号的分插复用、交叉连接和再生处理等。换句话说,在网络中光纤仅仅作为一类优良的传输媒质,用于跨节点的信息传输,WDM 传输体制下的光信号也无法直接穿透 SDH 设备。此外,SDH 标准中的最大的交换管理容量是速率为 140Mb/s 左右的 VC-4 信息流,限制了对光纤可用带宽的利用。而随着 WDM 传输体制的不断应用,也迫切需要能够对波长级别的信号进行监控、交换和管理。因此第二代光纤传送网的技术体制是 ITU G.709 标准的 OTN 网,其核心是解决对光波长层次的调度管理、对更大容量信号流的管理工控制和更加支持基于分组业务数据包的传送。从功能上看,OTN 的出发点是在子网内实现透明的光传输,在子网边界处采用光/电/光(O/E/O)的 3R 再生技术,从而构成一个完整的光网络。OTN 开创了光层独立于电层发展的新局面,在光层完成业务信号的传送、复用、选路、交换、监视等,并保证其性能指标和生存性。它能够支持各种上层技术,是适应各种通信网络演进的理想基础传送网络。全光处理的复杂性使得光传送网成为当前的必然选择,随着技术和器件的进步,人们期待光透明子网的范围将会逐步扩大至全网,在未来最终实现真正意义上的全光网。发展全光网的本意是信号直接以光的方式穿越整个网络,传输、复用、再生、选路和保护等都在光域进行,中间不经过任何形式的光/电转换及电层处理过程,因此能克服电子瓶颈,简化控制管理,实现端到端的透明光传输,优点非常突出。然而,由于光信号固有的模拟特性和现有器件水平,目前在光域很难实现高质量的再定时、再整形、再放大功能,大型高速的光子交换技术也不够成熟。人们已逐渐认识到全光网的局限性,提出所谓光的"尽力而为"原则,即业务尽量保留在光域内传输,只有在必要的时候才变换到电域进行处理。

随着网络规模日益扩大,结构日渐复杂,无论是 SDH 还是 OTN,进行管理和维护的压力也越来越大,以人工为主配置业务的方式风险较高;同时,由于业务从申请到实际开通,都是人工进行,尤其当牵扯多厂家设备互联时,需要人工协调,效率低,通常要耗费大量时间和人工。人们急切希望借助新技术,实现业务的动态申请、选路、业务自动建立,从而简化网络业务的管理,降低运营成本,网络运行维护的智能化要求初见端倪。

当前,第三代光纤传送网向以 ASON 为代表的智能光网络发展。ASON 利用能自动发现和动态连接建立功能的分布式控制平面,基于已有的光传送网实体(如 SDH 或 OTN)实现动态的、基于信令和策略驱动控制的一种网络。网络中引入 ASON 的好处主要包括:允许将网络资源动态地分配给路由,缩短了业务层升级扩容时间,明显增加了业务层节点的业务量负荷;具有可扩展的信令能力集;快速的业务提供和拓展;降低了维护管理运营费用;快速的光层业务恢复能力;降低了对用于新技术配置管理的运行支持系统软件的要求,只需维护一个动态数据库,减少了人工出错概率;还可以引入新的业务类型,如按需带宽业务、波长批发、波长出租、分级的带宽业务、动态波长分配租用业务、带宽交易、光拨号业务、动态路由分配、光层虚拟专用网等,使传统的传送网向业务网方向演进。光传送网由于 ASON 技术的引入,其分层模型正从传统的两层结构(管理平面和传送平面)向 3 层结构(控制平面、管理平面、传送平面)转变,控制平面具备传统光传送网管理面的智能控制,业务提供由集中式人工配置演变为分布式自动提供。

6.2 准同步数字系列

PDH 是 20 世纪 60 年代以后逐步发展起来的一种数字多路复用技术。一个带宽为 4kHz 的模拟音频信号可以以每秒 8000 次采样,每个采样点用 8bit 来量化编码,这就产生了一个比特率为 64kb/s 的数字音频数据流。这种将模拟语音信号转换为数字信号的过程称为脉冲编码调制(Pulse Coded Modulation,PCM)单路数字语音信号需经过组合复用后由低速变为高速从而提高通信传输效率,复用后的速率等级称为 E1、E2、E3 等。因此本章首先介绍标准数字话音 64kb/s 和 E1 的帧结构是如何产生的,也就是描述 PDH 传输体制标准信息源。

分布在不同物理位置的通信设备虽然发送速率的标称值相同,如都号称是 2.048Mb/s 的 E1 信号,但是由于“世界上没有两片相同的树叶”,各个设备用于产生 E1 信号的振荡器输出频率之间存在一定的偏差,如通信标准要求将该误差控制在 $\pm 50 \times 10^{-6}$ 以内。因此,各个设备的工作节拍“标称值相同,实际值差异”,所以称为准同步。准同步本质上就是站间的工作频率不同步,也就是异步,异步网络与同步网络运行时的重要去别就在于此。后续的 SDH 网络利用数字同步网时钟传递技术保证了网络中的各个站以主从跟踪方式实现逐级频率同步。异步传输体制在同一等级速率之间通信时不存在什么问题,但是在早期大规模集成电子技术不发达时,对于不同速率支路信号的汇聚复用和解复用时因异步复用存在数据溢出或重读问题,因此在 PDH 系统中通常采用码速调整技术先将各支路不同的信号在本站变成相同的速率再进行复用,但这种技术体制却给早期的解复用带来了麻烦。

6.2.1 同步复用和异步复用

经过模/数转换后的 PCM 信号是低速基带数字信号。在通信中为了提高信道的利用率,需要把多路低速的数字信号在同一信道中“汇聚”传输而互不干扰,这个过程称为复用。在时分复用技术中,把时间分成均匀的时间间隔,将各路低速信号的比特安排在不同的时间间隔内,以达到互相分开、高速传输的目的。每路所占有的时间间隔称为时隙。

数字信号的时分复用也称为复接,参与复接的信号称为支路信号,复接后的信号称为合路信号,合路信号也常称为群路信号。从合路的数字信号中把各支路的数字信号一一分开则成为分接。复接和分接,也常称为复用和解复用。

由同一频率振荡器提供时钟的各个数字信号称为同源信号,同源信号的数字复接称为同步复接。由不同时钟源产生的数字信号称为异源信号,异源信号的数字复接称为异步复接。对于比特率完全相同或相互成整数倍的数字信号,可以用低速写入、高速轮流读出的方法实现同步复接。图 6-4 就是 4 路低速支路信号复用为高速信号的过程,高速信号以 4 倍于低速信号的速率轮流按序读取 1~4 支路上的信息,则原来低速支路中 1bit 的时隙经复用后可以容纳 4bit,而每个比特占用的时隙减少为原来的 1/4,意味着经同步复用后容量变为原来的 4 倍。

113

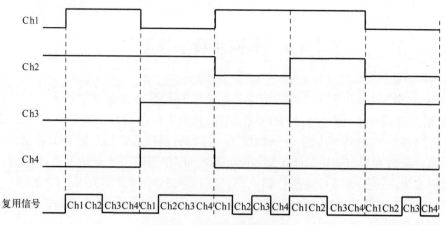

图 6-4　同步复用原理示意图

但在实际网络中,由于不同的低速设备分布在不同的位置,因此不同站不可能利用同一个振荡器产生信号。这种虽然频率标称值相同但由不同振荡源产生的数字信号通常称为异源信号,一般是指时钟由不同设备中的振荡器提供,它们的标称值相同但各自之间有频率偏差,也称为准同步信号。

例 6.1 准同步信号直接复接导致的重读和漏读。

对准同步信号用同频的方法复接,合成信号会出现重读和漏读现象,从而丢失信息,如图 6-5 所示。图 6-5(a)是和时钟同源的支路信号同步复用原理示意图,用时钟上升沿读取数据依次为 D0 D1 D2 D3 D4 D5 D6 D7,数据读取正确无误。图 6-5(b)是略低于时钟的支路信号,用上升沿读取的数据为 D0 D1 D2 D2 D3 D4 D5 D6,其中 D2 被重复读取了两次。图 6-5(c)是略高于时钟的支路信号,用上升沿读取的数据为 D0 D1 D2 D3 D4 D5 D7 D8,其中 D6 被遗漏。

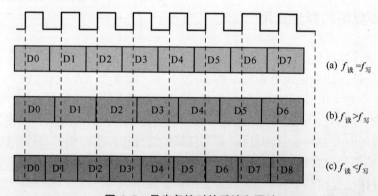

图 6-5　异步复接时的重读和漏读

因此,准同步复接的前提条件是:必须先使异源数字信号进行码速调整,使多路异源信号之间的瞬时码数率达到一致,即同步。准同步数字信号同步化的方法很多,主要有滑动存储、比特调整和指针处理等。PDH 与 SDH 两大复接技术在解决这一问题时采用的方法不同。PDH 主要采用比特调整方法,以异步复接的方式实现;而 SDH 主要采用指针处理方法,按照同步复接的方式完成。

6.2.2 PCM30/32 路系统

国际上有两种体制将低速的 64kb/s 语音信号复用为高速的一次群信号,分别为 PCM24 路和 PCM30/32 路,对应速率分别为北美地区的 1.544Mb/s 和欧洲、我国的 2.048Mb/s,也分别称为 T1 信号和 E1 信号。由于各路模拟电话信号通常在交换局处利用本地时钟进行统一的数字化,将每一路模拟信号变成标准的 64kb/s 数字语音信息,所以在一次群复接产生中采用的是同步复用方式。以图 6-6 所示的 PCM30/32 的 E1 帧结构为例,介绍 PDH 传输系统的信息组织汇聚方式。

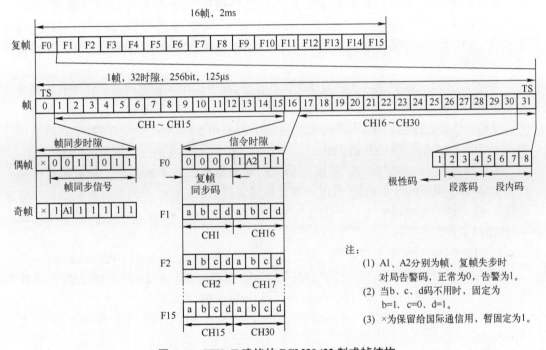

图 6-6 ITU-T 建议的 PCM30/32 制式帧结构

在图 6-6 所示的最常用 PCM30/32 的 E1 帧结构中共有 32 个时隙(Time Slot,TS),其中 TS1~TS15 和 TS17~TS31 为 30 路数字话音时隙;TS0 用于收发两端的帧同步,故称为"帧同步时隙";TS16 用于传送各个话路的线路信令(0 号复帧 F0 的 TS16 除外),如将拨号信息传送到交换机使对端话机振铃,故称为"信令时隙"。由于每一路的传输速率为 64kb/s,因此 32 路的总速率为 32×64kb/s=2.048Mb/s。因为 32 路时隙中有 30 路是话音信息,2 路是非话音信息,称为 PCM30/32 路系统。

帧结构中的第一路时隙 TS0 为帧同步时隙,其中帧同步码 FAS 由 7 位码 0011011 组成,占 TS0 的后 7 位码,每隔两帧传送一次,传送帧同步码的帧定为偶帧。奇帧 TS0 的第 2 位码固定为"1",以便接收端将偶帧与奇帧区别开来。奇帧 TS0 第 3 位码为帧失步对告码,当本端接收同步时,向对端局传送的该位码为"0";当本端接收失步时,该位码为"1",告诉对端局本端已失步无法工作。奇帧 TS0 的第 4 位码至第 8 位码可供传送其他信息,在未占用的情况下固定为"1"。所有奇、偶帧 TS0 的第 1 位码,这里称为 C 比特,可作循环冗余检测之用,不用时固定为"1"。

在打电话时,除了要把话音传送到对端,还需要把拨号、挂机等通信状态传送到交换机使对端话机振铃,这种通信信息之外用于控制管理通信的信息通常称为信令。E1 帧中的 30 路话音共用 TS16 传送信令,当采用这种共路信令传送方式时,为节约带宽,每一帧 TS16 时隙的 8bit 只负责两路话音信号的信令,因此需用 15 个 E1 帧构成一个更大的帧,才能将所有话路的信令传送完整,再加上 TS16 的第 0 帧用于复帧同步,这种共计 16 帧组合的信息结构称为复帧。复帧的重复频率为 8000 的 1/16,所以为 500Hz,周期为 2ms,复帧中各帧顺次编号为 F0,F1,…,F15。复帧中 F1~F15 的 TS_{16} 前 4 位比特用来依次传送 1~15 话路的信令码,后 4 位比特则依次传送 16~30 话路的信令码。F_0 的 TS_{16} 前 4 位发复帧同步码"0000",第 6 位 A_2 为复帧失步告警码,其余位码备用,可暂发"1"。由此可见,接收端必须接收一个完整的 2ms 长度的 E1 复帧才能将 30 路话音全部管理一遍。

因此我们发现,即使是传送最简单的语音信息,在复用组织信息时往往需要利用额外的带宽用于传送通信中的管理控制信息,这部分额外传送的信息通常称为开销。在今后的学习和工作中大家会发现,无论是光纤通信中的 SDH 帧结构还是互联网的 IP 帧结构中,都存在具备类似功能的开销字节。

随着数据类型的多样化,E1 帧结构承载的业务类型也在不断发展。如有时需要用 E1 传送类似于串口的异步数据,此时不需要帧同步信息,那么 32 个时隙可以全部用作传送数据,这时称为无帧格式 E1。因此,在现行使用的设备中 E1 的组织形式并非严格统一,总结起来有以下 5 种。

无帧格式:32 个时隙全部为用户时隙,TS0 不用作帧同步,通常用于传纯数据。

PCM30:用户可用时隙 30 个,为 TS1-TS15 和 TS17-TS31,TS16 用作传送信令,C 比特固定为"1",即无 CRC 校验。这种帧结构也是最常见的应用方式。

PCM31:用户可用时隙 31 个,为 TS1-T31,TS16 仍为用户时隙,不用作传送信令,无 CRC 校验。

PCM30C:用户可用时隙 30 个,为 TS1-TS15 和 TS17-TS31,TS16 用作传送信令,C 比特用作 CRC 校验,即有 CRC 校验。

PCM31C:用户可用时隙 31 个,TS1-T31,TS16 仍为用户时隙,不用作传送信令,有 CRC 校验。

6.2.3 PDH 数字体系

基于 PCM30/32 路 E1 速率等级只是最低速的基本复用形式。如果进一步汇聚多个 E1 业务而形成更高速的传输体制,则需要确定多级复用方式和信息组织方式,这就是数字复用的体系结构。PDH 的数字复用体系如表 6-2 所列,通常以 4 倍方式提升速率,即把 4 个一次群 E1(2.048Mb/s)支路信号复用成一个二次群 E2(8.448Mb/s)信号,4 个二次群复用成一个三次群 E3(34.368Mb/s)等,如此继续复用下去,便可以得到 139.264Mb/s 的 E4 信号。

表 6-2　PDH 的数字复用体系

速率简称	比特率/(Mb/s)	标准话音路数
E1	2.048	30
E2	8.448	120
E3	34.368	480
E4	139.264	1920

与多路模拟语音信号在同一交换局设备采样量化编码成为 64kb/s 数字语音信号,再复接成 E1 不同,PDH 2~4 次群复接所接入的各路低速信号是来自不同物理位置、不同 PDH 设备的信号,它们之间虽然有相同的标称速率,但实际速率会有偏差,因此属于准同步复用,必须要克服异源时钟导致的重读和漏读问题,PDH 系统中采用比特调整方式完成准同步复接。如图 6-7 所示,比特调整也称为码速调整,其思路是先将各路异源时钟信号变为同源(同步)信号再进行同步复接,PDH 中使用的是正码速调整技术。

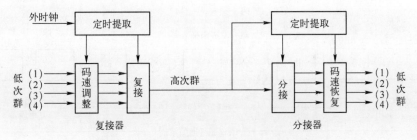

图 6-7　PDH 数字复用系统数字复接示意图

例 6.2　PDH 中 4 个 E1 到 E2 复接过程。

PDH 中采用正码速调整的基本思路是:各个支路的 E1 信号标称相同但实际速率不同,将它们各自接收存储后,以本站略高于 E1 的速率读出。当 4 个 E1 复用为 E2 时,就是以各自 2.048Mb/s 的标称速率写入,以本站统一的 2.112Mb/s 的速率读出,即可以将低速异源速率变为统一高速同步速率。为防止各支路存储区读空,就边读边在各个低速支路信号中插入一些填充比特,这些填充比特有的用于传送管理信息(如复用后 E2 信号的帧头、告警信息),有的纯粹是无用的填充比特。在瞬时速码率低的支路信号中多插入一些,在瞬时速码率高的支路信号中少插入,从而使这些支路信号变为速码率完全一致的信号。这种由异步低速信号变为高速同步信号的过程称为正码速调整。4 路已同步的 2.112Mb/s 信号直接进行逐比特同步复用,就成为速率为 8.448Mb/s 的标准 E2 信号。

数字复用的方法主要有按位复用、按字复用和按帧复用 3 种。按位复用又称比特复用。这种方法是对每个复用支路,每次只高速读取一位码,各支路依此类推,所有复用支路的该位比特读取过后再循环取以后各位。这种复用方式设备简单,要求缓存器容量较小,易于实现。按字节复用是高速复用信号每次读取各低速支路的 8bit 码字。这种方式保留完整的码字结构,有利于多路合成处理和交换。按字复用要求缓存器存储容量较大,在 SDH 中得到了应用。按帧复用是每次复用一个支路的一帧(一帧含有 256bit)。这种方法的优点是复接过程中不破坏原来的帧结构,有利于交换,但要求缓存器的存储容量更大。

PDH 的这用基于正码速调整的复用方式虽然简单,但却给解复用带来了麻烦:以 E2 信号为例,由于各路信号码速调整时很可能在不同的时刻填充了不同位数的比特,因此解复用时在找到各自的 2.112Mb/s 信号流后,接收端必须仔细查找调整指示位后才能区别出那些是信息比特,那些是管理比特,那些是无用的填充比特。这一问题在跨级解复用时尤为严重,即接收端不可能直接从 E3 信号中直接还原出某一 E1 信号,而必须先将 E3 信号还原为 4 个 E2 信号,再从某一个 E2 信号中提取还原 E1 信号,大大增加了管理调度和设备的复杂度,因此后续的 SDH 技术体制采用同步复用来解决这一问题。

6.2.4 PDH 光纤传输系统的组成

通常 PDH 数字光纤通信系统的组成如图 6-8 所示。它是由 PCM 群路复用/解复用设备、光端机、光中继器和光纤等部分组成的。

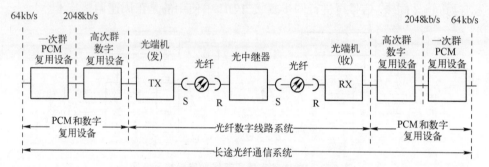

图 6-8　PDH 数字光纤通信系统的组成

PCM 复用设备的主要作用是对话音信号进行抽样、量化、编码,然后将 30 个话路进行复接,组成基群帧结构,速率变成 2048kb/s。在接收端则进行相反的处理。高次群数字复用设备包括二次群复用设备、三次群复用设备、四次群复用设备等。其主要作用是将低次群复接组成高次群。例如,将 4 个标称速率为 2048kb/s,实际速率为有偏差的支路信号,首先进行正码速调整,都调至 2112kb/s,使 4 个支路速率达到同步后,再复接组成 8448kb/s 的二次群。在接收端则进行相反的变换。目前此类数字处理过程均用集成芯片完成。

光端机的主要作用是将从复用设备送来的三电平的 HDB3 码流进行变成两电平的 NRZ 码,然后扰码使其"0""1"均匀后再进行电/光转换,将电信号转换为光信号。中继器通常可用中继器进行光放大,而在在接收端则进行相反的变换。

6.2.5 多业务 PDH 系统

PDH 技术体制尽管有些过时,但仍有许多 PDH 设备在使用,SDH 接入网设备中也留有 PDH 标准接口。不仅如此,目前多数商用的 PDH 系统不仅能传输原有标准 E1 业务,还能支持 RS232/485 串口、V35、公务电话和以太网数据传输,可以进行网管配置,因此目前应用的 PDH 传输系统均为支持多业务的 PDH。

1. 多业务 PDH 的系统结构

要使 PDH 能在保有原基本功能的条件下支持多业务,最通用的方法就是将各类非话音业务转变为 E1 速率等级的信息结构,然后再在 PDH 传输系统中传送,到对端后再进行恢复重生,必须打破原有为数字语音信号量身定做的技术体制,因此多业务 PDH 系统通常都为非标准系统。多业务 PDH 系统结构如图 6-9 所示。

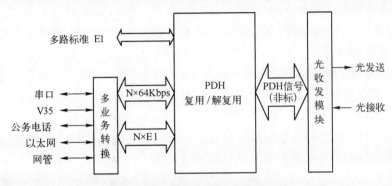

图 6-9 多业务 PDH 系统结构

多业务 PDH 设备要同时支持多路标准 E1 和多种非标准话音业务的传输通常需完成两项额外功能。

一是根据各类非话音业务的速率不同,将其映射变换为 $N\times E1$ 多基群格式或者 $N\times 64kb/s$ 的多标准时隙格式,便于与 PDH 复用/解复用体制兼容。如速率在 19.2kb/s 以下的串口就可变换为 1 路 64kb/s 信息流传输,高速的 V35 数据可变化为多路 64kb/s 信息流并行送交 PDH 的复用,当 100Mb/s 以太网接口的吞吐量较小时可将其有效信息帧映射入 1 个 E1 业务流甚至几个 64kb/s,而当吞吐量较大时则需将其变换为多个 E1 进行复用。

二是 PDH 复用/复用功能的升级拓展。不仅能够支持传统 E1 标准业务的码速调整、异步复用,也要支持 64kb/s 时隙的灵活交叉复用。不仅能够识别 E1 帧结构,管理标准话音业务,还要能够支持各类非话音业务的协议转换,满足"透明"传输和业务调度,最终复用而成的"群路"与传统 PDH 的 E2、E3 群路无论是速率还是业务流结构已大相径庭,因此可以说多业务 PDH 是全新的异步传输体制,只不过借用了 PDH 之名而已。

需要注意的是:由于 PDH 传输体制的光接口标准并未统一,而多业务传输的技术体制更没有统一的国际标准,因此多业务 PDH 设备往往是非标准设备,即不同厂家往往会采用不同多业务映射复用技术体制,因此不仅不同厂家设备的多业务传输无法互通,甚至可能连标准 E1 业务都无法互通。

以下以串口和以太网业务的映射方法为例介绍多业务 PDH 设备的技术体制。

2. 低速串口数据映射入 E1 的方法

串口协议以通用异步收发(Universal Asynchronous Receiver/Transmitter, UART)应用最为普遍,速率通常在 9.6kb/s 左右,一般不超过 115.2kb/s。UART 协议本质上是一种适用于异步通信的线路编码规则,其码字分为两类:数据码和空闲码。空闲码是无数据发送时的线路状态,为任意时间宽度的高电平信号。数据码由起始比特、数据比特和结束比特组成。起始比特是一个比特宽度的低电平信号。结束比特是 1 或多个比特宽度的高电平信号,通常都是1bit宽。数据比特长度通常为8bit,有时也增加一个校验比特组成9bit。任何两个相邻数据码之间可以有或者没有空闲码。串口的这些特点,决定了当波特率和数据比特位数已知后很容易实现串口的比特同步和码字同步。并且在一个码字内的比特宽度抖动峰值不超过±1/6码元宽度的条件下,均能实现正确接收。串口的特性使其在E1上传输时,可以分为高速采样模式和协议转换模式两大类。

直接采样方式在早期的PDH设备中比较普遍。一路E1只能传送一路串口,E1采用无帧格式,只相当于2.048Mb/s的比特流。该方法是用2.048Mb/s的时钟信号直接采样串口电平值获得的比特流。通常,串口最高波特率只可能是115.2K,那么按2.048Mb/s采样后串口信号的比特宽度抖动不会超过1/17个码元宽度,从而不影响串口接收的比特位置判决,即串口能够从采样后信号中正确恢复数据。这种方式的优点是无论串口采取什么格式,也无论采取什么速率,E1都像透明通道一样把串口数据传送到对端。这种方式虽然不解析串口链路层协议,但是像具有了速率和格式自适应能力一样进行传输。因此,这种设备的说明书一般都会写上:串口速率自适应,串口协议自适应。

E1采样方式的缺点是造成带宽的巨大浪费,如果串口使用9.6Kb/s,那么带宽利用率不足1%。因此在后来的设备中不再直接用2.048Mb/s采样串口,而是用一个时隙64kb/s的速率采样串口,然后在一个时隙内传送,这称为时隙采样方式。在这种方式下,如果串口速率达到甚至高于9.6kb/s,那么采样会带来串口比特抖动超过±1/6码元宽度,最终导致串口误码甚至不通。这种方式下为了提高串口波特率,可以采用多个时隙级联传送一路串口,不过这种方法并不常见。采用时隙采样方式的设备说明书通常会写上:串口速率在4800波特以下自适应,串口格式自适应。一个时隙64kb/s,只能传送4.8kb/s波特以下串口,带宽利用率仍旧很低。从带宽上看,一个时隙应该可以传送所有波特率小于64kb/s的串口数据。这就是接下来要讲的协议转换方式。

协议转换方式首先要在设备内部实现UART协议,即在串口接收方向能够从线路码流中提取出所有数据,在串口的发送方向能够把数据编码成线路码发送出去,无数据发送时插入空闲码;然后要设计一个编码协议,完成异步数据在同步64kb/s上的传送。

异步数据在同步信道上传输的编码协议至少具备以下两个功能:一是空闲码功能;另一是字同步功能。因此UART到E1编码协议的一个最简单的方法是在64kb/s直接使用UART协议,即只要串口速率低于64kb/s,则注入PDH设备后都变成了64kb/s的UART,信息码的格式保持不变,空闲码的长度可能发生变化。即在串口业务和64k线路之间的速率适配是靠调整空闲码的长度来实现的。

通过速率转换实现协议转换的方式简单灵活,是新型设备中普遍采用的技术。对于波特率19.2kb/s以下的串口,为进一步提高信道利用率或提高传输的抗干扰能力,在一些设备中对速率转换作了进一步改进。例如,只选用8bit时隙中的3bit用来传送串口数据(此时理论数据速率为24kb/s大于19.2kb/s),其他5bit用作传送其他数据,这样就提高了信道利用率。或者另一种方式是,8bit全部使用,但用"111"编码1、"000"编码0,接收时采用多数判决从而提高了抗干扰能力。使用协议转换方式的设备,会提供串口波特率设置甚至是否需要校验位的设置接口,在说明书中会标明支持最大波特率(一般是表明57.6k以下)。

3. 以太网数据映射入 E1 的方法

以太网在 PDH、SDH 等传送网上传输的技术统称为以太传送网(Ethernet Over Transport networks,EOT)技术。以太网在 E1 上传输是 EOT 的一种实现方式,因此简记为 Eo2M。EOT 设备在通信网中的逻辑位置如图 6-10 所示。图中 G1 和 G2 表示路由器或交换机,也可以只是一台独立的主机。EOT 设备一端是数据网接口,另一端是传送网接口。如果把图 6-10 中的传送网接口指定为 E1,那么这个 EOT 就是 Eo2M 设备。

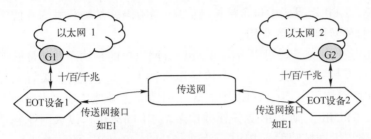

图 6-10　EOT 工作示意图

当前以太网最常见的速率是百兆和千兆,远高于 E1 的速率 2.048Mb/s。但以太网像串口一样属于发发停停的突发通信,只要保证以太网在指定端口(如图 6-14 中 G1 和 G2 处)的实际平均吞吐量不超过 2.048Mb/s,那么就可以实现以太网经过 E1 的无丢包传输。以太网通信单元是以太网帧,帧长的范围是 64~15000 字节。一个帧在发送期间不允许中断,两帧之间必须至少有 96bit 的空闲时间。

概括起来说,以太网与串口相比,有两点明显不同:一是串口是低速的,通常在几千~几十千比特每秒,而以太网是高速的十/百/千兆比特每秒;二是串口是以字为单元的,而以太网是以帧为单元的。这也就决定了 Eo2M 与串口映射到 E1 的技术实现的不同。Eo2M 不能再像串口那样把传送网接口速率设计成高于数据网接口速率来保证无误传输,而是通过缓存技术完成速率适配。为表述方便,以下以百兆为例介绍。

在图 6-10 的拓扑中,以太网 1 没有去往以太网 2 的业务期间,以太网 G1 端口向设备 1 指示空闲状态,则设备 1 不向其接收缓存写入数据。以太网 1 到以太网 2 数据发送期间,以太网端口 G1 向设备 1 指示帧正在发送状态,设备 1 按照百兆速率写入接收缓存。数据发送结束时,设备 1 按照以太网协议解析接收一帧正确与否,若正确无误则标记有新帧到达并保存新帧的起始位置交由 E1 发送模块处理,否则丢弃该帧。设备 2 从 E1 线路接收到完整的一帧后,写入其发送缓存按照百兆的速率发送到 G2,然后通过 G2 转发到目的地址。由上述过程可以看出:本质上 Eo2M 设备完成的也是以太网帧的解析存储和无错转发功能。

E1 发送速率是恒定的 2.048Mb/s,也就是说接收缓存的读出速率是固定的 2.048Mb/s,而写入速率是断断续续的百兆,那么百兆长时间停发就会使接收缓存为空而空读,长时间连续发送就会使接收缓存满而溢出。Eo2M 技术必需能够解决缓存器的空满问题。

E1 发送模块在发送缓存为空时向线路发送空闲码,不再读取发送缓存,表现为发送空闲状态。空闲码解决了缓存器的空问题。解决缓存器的满问题,要合理设计缓存的大小并结合以太网流量控制机制。缓存至少要有 1.5k 字节以容纳一个以太网最长帧。例如,设计为 6k 字节以上,在缓存剩余不足 3k 字节时设备 1 通过百兆口向以太网 G1 端

121

口请求暂停发送,从而停止写入接收缓存保证缓存不会因满而溢出。

由上述 Eo2M 设备之间的传输机制可以看出:两站之间必须有协议规程保证以太网帧的存储转发。在发送缓存有以太网帧等待发送时,E1 发送模块会在所要传输的以太网帧上增加"标签"信息,例如,增加帧定界信息用来表明一帧的起始,也可以包含帧长信息,甚至是检错信息等。Eo2M 设备之间空闲码、定界码、数据码的规则,就是以太网的封装协议,目前主要有 HDLC、GFP 两种。HDLC 协议中空闲码和定界码相同,定界码中不含帧长度信息。GFP 定界码中包含帧长度信息,空闲码就是帧长度为 0 的定界码。两者相比,GFP 更具优势因此更为常用。

由图 6-10 数据转发流程可以看出,只要以太网出口的平均净吞吐量低于 2.048Mb/s,则 PDH 系统可以用一个 E1 无丢帧地传输以太网业务。同理,只要净吞吐量低于 $N \times$ 64kb/s,则 PDH 系统可以用一个 E1 中的 N 个时隙无丢帧地传输以太网业务。如果净吞吐量超过了 2.048Mb/s,则 PDH 系统需要用多个 E1 同时传送以太网业务才能实现正确传输。因此,将以太网帧映射入 PDH 分为 $N \times 64kb/s$ 和 $N \times E1$ 两种类型。

$N \times 64kb/s$ 方式,就是将以太网数据封装成 GFP 帧后,按先后顺序写入 E1 的 N 个时隙即完成发送,在接收端从这 N 个时隙中按先后顺序依次读取拼接在一起则恢复 GFP 帧。同一个 E1 内的时隙时间顺序关系(如 0~31)具有天然的级联特点,经过 PDH、SDH 或以 64kb/s 为单元的交叉设备后,只要时隙的安排的先后顺序不发生改变,时隙内数据的时间先后关系则得以保持。换句话说,在同一个 E1 内发送也同在另一个 E1 内到达接收端的一组时隙,一定是先发先到,后发后到。正是由于这种天然级联的特点,$N \times 64kb/s$ 带宽分配不需要额外的开销实现级联。发送端只需要按照时隙时间的先后顺序读取,接收端只需按照先后顺序接收即可。

而对于 $N \times E1$ 类型,例如,$N = 3$ 的情况如图 6-11 所示,阴影方块表示用作同步的 TS0,A、B、C 表示 3 个不同的 E1。在发送端 3 个 E1 的帧和时隙是对齐的,那么图 6-11 (a)中标出的 TS2 时隙 6 个字节内容的时间先后顺序是 X11、X12、X13、X21、X22、X23。由于三路 E1 的传输时延不同,到达接收端后会像图 6-11(b)那样错位。

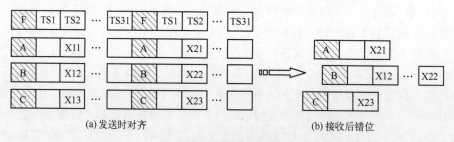

(a) 发送时对齐   (b) 接收后错位

图 6-11 虚级联的必要性

图 6-11(b)中标出的 4 个字节到达的时间先后顺序是 X23、X21、X12、X22,显然与发送时间顺序不同,出现了先发后至或后发先至现象。如果接收端再像 $N \times 64K$ 那样简单拼接,则无法实现 GFP 帧的恢复。这时必需要采取虚级联技术恢复正确的字节顺序。

虚级联的核心是给每一帧加上一个帧序号,帧序号从 0 到最大值的帧构成一个虚级联复帧。显然,帧序号使用的位数越多,虚级联复帧的周期越大。复帧的周期应至少大于传送网中端到端的最大可能时延抖动。在图 6-12(a)中,用 E1 帧结构中的 TS1 传送帧

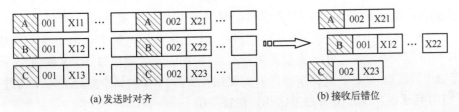

| (a)发送时对齐 | (b)接收后错位 |

图6-12　虚级联的实现

序号,且规定同一复帧内,帧序号大的时间在后,相同帧序号中时隙号大的在后,帧号和时隙号都相同的按照 ABC 的顺序排列。那么按照这一规则,图 6-12(b) 中接收端在帧错位的情况下,可以按帧号和时隙号重组还原帧结构和帧顺序,从而保证信息流正确无误。虚级联的思想不仅在多业务 PDH 中得到了应用,后续 SDH 设备也应用了级联和虚级联技术用于承载以太网等分组数据升级为 MSTP。OTN 体制中同样利用了虚级联技术来进行多路低速业务的映射复用。

6.3　同步数字系列

SDH 是迄今为止最成功的光纤传送网络体制,全称同步数字系列。SDH 是一种传输的体制,首先规范了数字信号的帧结构、复用方式、传输速率等级、接口码型等特性,更重要的是规范了网络体系结构功能并使其具备了强大的网络管理功能。随着分组业务成为网络业务的主导,SDH 业务侧可接纳多种信息格式从而升级为多业务传送平台(MSTP)。

6.3.1　SDH 的体系结构

如 6.1.2 节所述,将网络分层是描述、研究和管理网络的重要手段,SDH 传送网也不例外。ITU-T 的 G.803 建议采用如图 6-13 所示的 SDH 传送网的结构分层模型。SDH 传送网分为电路层、通道层和传输媒质层 3 层。

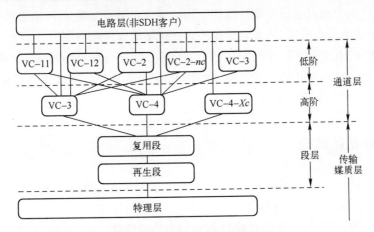

图6-13　SDH 传送网分层模型

在图 6-13 表示的 SDH 传送网分层结构中,电路层实际上就是 SDH 网络承载的各类业务,如 PDH 的 E1、E3 ,IP 业务或 ATM 业务。因此,电路层不属于 SDH 传送层网络,而是 SDH 网络的服务对象。SDH 需要通过标准接口,如同轴电缆接口、RJ45 网线接口和光接口等物理层接口,并将各类高层业务映射复用转变为 SDH 网络中的标准帧结构进行传送,而 SDH 传送网本身可分为通道层和传输媒质层。

传输媒质层网络可进一步分为段层网络和物理媒质层网络。物理媒质层是网络的光纤、金属线对或无线等具体传输媒质,负责为上层提供光或者电信号的传输,可以认为是一个模拟信号传输链路,与数据格式与协议没有关系。SDH 的段层网络进一步划分为如图 6-14 所示的复用段层网络和再生段层。再生段层完成的是光电恢复重生和性能监测,如果在 SDH 网络中相邻两个设备之间发生了光电光转换和数据恢复,则肯定是一个再生段。而复用段则是在再生段功能的基础上又完成了 SDH 标准业务的多路复用、解复用、交叉连接等功能。通常的 SDH 设备具备上下业务功能时,它必定具备复用段的功能。

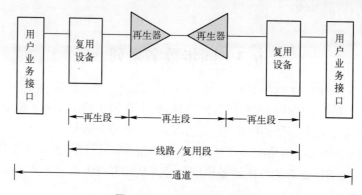

图 6-14 SDH 的段与通道

如图 6-14 所示的通道层要为具体业务提供端到端的透明信息传送服务。SDH 通道层通常命名为虚容器(Virtual Container,VC),因为网络中异地两个用户之间的业务量可大可小,因此网络必须提供多种不同容量端到端的通道服务,如 PDH 的 2 Mb/s、34Mb/s、140Mb/s 就对应了 SDH 的 VC-12、VC-3、VC-4 通道。由于通道提供的是跨越网络端到端的服务,因此一个通道服务可能跨越多个段。通道的建立一般由网络管理控制端到端路由各复用段设备进行配置,从而对通道连接进行灵活管理和控制。

为了管理 SDH 的通道和段的服务,网络需要安排额外的带宽来标记、控制、监测通道,这些额外的信息称为开销。SDH 有再生段开销(RSOH)、复用段开销(MSOH)和通道开销(POH)用于各自层面的管理。

6.3.2 SDH 的帧结构

帧结构是任何一个信息网络特征的集中体现,网络信息如何汇聚分发、高效传输和灵活管控都可以在帧结构中找到答案。

SDH 网络中传输的标准帧结构模块称为同步传输模块(Synchronous Transfer Module,STM),是按一定的规律组成的块状帧结构,与网络同步的速率串行传输。STM-1 是同步数字体系中最基本的,也是最重要的模块,其速率是 155.520Mb/s;更高等级的模块 STM-N 是 N 个基本模块信号 STM-1 按同步复用、节间插形成的,其速率是 STM-1 的 N 倍,N 取整数 1、4、16、64。详细速率等级如表 6-3 所列。

表 6-3　SDH 速率等级

SDH 速率等级	比特率/(kb/s)	简 称
STM-1	155520	155M
STM-4	622080	622M
STM-16	2488320	2.5G
STM-64	9953280	10G
STM-26	39813120	40G

STM-N 帧结构如图 6-15 所示,它由 9 行×270×N 列(字节)组成,每字节 8bit,一帧的周期为 125μs,帧频为 8kHz(每秒 8000 帧),因此每个字节就承载了 64kb/s;STM-1(N=1) 是 SDH 最基本的结构,每帧周期 125μs,传 19440bit(9 行×270 列×8bit),传输速率为 19440×8000bit/s=155520kbit/s;STM-N 是由 N 个 STM-1 经节间插同步复接而成的,故其速率为 STM-1 的 N 倍。

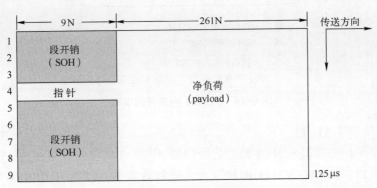

图 6-15　STM-N 帧结构

SDH 帧由净负荷(payload)、管理单元指针(Administration Unit Pointer,AU PTR)和段开销(Section Overhead,SOH)3 部分组成。

SOH 区域用于存放帧定位、运行、维护和管理方面的字节,以保证信息净负荷灵活地传送。SOH 又分为再生段开销(Regenerator Section Overhead,RSOH)和复用段开销(Multiplexer Section Overhead,MSOH)。RSOH 位于 STM-N 帧中的 1~3 行的 1~9×N 列,用于帧定位、再生段的监控和维护管理。RSOH 在再生段始端产生并加入到帧中,在再生段末端终结,即从帧中取出来进行处理。所以在 SDH 网中每个网元处,RSOH 都要终结。MSOH 位于 STM-N 帧中的 5~9 行的 1~9×N 列,用于复用段的监控、维护和管理。MSOH 在复用段产生,在复用段末端终结,故 MSOH 在中继器上透明传输,在除中继器以外的其他网元处终结。

AU PTR 位于帧中第 4 行的 1~9×N 列,用来指示信息净负荷的第一个字节在 STM-N 帧中的准确位置,以便在接受码流中找出净负荷的位置。

信息净负荷是在 STM-N 帧结构中存放将由 STM-N 传送的各种信息码块和少量用于通道性能监控的通道开销(Path Overhead,POH)字节。它位于 STM-N 帧结构中除段开销和管理单元指针区域以外的所有区域。

1. 段开销

STM-N 帧的段开销包括如图 6-16 所示的 RSOH 和 MSOH,以下分别介绍段开销的各自管理用途。

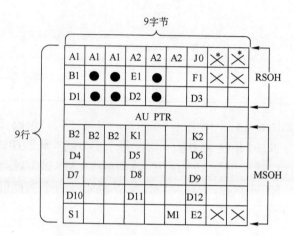

图 6-16 STM-1 的段开销字节

1) 帧定位字节 A1、A2

A1、A2 字节用来标识 STM-N 帧的起始位置,用于 SDH 接收设备从连续的比特流中识别一帧的开始,其中 A1 为"11110110",十六进制数为 F6,A2 为"00101000",十六进制数为 28。A1A2 各有 3 个字节,6 个字节也就是 48bit 的帧定位信息,使伪同步概率仅为 2^{-48},几乎为 0,因此同步的建立时间不会超过一帧。SDH 设备如果连续多帧(如 4 帧 500μs)没有检测到正确的 A1A2 字节则会上报帧丢失(Lost of Frame,LOF)告警。

2) 再生段踪迹字节 J0

使段接收机以此能够确认其与指定的发送机持续的连接,类似于手机号标识了发送设备的编号信息。新设备置 J0 为"00000001"表示"再生段踪迹未规定"。

3) 再生段误码监视字节 B1

SDH 帧结构中 B 字节不仅是在线误码监测的基础还会基于此产生各类告警上报,并用于支持故障管理。B1 用作再生段误码在线监测,是采用偶校验的比特间插奇偶校验 8 位码(Bit Interleaved Parity 8 Code Using Even Parity,BIP-8)。B1 字节的产生是发送端对前一 STM-N 帧扰码后(除第 1 行的前 9×N)的所有字节进行 BIP-8 运算(即逐字节竖排列并进行逐比特的偶校验运算),将计算结果置于当前 STM-N 帧扰码前的 B1 字节位置。接收端将前一 STM-N 帧解扰码前(除第 1 行的前 9×N)的所有比特进行 BIP-8 运算,所得的结果与当前帧解扰后的 B1 字节的值相异或比较,若这两个值不一致,根据出现多少个1,则可监测出第 N 帧在传输中出现了多少个误码块。

4）再生段公务通信字节 E1

为再生段的 SDH 设备之间提供一路 64kb/s 标准数字电话通道进行公务联络。

5）使用者通路字节 F1

为使用者（通常指网络运营者）提供一个专用的 64kb/s 信息通道；为特殊维护目的提供临时的数据/话音通道。

6）再生段数据通信通道字节（Data Communication Channels,DCC）

任何一个网络都需要额外的带宽资源用于管理信息的传送,SDH 中的 D 字节就是预留的带宽用于建立 DCC 通道。DCC 通道是 SDH 网络实施网络管理的前提,各个设备通过 DCC 通道互联后,可以在此基础上建立起一个内置于 SDH 通信网络的网络管理专用网络,从而大大提升了 SDH 的网络管理能力。再生段 DCC(D1～D3)用于再生段设备间的运行、管理、维护信息的传送,速率为 192kb/s(3×64kb/s)。

7）复用段误码监视字节 B2

用于复用段的误码在线监测。B2 的工作机理与 B1 类似,但采用 BIP-24 进行校验,即把除再生段开销的所有字节每 3 个字节为一组竖排,并进行逐比特的偶校验运算,得到的 3 个字节就是 B2 字节。接收端同样进行重新运算和比较,从而判断是否在传输过程产生了无码。

8）数据通信通道字节 D4～D12

用于复用段的 OAM 信息的传送。复用段 DCC(D4～D12)的速率为 576kb/s(9×64kb/s)。

9）复用段公务通信字节 E2

用于复用段公务联络,E2 只能在含有复用段终端功能块（Multiplex Section Termination,MST）的设备上接入和分出,可提供速率为 64kb/s 的公务电话通路。

10）自动保护倒换（APS）通路字节：K1、K2(b1～b5)

用于传送复用段保护倒换（Automatic Protection Switching,APS）协议。K1 的内容有两个方面:一是发生故障的原因;二是被要求倒换的系统序号（地址）。K2 称为倒换证实字节,被要求倒换的系统通知发出倒换命令的系统自己已经倒换（包括发出倒换命令的系统序号）。K1 的前 4bit(b1～b4)表示倒换请求的原因,K1 的后 4bit(b5～b8)发起倒换请求的工作系统或通路序号,K2 的前 4bit(b1～b4):表示倒换目的通道或对端站的工作序号,K2 的 b5 比特指示复用段接收侧备用系统倒换类别。在环型网中,由于倒换的发起站和对端站的编号都是 4bit,因此 SDH 的环路倒换最多支持 16 个站,这也就决定了 SDH 环网的总站数。

11）复用段远端缺陷指示（MS-RDI）:K2(b6～b8)

当链路出现单向通信故障时,发送端字节无法察觉这个故障,通常需要对端站及时告诉它,MS-RDI(Multiplex Section Remote Defect Indication)用于向复用段发送端回送接收端状态指示信号,告诉发送端,接收端检测到上游段故障或收到复用段告警指示信号（MS-AIS）。b6～b8 为"110"时,表示 MS-RDI。

12）同步状态:S1(b5～b8)

SDH 通常以下游站跟踪锁定上游站的方式保证全网频率同步,而一个下游站有可能接收到多个上游站的信号,因此下游站必须以一定的规则确定到底跟踪哪个上游站。S1字节以4bit编码传送发送站信号流的时钟质量,除全0编码表示质量未知外,其余编码表示的十进制数越小,时钟质量越好,因此称为同步状态信息(SSM),下游站可以根据不同接收方向的时钟质量或根据网络管理指定选择同步源,从而协助实现SDH全网设备的频率同步。

13)复用段远端差错指示(MS-REI)字节M1

用于将复用段接收端检测到的差错数回传给发送端;接收端的差错信息由接收端计算出的BIP-24与收到的B2比较得到,有多少差错比特就表示有多少差错块,然后将差错数用二进制表示放置于M1的位置。对于STM-64,复用段远端差错指示字节使用M0和M1字节,可指示1536个差错。

SDH的段开销及其功能是SDH网络功能特征的集中体现,其主要功能和实现方法如表6-4所列,SDH网络通过段开销及其协议设计使得SDH网络的有效性、可靠性和管理控制都得到了极大地提升。

表6-4　段开销主要功能和实现方法

网管功能	开销字节	实现方法
网管通道	D1~D3,D4~D12	提供可达768kb/s的站间网管通道,用于构建专门的网管网
设备标识	J0	编码表示其在网络中的ID,接收端通过持续检测判定连接
误码监测	B1,B2	利用奇偶校验方法在线监测误码
帧同步	A1,A2	连续6字节核对无误即判定为一帧的开始
公务电话	E1,E2	提供64kb/s带宽用于站间公务通话
保护倒换	K1,K2	设计切换协议用于协同动作实现快速保护倒换
同步指示	S1	利用时钟等级编码指示信号流中的时钟质量等级,便于全网同步
告警对告	MS-RDI	收站告诉发站接收信号故障
误码对告	M1	与在线误码检测配合,在双向通信中告诉对端站接收信号存在的误码块个数

2. 通道开销

段开销负责段层的运行、管理、维护(Operation Administration and Management,OAM)功能,而通道开销负责的是通道层的OAM功能。就类似于在货物装在集装箱中运输的过程中,不仅要监测一集装箱的货物的整体损坏情况,还要知道集装箱中某一件货物的损坏情况。

根据监测通道的"宽窄"(监测货物的大小),通道开销又分为高阶通道开销(HP-POH)和低阶通道开销(LP-POH)。高阶通道开销是对VC4级别的通道进行监测,可对140Mb/s在STM-N帧中的传输情况进行监测;低阶通道开销是完成VC12通道级别的管理功能,也就是监测E1映射入SDH网络后的端到端性能。此处仅利用表6-5作简要介绍,如需详细了解,请翻阅专业资料。

表 6-5　主要通道开销功能及实现方法

| 网管功能 | 开 销 字 节 | | 实 现 方 法 |
	高　阶	低　阶	
通道标识	J1	J2	接收端通过持续检测该字节判定连接
误码监测	B3	V5(b1,b2)	高阶利用 BIP-8,低阶利用 BIP-2 实施在线误码监测
通道状态	G1	V5(b3,b4)	编码指示远端误码和缺陷
保护倒换	K3	K4	编码执行保护倒换协议
业务类型	C2	V5(b5-b7)	编码指示虚容器中装载业务的类型和方式
自用预留	N1	N2	网络运营者自用字节

6.3.3 基本复用映射结构

SDH 传送网本身虽然有统一的速率和帧结构,但其传送的"货物",即 PDH、ATM、IP 等各种低速业务却又不同的速率和帧结构。就像物流运输中通常会将各类大小不一的小包裹装入统一一大小的集装箱运输一样,将这些低速业务变换、适配后变成 SDH 可处理的标准格式(虚容器或支路单元)的过程称为映射。而将标准化后的"集装箱"再次按照固定规则汇聚变成更大的"集装箱"的过程称为复用。

我国针对 PDH 业务的 SDH 复用映射结构如图 6-17 所示。PDH 各速率等级业务按各自的映射复用用线路均可以装载入标准的 STM-1 结构中。PDH 业务通常先经过码速调整由非同步信号变为与 SDH 设备同步的信号流,即将 PDH 业务"放入"如图 6-17 中所示的"容器"C-x 中。同步后的信号帧加入位置指示和管理开销后变为 SDH 网络中最重要的传输、交换和控制单元-虚容器(Virtual Container,VC)。VC 可以理解为物流网络中加入各类标签的标准"集装箱",因在图 6-13 中属于通道层单元,可支持端到端的业务传送,可以理解为该"集装箱"只有到达终端用户时才被"打开"取出各自业务。为提高效率通常将图 6-17 中的小"集装箱"VC-12 和 VC-3 经过同步字节复用变成最大的标准"集装箱"VC-4。VC-4 加入前述的再生段、复用段管理开销和指示"集装箱"起始位置的 AU 指针后就成为标准的 STM-1 送交光发送机传输。以下以 E1 业务的映射复用过程为例介

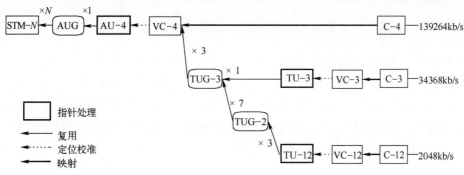

C-n: 容器-n　VC-n: 虚容器-n　TU-n: 支路单元-n　TUG-n: 支路单元组-n

AU-n: 管理单元-n　AUG-n: 管理单元组-n　STM-N: 同步传输模块-n

图 6-17　PDH 映射复用至 SDH 路线

129

绍 PDH 业务到 SDH 网络的映射复用过程。

例 6.3　1 个 STM-1 的 155.52Mb/s 信号流中最多可以传送多少个 E1?

答:由图 6-17 可以看出,E1 信号经映射变为 TU-12 后,3 个 TU-12 复用成 1 个 TUG-2,7 个 TUG-2 复用成 1 个 TUG-3,3 个 TUG-3 复用成 1 个 VC-4,再加入段开销和 AU-4 指针后成为标准 STM-1 帧结构,因此 1 个 STM-1 最多可以传送 63 个 E1。

1. E1 业务映射复用过程

1) E1 到 TU-12 的映射过程

由于 PDH 设备标称速率为 2.048Mb/s 的 E1 业务与 SDH 网络的工作频率为异源时钟,因此首先要将 E1 异步信号转变为按 8000 帧/s 发送接收的 SDH 同步业务。这种映射过程同样可以理解为如图 6-18 所示的持续写入和读出过程,各 PDH 业务按自己的速率写入存储区而 SDH 设备又按自己的工作频率读出,显然如果不经过特殊处理,那么写入和读出速率不一致肯定会出现"溢出"或"读空"问题。因此,SDH 依然采用特殊的复帧结构和码速调整方法完成异步比特流到同步比特流的变化并加入管理开销。

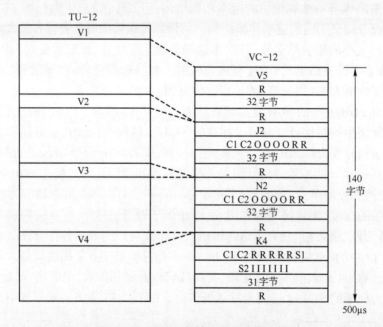

图 6-18　TU-12 复帧结构和字节安排

如果了解了 E1 的帧结构,就会对复帧并不陌生,其主要目的是提高复用传输和管理开销使用效率。图 6-18 右侧的 VC-12 复帧结构中,V5、J2、N2 和 K4 字节是前述的低阶通道管理开销,R 是空闲塞入比特。VC-12 中除去上述 4 个开销字节的部分就是 SDH 中的最小标准"容器"C-12,实际上也是一种用于写入 E1 等低速业务信息的固定帧结构。

例 6.4　VC-12 所能容纳 E1 的速率范围?

答:C12 中任何时候都传送信息的比特是图 6-22 中的 3 个"32 字节"部分、1 个"31 字节"部分再加 7 个 I 比特,所以一个复帧中至少传输 1023 个业务信息比特。由于复帧是每秒传输 2000 次,因此 C-12 可纳入的最低 E1 速率是 2.046Mb/s。S1、S2 是进行速率适配的调整比特,既可以于传送信息也可以填入空闲塞入比特。当 S1 比特传送信息,S2

是空闲比特时,每个复帧就可传送 1024bit,此时 C-12 可纳入的 E1 速率是 2.048Mb/s。当 S1、S2 都用于传送信息时,每个复帧就可传送 1025bit,因此 C-12 可纳入的最高 E1 速率是 2.050Mb/s。当 S1、S2 比特均传送信息时,C-12 容纳信息速率高于于 2.048Mb/s;当 S1 传信息而 S2 不传信息时,C12 容纳速率正好等于 E1 标称速率,相当于没有进行速率调整;当 S1、S2 均不传信息时,C-12 容纳信息速率低于 2.048Mb/s。因此称 S1 比特为负调整比特,称 S2 比特为正调整比特,这种异步变同步的映射变换方式也称为正/零/负码速调整技术。

但如仅此安排,接收端收到的二进制比特流就无法确定 S1、S2 调整比特位置究竟是空闲塞入比特还是有用信息,因此复帧结构中专门留出了指示位 C1 和 C2 各 3bit,分别控制负、正调整机会 S1、S2,并按照大数判决规则判定是否发生了调整,如当 3 个 C1 中 0 比特的个数大于等于 2,则表示 S1 传效信息比特 I;而当 3 个 C1 比特中 1bit 的个数大于等于 2,则表示 S1 放调整比特 R。C2 以同样方式控制 S2。

为了在 SDH 网的传输中能实时监测任一个 E1 通道信号的性能,将 C-12 加入 V5、J2、N2 和 K4 字节 4 个字节低阶通道开销,使其成为 VC-12 的信息结构。至此,PDH 的 E1 业务流被转换为与本地 SDH 设备同步的 VC-12 的业务。同时,从图 6-22 也可计算出 VC-12 的速率是 140×8×2000=2.240Mb/s。需要注意的是:一个复帧的 4 个字节是整个复帧在网络上传输的状态,而一个 C-12 复帧装载的是 4 帧 PCM30/32 的信号,因此一组低阶通道开销监控的是 4 帧 E1 信号的传输状态。

由上述过程也可以看出:不仅同一等级虚容器的速率与本站 SDH 设备同步,同站内包装而成的不同的 VC 等级之间也是相互同步的,而虚容器内部却允许装载来自不同站的低速异步业务。虚容器这种信息结构在 SDH 网络整网传输中保持"集装箱"的完整性,不仅可以完成端到端的业务传输,还可以灵活地在通道中任一节点插入或取出,进行同步复用和交叉连接处理。因此如果配置 SDH 网络的业务,通常就是指配置 VC。

最后,为了使收端能正确定位 VC-12 的帧,在 VC-12 复帧的 4 个缺口上再加上 V1、V2、V3、V4 四个字节的支路单元指针 TU-PTR,用于指示复帧中第一个 VC-12 的起点在 TU-12 复帧中的具体位置。这时信号的信息结构就变成了 9 行×4 列的 TU-12,至此完成了 E1 到 SDH 网络的 TU-12 的映射,之后为同步复用过程。

2) TU-12 到 VC-4 的复用过程

3 个 9 行×4 列的 TU-12 经过字节间插复用合成 9 行×12 列的 TUG-2。7 个 TUG-2 经过字节间插复用合成 TUG3 的信息结构。由于 7 个 TUG-2 合成的信息结构是 9 行×84 列,因此需要在复用信息结构前加入两列固定塞入比特成为 9 行×86 列的 TUG-3 的信息结构。

同理,3 个 TUG-3 通过字节间插复用后的信息结构是 9 行×258 列的块状帧结构,而 C4 是 9 行×260 列的块状帧结构。于是在 3×TUG-3 的合成结构前面也加两列塞入比特,使其成为标准 C-4 的信息结构。再在 C4 的块状帧前加上一列前述的 9 个高阶通道开销管理字节(HP-POH),就成为图 6-19 中净负荷区所示 9 行×271 列 VC4 信息结构。VC4 就是 STM-1 帧的净负荷信息。

3) VC-4 到 AUG

当所有低速信息都映射变换成了标准的 VC-4"集装箱"后,就能以 STM-N 的速率等级发送了。但当不同光方向收到的 VC-4 由于种种原因而与本站的 SDH 工作频率不一致时，也就是其他光方向来的"集装箱"速率与本站相比有快有慢，因此同样会出现异步复用/解复用时遇到的问题。SDH 采用指针调整技术来进行速率适配，即在 VC-4 前附加一个管理单元指针（AU-PTR）来解决这个问题。此时信号由 VC-4 变成了管理单元 AU-4 这种信息结构，如图 6-19 所示。

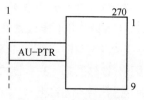

图 6-19　AU-4 结构图

AU 指针的作用是指明高阶 VC 在 STM 帧中的位置。可以将本站链路发送的 STM 帧结构看作一个固定速率的传送带，不管上货的节拍速率如何，都按本站的速率装箱运转。通过指针指示"集装箱" VC-4 的起始位置，接收方就可以知道货物从传送带的哪个位置开始了。但指针如果仅仅有指示作用仍然不能解决异步复用时的溢出或读空问题，还必须有码速调整兼容问题，将在稍后介绍。最后选择一个或多个在 STM 帧中占用固定位置的 AU 组成 AUG——管理单元组。将 AU-4 直接置入 AUG，再加上相应的 SOH 合成 STM-1 信号。

4）N 个 AUG 到 STM-N 的复用

由于每一个 AUG 在 STM-N 帧中的相位是固定的，因此，N 个 AUG 采用逐字节间插复接方式将 N 个 AUG 信号复用，就构成了 STM-N 信号的净负荷，然后，加上段开销就构成了 STM-N 帧，如图 6-20 所示。

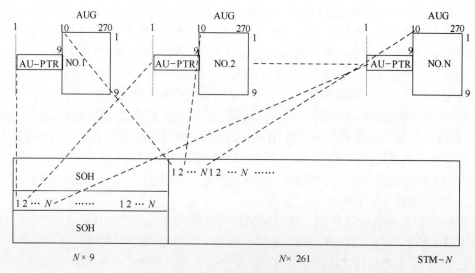

图 6-20　N 个 AUG 复用进 STM-N 帧

2. 指针调整技术

如前所述，对于网络中的一个 SDH 站而言，最基本的处理单元是 VC。VC 既可以是本站接纳不同低速业务产生的，也可能是从其他站点接收，需要本站复用、解复用或交叉处理的，因此 VC 的产生、到达的时刻和速率不可能与本站的 STM 发送时刻和速率严格一致，SDH 必须有 VC 到达时刻的指示和速率差异的调整容纳功能。

SDH 中的指针就具有定位和容纳站间频率不同步的功能。SDH 中的指针包括 AU-

PTR 和 TU-PTR 两种,分别进行高阶 VC-4 和低阶 VC(VC-3 和 VC-12)在 AU-4 和 TU-3 及 TU-12 中的定位,下面以 AU 指针为例进行介绍。

AU-PTR 的位置在如图 6-21 所示的 STM-1 帧第 4 行 1~9 列共 9 个字节,首先可以指示 VC-4 的首字节 J1 在 AU-4 净负荷的具体位置,以便收端能据此正确找出 VC-4;除指示功能外,为了容纳站间的频率相位偏差,还需完成正/零/负码速调整功能。

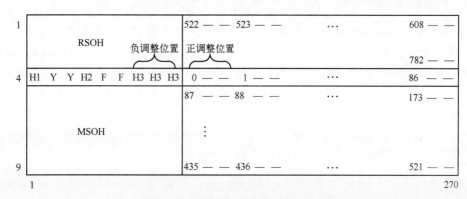

图 6-21　AU-PTR 的结构和指示地址

为便于理解指针和 STM 信息帧的发送特点,可以将本站持续发送的 STM 帧看作一个固定速率,且有无数节(STM-1)的货运平板,不管货物集装箱(VC-4)何时、以何种速率放置在 STM 的平板上,都按本站的传送速率不停地发送。因此,VC-4 数据很有可能并不一定刚好能从 STM-1 净负荷的起始位置(第 1 行第 10 列)开始装载,而有可能放置在净负荷区的任意位置,并跨过本节平板(STM-1)到下一节平板上。因此在连续码流中需要一个"标签"贴在本节 STM-1 上,用于指示"集装箱"VC-4 的起始位置,接收方就可以知道货物(VC-4)从该平板车厢(STM-1)的哪个位置开始了,这就是指针的第一个功能。

需要注意的是,SDH 的 AU 指针并非逐字节指示 VC-4 的起始位置,而是以 3 个字节为单位编排地址,因此一个 AU-4 净负荷区就有(261×9)/3=783 个位置,而 AU-PTR 指的就是 VC-4 的第一个字节 J1 在 AU-4 净负荷的位置值。显然,AU-PTR 的范围是 0~782,否则为无效指针值,当收端连续 8 帧收到无效指针值时,SDH 设备会产生 AU-LOP 告警(AU 指针丢失),并往下插 AIS 告警信号。显然,要能够完全指示净负荷中的 782 个地址则需要 10bit 的指针,但 AU-4 指针并不仅有 10bit,而是有结构如图 6-25 所示的 9 个字节组成。

Y 为"1001SS11",S 比特未规定具体的值,两个 F 字节均为"11111111";H1、H2 两字节中后 10bit 为指针值,指针值为全 0 时所对应的位置并不是 STM-1 净负荷区起始位置(第 1 行第 10 列),而是紧跟指针的位置(第 4 行第 10 列),因此按照 STM-1 的帧结构可以算出本帧的最后一个地址为 521,而若指针值大于 522,则说明 VC-4 的起始位置在下一个 STM 帧内。

如前所述,指针仅有 VC-4 的起始位置指示功能是不够的,还必须具备 STM-1 与 VC-4 速率差异的调整容纳功能,该功能的实现方法与 E1 信号映射入 VC-12 时通过正/零/负调整实现速率匹配的基本思想相同。

AU-4 指针的最后 3 个 H3 个字节为作为负调整字节,当本站 AU-4 的发送速率小于 VC-4 速率时,这 3 个字节用于让这一帧发送更多的 VC-4 信息,相当于这时货物 VC-4 以 3 个字节为一个单位将位置都向前挪动,以便在当前 AU-4 中加入更多的 VC-4 信息,这时指针指示的 VC-4 位置靠前一位(3 个字节),所示指针值应该减少 1,这种调整方式称为指针负调整。

紧跟 H3 字节所处位置之后净负荷区内的 3 个字节为正调整字节,当本站的 AU-4 发送速率大于 VC-4 速率时而需要调整时,净负荷区的 3 个字节的正调整字节填充伪随机码,从而使该 STM-1 帧少发送 3 个字节的 VC-4 数据,此时相当于这时货物 VC-4 以 3 个字节为一个单位将位置都向后挪动 1 位(3 个字节),这时指针指示的 VC-4 位置退后,所示指针值应该增加 1,这种调整方式称为指针正调整。

如果 AU-4 于 VC-4 的速率差在容忍的范围内,则无须调整,3 个 H3 字节中没有 VC-4 的信息。正/负调整是按一次一个单位进行调整的,那指针值也就随着正调整或负调整进行+1(指针正调整)或-1(指针负调整)操作。

例 6.5 指针的 VC 首字节指示。

假如当前的指针值为 522,并非表示 VC-4 的起始位置在如图 6-25 所示的本 STM-1 帧净负荷区的首字节,而是表示从指针位置之后的 0 地址开始后的第 522 个地址,正好是下一个 STM-1 帧净负荷区的首字节。如果发生负调整指针值减 1,则指针值变为 521,所指示的 VC-4 的起始位置是图 6-21 所示的最后一个地址。

如果当前的指针值为 0,说明 VC-4 从如图 6-21 所示紧跟指针的第一个地址开始。如果此时发生了负调整,即 VC-4 整体向前挪动了 3 个字节。调整后 STM-1 帧中的指针值为 782,表示下一个 VC-4 的起始位置在 782 地址。同理,如果当前指针值为 782,且发生了正调整,则指针指向 0 地址位置。

但指针调整的规则中仅有上述操作是不够的,与 E1 映射入 VC-12 时在帧结构中需要 C1C2 调整指示比特告诉接收端是否发生调整类似,AU-4 指针也必须有相应"告知"机制使接收端能够实时探知接收帧中是否发生了指针调整,是正调整还是负调整。

AU-4 指针中并没有安排额外的指示比特用于告知接收端调整方式,而是采用了"反转指针比特"的方式指示指针调整放式。指针值 H1H2 的具体编码规则如图 6-22 所示。前 4 个 N 比特是新数据标识(New Data Flag,NDF),当其为"0110"时表示处于正常状态,允许指针调整。当其为"1001"表示是由于净负荷变化,指针是全新的值指针,此时指针值会出现跃变,即指针增减的步长不为 1。若收端连续 8 帧收到 NDF 反转,则此时设备出现 AU-LOP 告警。2 个 S 比特用于指示 AU-n 或 TU-n 的类别,当其为"10"时,表示表示 AU 或 TU 的类型是 AU-4 或 TU-3。

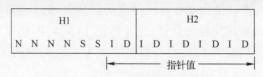

图 6-22 H1H2 字节的比特编码安排

指针调整的反转指示规则如下:H1、H2 的第 7~16bit 为指针值,这 10bit 中奇数比特记为 I 比特,偶数比特记为 D 比特。当发生指针调整时,发送指针值反转 5 个 I 比特或 5

个 D 比特表示指针值将进行加 1 或减 1 操作,因此 I 比特又称为增加比特,D 比特称为减少比特。当接收端检测到前一帧正常的指针值在本帧发生了 I 比特或 D 比特的多数(大于等于 3 个)反转时,就判定此时发生了指针调整,立刻需要从 H3 字节中读数据(负调整)或抛弃 H3 字节后的填充信息(正调整)。采用大数判决法不仅可以抑制指针误码导致的错误调整,在早期数字电路速率不高时还可以加快识别处理速度。

需要注意的是:指针的调整是要停 3 帧才能再进行,也就是说若从指针反转的那一帧算起(作为第一帧),至少在第 5 帧才能进行指针反转(其下一帧的指针值将进行加 1 或减 1 操作),即最多每 4 帧出现一次指针调整。由此规则也可以估算出 SDH 网络的利用指针调整技术所能容纳的站间频率偏差:4 帧的总长为 500μs,STM−1 帧中针调整一次 3 个字节的所产生的时间调整量约为 0.154μs,因此理论上 SDH 站间可容纳的频差约为 $300×10^{-6}$,远高于目前通信设备中最普通晶振 $50×10^{-6}$ 频率偏差的指标,也就是说 SDH 网中即使所有的站都处于自由运行状态,SDH 的指针调整技术也能够保证通信中不会发生因异源工作而产生"溢出"或"读空"问题。

既然指针调整可以解决不同 SDH 站间异源/异步工作问题,那为什么 SDH 网络还要求全网频率同步工作且要将指针调整作为影响通信性能的告警信息上报呢?虽然指针调整不会带来误码,但是却给原本连续的净负荷码流带来了相位突变,即业务信号经 SDH 网络传送后会突然提前或滞后到达,对于时延敏感的连续语音和图像会带来声音或视频流的卡顿,因此 SDH 网络会利用自身的频率同步或在网络中加装 GPS/北斗时频同步终端来保证和提升全网同步性能,降低指针调整次数,可将一个季度全网出现的指针调整次数减少到 10 次以内。

6.3.4 SDH 设备类型

SDH 传送单元包括 SDH 终端复用器(Terminal Multiplex,TM)、分插复用设备(Add and Drop Multiplex,ADM)、数字交叉连接设备(Digital Cross Connector,DXC)等网络单元。TM、ADM 和 DXC 的功能框图分别如图 6-23(a)、(b)、(c)所示。

SDH 终端 TM 的主要功能是复接/分接和提供业务适配,通常只有单个方向的一对光口,主要完成低速业务汇聚和分发。ADM 是一种特殊的复用器,一般有两个方向的光口。它利用分接功能将输入信号所承载的信息分成两部分,一部分直接通过,另一部分卸下给本地用户,称为下业务(Drop)。下业务后空闲的带宽又可用于加入新的业务,称为上业务(Add)。DXC 类似于交换机,它一般有多个输入和多个输出光口,通过适当配置不仅可以使任意端口的输入业务调度到任意输出端口上,还可以将任意端口输入的高速业务分解并与其他端口业务重新组合,从而实现了类似不同业务等级的动态交换的功能。通常用 DXCx/y 表示 DXC 类型和性能,其中 x 表示可接入 DXC 的最高速率等级,y 表示进行交叉的最低速率等级,具体安排如表 6-6 所列。如 DXC4/1 表示最高接入速率为 155Mb/s,最低交叉速率为 2Mb/s。

表 6-6 DXC 交叉序号示意

x 或 y	0	1	2	3	4	5	6
交叉速率	64kb/s	2Mb/s	8Mb/s	34Mb/s	140/155Mb/s	622Mb/s	2.5Gb/s

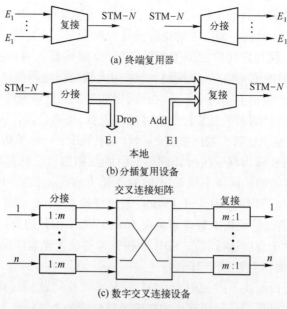

(a) 终端复用器

(b) 分插复用设备

(c) 数字交叉连接设备

图 6-23 SDH 设备类型

由三类典型 SDH 设备组成的网络由图 6-24 所示。最高层为骨干网,是由比较大容量节点构成网状网结构,现在通常以波分复用形式,并行传输多个 STM-64 容量的业务,并辅以少量线状网。在业务量大的汇接点城市装有 DXC 4/4,具有 STM-N 接口和 PDH、IP 等高速业务接口。

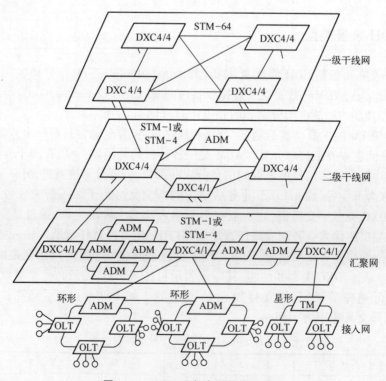

图 6-24 SDH 设备在网络中的应用

136

第二层为二级干线网,主要实现骨干环状网(少量线状网),其主要汇接点有 DXC4/4 和 DXC4/1,有多业务接口,也有 SDH 系列接口,具有灵活的调度电路能力。

第三层一般为汇聚网,可按区域组成若干环,由 ADM 组成各类自愈环,或以路由备用方式构成两节点环,从而保证了网络的生存性和灵活性。

最低层为用户接入网,处于传送网与用户的边界处,业务容量要求低,且大部分业务量汇集在端局上,因而通道倒换环和星形网都十分适合于该应用环境,所需设备主要是 ADM 和 TM。

6.3.5 SDH 的网络管理

通信网络管理是网络能够高效且经济的运营的前提。虽然多数网络管理人员面对的都是网络管理软件,但网络运维者应了解网络管理的基本功能和实现网络管理的基本方法。

网络五大管理的功能如表 6-7 所列。故障管理功能能够对不正常的网络运行状况或环境条件进行检测、隔离和校正的一系列功能,包括内部告警监视、外部事件告警、告警历史、测试等。核心功能为检测并隔离网络故障以及网络恢复和保护切换。

表 6-7　网络管理功能

管 理 功 能	管 理 内 容
配置管理	设备管理:网元的控制和识别 连接管理:建立、跟踪和取消各层级的业务连接 适配管理:接纳管理用户信号
性能管理	监测、采集、记录各种估量网络性能的参数,并与告警机制联动
故障管理	对故障或环境条件进行检测、隔离、定位和恢复的一系列功能
安全管理	确保合法的网络管理操作和软件、硬件和人员的安全
计费管理	基于性能监测结果和给用户的服务质量进行计费

性能管理是指网管能够监控和管理各种估量网络性能的参数,确保服务质量。包括诸如性能数据采集和记录,性能阈值设置和通知,性能数据分析和处理等功能。一般要求通过监控管理参数实时监测网络性能保障服务质量,同时非常重要的任务是向网管的其他功能模块通报监测结果(如故障管理模块)。

配置管理是网管实施对网元的控制、识别和数据交换。包括设备管理,使得设备能够工作;连接管理,以建立、跟踪和取消连接;适配管理,以便接收客户信号并将其转换为适合网络传输的结构和速率。

安全管理是为了防止未经许可的通信、接入,确保合法的网络管理操作。也涉及用户数据的传送安全。包括用户管理,口令管理,操作权限管理,操作日志管理。对于光纤通信网络,还包括光学辐射符合规定的眼安全的限制条件。

计费管理涉及计费、网络元器件的寿命历史记录的计量和管理。

1. 网络管理策略

如同国家、军队、公司的管理一样,对于复杂系统网络的管理通常采用分而治之的原则进行管理。将网络横向分割和纵向分层后,理论上通常可用金字塔分层式的集中式管理(如军队管理)或类似自治形式的分布式管理策略。网络管理通常将两种方式融合使用。

SDH 网络也采用了分而治之的策略,图 6-25 是其分割示意图。图中按照横向地域和重要性将网络分割成 3 个小网,每个小网安排一个"管理员"负责各自小网络管理,小网络中的每一个节点设备通常称为网元,因此该网络的网管系统称为网元管理系统(Element Management System,EMS)。如果要管理整个大网,应组建网络管理系统(Network Management System,NMS)依托 3 个 EMS 通过间接管理来实现。因此该例中网络实施了两级管理,NMS 并不直接管理到每个网元,而是只管理到 EMS 即可;同时每个 EMS 只对本网负管理,对其上级 NMS 负责,EMS 之间一般不做交互。这种管理方式非常类似于军队的分地域层级式管理。除此之外,对任何一个网络进行管理都需要额外的通道或带宽专用于信息传送之外的网管通信,因此 SDH 在其帧结构中专门预留了 D1~D12 字节作为数据通道,并可利用这些带宽组建专门的网络管理网。

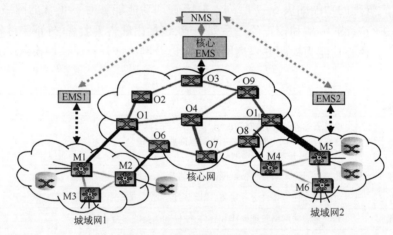

图 6-25　网络管理分割示意图

每一个 EMS 通常以用管理代理方式对每个设备网元进行具体管理,如图 6-26 所示。管理代理通常是将嵌入式处理器集成到网元设备中,不断地收集被管理设备的状态和性能信息并将这些信息利用网络管理通道上报给 EMS,代理将这种信息存储于 EMS 的管理信息库(Management Information Base,MIB)中,这个 MIB 然后向位于管理工作站的网元管理系统(EMS)内的管理实体提供数据。MIB 是信息的逻辑基础,定义了各类网络管理信息的数据格式和语法,其功能就像日常生活中某位管理员的记录本一样。因此,上级需要对全网进行管理时,通常将被管网络分成几个部分,每个部分安排一个管理员,每个管理员不可能记住所有的被管内容,因此需要一个"记录本"(MIB)事无巨细地动态记录所有的信息,这些信息可能存在网络管理服务器的数据库里,每个通信设备自身的嵌入式管理代理处也有部分存储区用于记录本设备部分当前和历史状态、告警等信息。

仅有上述分层管理、各负其责的架构还不够,网络管理过程中的具体操作规范通常由网络管理协议完成。

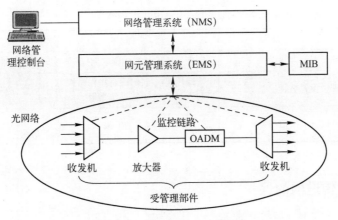

图 6-26　网络管理分割示意图

2. 网络管理协议

网络管理协议本质上是回答在有了管理架构(NMS、EMS 和管理代理)并且有了管理信息传送的通道(如 SDH 中的 DCC 通道)的条件下,以什么样的具体规则来实现上下级、软硬件之间的沟通问题。目前,使用最广泛的协议是简单网络管理协议(Simple Network Management Protocal,SNMP)。

SNMP 基本工作流程如图 6-27 所示,其目的是为网络不同种类的设备、不同厂家生产的设备、不同型号的设备,定义一个统一的接口和协议,使得管理软件可使用统一规范的交互方式和语法结构对网络设备和资源进行管理。SNMP 通常工作在 TCP/IP 协议族上,属于应用层的协议。管理员(如图 6-27 中的 Manager)把规范统一的管理指令转变为 UDP 报文,交由依托于 SDH 数据通道的 IP 网络传送至被管设备,被管设备中的代理,即图 6-27 中的 Agent(通常是一个嵌入式处理器)收到并解析指令后在管理信息库的支撑下完成相应的网管动作。因此,在基于电路交换体制的 SDH 网络中内置重建了一个基于分组交换模式的 IP 网络专门用于网络管理,每一个设备自然而然就有一个 IP 地址。

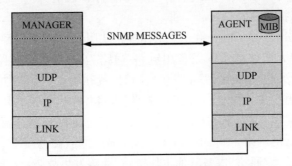

图 6-27　SNMP 基本工作流程

SDH 网络管理的事宜纷繁复杂,但 SNMP 协议规范了 3 类指令就能实现顺畅的管理功能,因此至今在各类网络的管理协议中被广泛使用。3 类指令的功能、特点和应用如表 6-8 所列。

表 6-8　SNMP 3 类指令

指令类型	功 能	流 程	典 型 应 用
get	管理员查询被管设备	管理代理从 MIB 中读取上报	实时监测网络状态
set	管理员设置被管设备	管理代理执行操作,将操作结果写入 MIB,并上报操作结果	网管配置,业务调度
trap	被管设备上报信息	管理代理依规主动上报	告警上报 保护切换

6.3.6 SDH 传送网的保护

提高网络的安全性,不仅要求器件和局部具有高的可靠性,还要求整个网络具有强大的生存能力。在实际应用中,一般采用网络保护和网络恢复的方法,以确保网络的生存性。网络保护的主要思路是"有备无患"。

SDH 网络为提升生存性而提出自愈网(Self Healing Network)的概念,即无须人为的干预就能在极短的时间内从失效故障中自动恢复业务传输能力的网络。实现自愈网的手段是替换发生故障引起失效或性能劣化的传送链路(理论上包括传输光纤、设备甚至端到端的通道),即依据缺陷、故障或性能劣化的监测,以及网管自动配置操作,用正常的传送链路替代故障链路。自愈过程只涉及重新恢复建立所要保护的链路,而不管需要人工才能完成的故障修复。一般 SDH 网络要求保护动作在 50ms 内完成。

网络保护是指利用节点间预先固定分配的冗余容量,代替故障或劣化的传送链路或通路。网络保护最简单的方式是每个工作链路有一个专用的保护链路,根据备用链路是否也在实时传送与主用链路相同的被保护信号,可分为 1+1 保护和 1:1 保护两类。1+1 的保护在故障发生时接收站自主选择切换至备用通道或链路而无须双方交互协调完成。而 1:1 保护中,由于需将通信业务从发生故障的主用链路切换到备用链路上,因此需要双方交互协调完成,也就是需要执行自动保护倒换(Automatic Protection Switch,APS)协议。此外,在上述两种一对一的保护方式中,一条备用链路/通道只为一条工作链路/通道服务,因此属于专用保护方式。

除一对一的备份方式外,也可由 n 个工作链路共用 m 个保护链路,即 $m:n$ 的保护方式。如 $m:1$ 的保护方式就是指 1 条备用链路/通路为 m 条工作链路/通路提供保护带宽,当 m 条工作链路/通路中的某一条发生故障时,就利用保护倒换协议将通信业务自动切换到这条保护通道上去。由于 m 条工作链路/通路共享这 1 条备用链路/通路,因此属于共享保护方式。显然在共享保护方式下,不支持多个工作链路/通路同时发生故障,因此适用于故障率较低的网络。同时,当工作链路/通路的故障修复后,需及时将通信业务切换回以释放保护链路/通路,以备其他工作链路/通路发生故障。

按照是否需要保护双向业务可将保护方式划分为单向保护和双向保护。如果只需要保护单向业务,如视频传送,则称为单向保护;如果双向的通信都需要保护,则称为双向保护。

最后,按照图 6-13 所示的网络层级划分,如果保护的对象是点到点的复用段链路上的所有业务,则称为复用段保护。如果保护的对象是端到端,穿越网络的某路业务,则称为通道保护。

1. 业务层通道保护

业务层的通道保护是基于电路交换技术体制中最常见的保护方式,其基本思路是"发端并发,收端选优",即预先利用网络管理系统从发至收配置两条不同路由的业务通道,工作时发送端同时发送完全相同的两路业务,接收端再选择其中质量较好的一路接收。当原有工作通道传输中断或性能劣化到一定程度后,接收端自动将倒换接收已经存在的备用传输通道,从而使业务继续进行。这种保护方式的业务恢复时间很快,可以远远低于50ms。该方式是典型的为端到端服务提供高质量保护的方式,通常称为单向通道保护,如果要提供双向保护,则需要在逆向通道中进行类似的配置。此外该种方式需要2倍的原有业务带宽,通常针对重点高质量用户提供服务。

通道保护也可以采用1:1的方式,即预留一个端到端的空闲通道作为工作通道的保护通道,当工作通道出现故障时,可以自动切换到保护通道上去,但由于收发双方并不能确认保护通道是否完好,因此这种方式需要实施自动保护倒换(Automatic Protection Switch,APS)协议,在保护通路完成信息交互和按序切换。1:1方式可以进一步演变成$M:N$双向通道保护环,由用户决定只对某些重要的业务实施保护,无须保护的通道可以在节点间重新再用,从而大大提高了可用业务容量。缺点是需要网络管理系统,保护恢复时间大大增加。以下介绍SDH二纤环路上的通道保护方式,但如前所述,只要能够通过网管配置两条不同穿越网络的端到端的通道,就能通过中断站的自主选择切换实现通道保护,因此通道保护方式并不局限于SDH的二纤环。

1) 二纤单向通道保护环

顾名思义,二纤单向通道保护环就是指保护在二纤环网中实施,保护对象是端到端的具体通道业务,如一个VC-12或VC-4,并且只保护单方向的业务。其基本原理如图6-32所示。环网中有两根光纤,其中一根光纤用于传送业务信号,称为W光纤(实线);而另一根光纤用于保护,称为P光纤(虚线)。

正常工作场景如图6-28(a)中所示,单向通道保护环使用"发端并发,收端选优"的配置方式,发送端利用W光纤和P光纤同时携带业务信号并分别沿顺时针和逆时针两个方向传输,而接收端只选择其中较好的一路,正常情况下通常选工作光纤W上的信号,显然这是一种1+1保护方式。假设在节点A和节点C之间进行通信,将要传送的支路信号

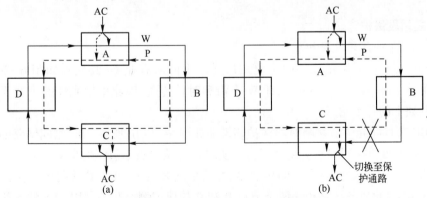

图6-28 二纤单向通道保护环

AC 从 A 点同时馈入 W 和 P 光纤。其中 A 站业务按顺时针方向穿过 B 站后将业务信号送入站点 C，而保护业务按逆时针方向将同样的支路信号穿过 D 站后送入站 C。接收端 C 同时收到来自两个方向的支路信号，按照分路通信信号的优劣决定哪一路作为接收信号。正常情况下，S1 光纤所送信号为主信号。

当 BC 节点间的光缆被切断时的保护动作如图 6-28(b) 所示。在节点 C，从 A 经 S1 传来的 AC 信号丢失，则按照通道选优的准则，接收倒换开关将由 W 光纤转向 P 光纤，接收由 A 点经保护光纤 P 穿过 D 站传来的信号，从而 AC 间业务信号得以维持。

上述过程中，A 站无须任何动作，A 站和 C 站之间无须协议交互，由终端站 C 自主切换，因此保护切换时间很短，通常不超过 12 个 SDH 的帧传输时间，一般在 2ms 内就能完成切换。

2）二纤双向通道保护环

二纤双向通道保护环是单向通道保护的拓展，实际上只需在配置业务时将反向通信业务也配置保护通道。双向通道保护相互独立，各自动作，如图 6-29 所示。在原有由 A 到 C 的保护业务基础上配置由 C 到 A 的保护，规则与单向通道保护环相同。出现如图 6-29(b) 所示的链路故障时，AC 之间的业务完成切换，而 CA 之间的业务由于没有影响而正常通信，但是当链路故障发生在 C 站和 D 站之间时，则 A 站的接收自动切换，而 C 站接收 A 的业务没有影响而无须切换。

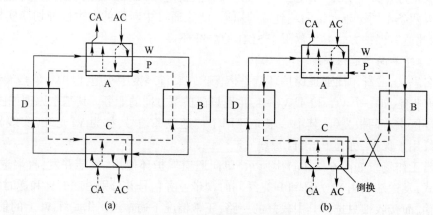

图 6-29 二纤双向通道保护环

2. 复用段保护

1）二纤单向复用段保护环

复用段保护的对象是相邻两个复用段光纤上的所有业务，其配置如图 6-30 所示。正常情况下，通信业务仅在工作光纤 W 上沿顺时针传送，因此单根光纤的带宽要按需求配置给环路上的各个站点。

当 BC 节点间光缆被切断时的保护切换如如图 6-30(b) 所示。BC 站间链路的所有业务，经 B 站环回切换到保护光纤 P 上，沿逆时针环路穿过 A、D 站到达 C 站。上述过程中，B 站应知道对端站 C 是自己的相邻站，并且应通知 A 站和 D 站透明传送保护光纤上的所有业务，因此故障链路相邻两个节点 B 和 C 的保护倒换开关利用 APS 协议执行环回功能。

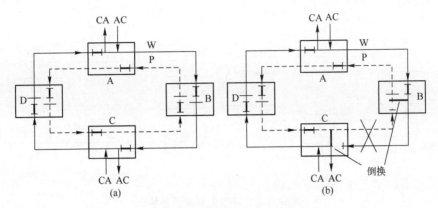

图 6-30   二纤单向复用段保护环

例 6.6   如何利用 K1 和 K2 字节的交互实现 APS 协议?

图 6-30 中 BC 站间的光缆中断,B 站首先发现了故障,于是 B 站将利用备用的逆时针光纤链路向 C 站发送 K1、K2 字节,在 K1 的前 4 个比特中指示了故障原因,K1 的后 4 个比特中表明了 B 站的地址,K2 的前 4 个比特中表明了切换对端站地址。当编码后的 K1、K2 字节在逆时针链路上传送时,中间的 A、D 站会查询 K1、K2 的内容但发现与自己无关因此保持透传状态,当 K1、K2 字节到达 C 站时,C 站发现 K2 中的目的地址与自己相符,于是就在原有正常的顺时针链路回传相同编码规则 K1、K2 字节,表明我已经切换 C 站接收到备用链路上。当 B 站收到此信息后才将发送由主用光纤切换到备用光纤上,并仍然利用 K1、K2 字节通知 C 站我已切换发送完毕。由此例可以看出 APS 通常规则是发起方后切换,三次交互保证切换的完整性,防止误切换和备用链路条件下的无休止切换。同时,由编码规则可以推断,4 位地址编码最多支持 16 个站。

需要注意的是:虽然有保护层级的不同,但通常在 SDH 环网中,复用段保护的底层保护也完成了对环网上通道业务的保护。如图 6-30 中假设有 A 到 C 站有通道业务,则 BC 站间的链路中断后,AC 站间的业务仍然可以利用 A 到 B 的工作光纤 W,经 B 回到 A,再穿过 D 最终到 C 的环路保护光纤 P 顺利到达 C 站。而 C 到 A 站的业务不经过 BC 间的链路,没有任何影响。

2) 二纤双向复用段保护环

如果在两纤环中工作光纤和保护光纤中各用一半的带宽用于通信和保护,就可将单向复用段保护环配置为双向复用段保护环,如图 6-31 所示。配置时通信光纤 W1 上的信号与 W2 上的信号在同一复用段但方向相反,因此可以支持正常工作时相邻站间直接配置双向业务。无须像单向环那样必须走环路,但保护时隙 P1/P2 空闲,为保护预留带宽。当 B 和 C 节点之间的光缆被切断时,链路相邻站点 B 和 C 利用倒换开关将 W1/P1 光纤上的 W1 业务切换至保护光纤中的 P2 时隙。该 P2 时隙穿越 A、D 站最终到达 C 站。与二纤单向环保护时的保护光纤 P 的整条链路透明传送不同,承载了保护业务的 P2 时隙需要在每个中间节点利用时隙交叉设备插入空闲保护时隙,每个中间设备的交叉连接单元需要相应的动作才能配合完成保护切换。

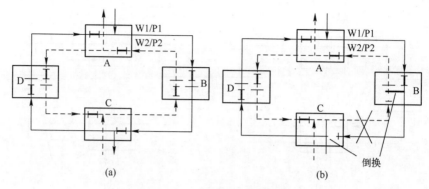

图 6-31　二纤双向复用段保护环

3）四纤双向复用段保护环

这种网络结构中,有一对工作光纤(一顺一逆)W1 和 W2,一对保护光纤(一顺一逆)P1 和 P2,如图 6-32 所示。其中逆时针的 P1 光纤为顺时针的 W1 光纤提供保护,顺时针的 P2 光纤为逆时针的 W2 光纤提供保护。

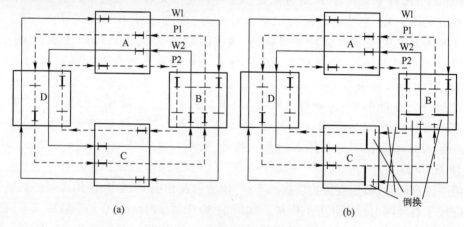

图 6-32　四纤双向复用段保护环

正常情况下如图 6-32(a)所示,各节点之间利用保护光纤 W1 和 W2 进行双向通信。保护光纤 P1 和 P2 上空闲或传送低等级无须保护的业务。根据具体情况和网络功能,四纤双向复用段保护环可以采用段保护或环路保护两种方式。

例如,当环路上相邻两节点间的某根工作光纤链路中断时,而保护光纤对完好时,相邻两节点可利用 APS 协议将工作光纤对上的业务切换至完好的保护光纤对上,通信方向不变,环路中的其他节点和链路不做任何动作。这种保护方式称为四纤环路上的段保护,当然在不成环的四纤链路上的相邻站点间也可以采用这种复用段保护方式。

在多数情况下,光缆受到破坏而只切断部分光纤的场景较为少见,因此在四纤双向环网络中通常采用复用段环路保护方式:即当 BC 节点间的工作光纤被切断时,不管光纤是否全部中断。B 站和 C 站利用 APS 协议执行环回保护切换,如图 6-32(b)所示,在 B 节点,原本从 B 站到 C 站 W1 光纤上的所有业务切换环回到 P1 光纤上,经由节点 A 和 D 到达节点 C;而原本 C 站到 B 站 W2 光纤上的所有业务环回到了 P2 光纤上,经 D 站和 A 站到达 B 站。

3. 网络混合保护

当网络较为复杂时,可以利用 SDH 的节点交叉设备的动态交叉功能实施保护,进一步节省备用容量的配置,提高资源利用率。如图 6-33 所示,在网状网的节点处采用 DXC 设备,当某处光缆被切断时,利用 DXC 的快速交叉连接特性可以比较迅速地找到替代路由,并恢复业务。高度互连的网状网结构为 DXC 的保护/恢复提供了较高的成功概率。

图 6-33 中的节点 A 到 D 原有 16 个 VC-4 的业务,即为 1 条 STM-16 的 2.5Gb/s 速率业务。当其间的光缆切断后,DXC 可能从网络中发现 3 条替代路由来分担这 16 个单位的业务量,即从 A 经由 E 到 D 为 6 个 VC-4,经 B 和 E 到 D 为 2 个 VC-4,经 B 和 C 到 D 为 4 个 VC-4。由此可见,网络越复杂,替代路由越多,DXC 的恢复效率越高。但上述过程

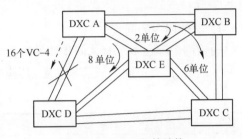

图 6-33 DXC 保护结构

早期通常需要人工配置后才能在故障出现时自动切换,网络较为复杂时给网络规划配置带来困难。

DXC 自愈网的自动保护方式有集中式控制和分布式控制。集中控制的路由选择主要由控制中心完成,当网络发生某种失效时,各节点将信息传递到控制中心,经过控制中心找出新的路由,这种方式业务恢复时间较长。而分布式控制结构中,当网络发生某种失效时,智能的 DXC 间相互交换信息,寻找失效业务的替代路由,从而实现链路恢复或通道恢复。目前,通常借鉴分组交换网络的自动寻路机制并使网络向智能化发展解决复杂拓扑条件下的自动保护切换问题,其代价是保护切换时间的增加。

如果将 SDH 的通道保护、复用段保护和 DXC 保护在某些场合下相互结合,取长补短,理论上可以大大增加网络的生存性,但各种手段之间可能相互重叠或冲突,如 DXC 的切换改变了链路的配置可能会使环保护失效,因而混合保护需要制订十分细致的配置计划,当前混合保护通常由自动交换光网络(ASON)完成。

4. SDH 网络保护方案的比较

SDH 网络中的保护通常分为通道保护和复用段保护两个层级,前者提供端到端业务(如 1 个 VC-12)的保护,后者则提供两个复用段设备间所有业务的保护,属于点到点的保护。无论采用何种保护方式,都需要网络管理的预先配置。

通道保护又属于 1+1 的热保护,即相同的至少两路业务流从发送站依托网络中的不同路由到达接收站,主用通道故障时接收站自主判断切换,切换时间远远小于 50ms。该保护方案切换速度快,占用带宽资源多,通常用于重要的端到端服务。

基于复用段保护的自愈环属于 1:1 的保护,兼具生存性和经济性,由于发起保护切换的双方站需要在环路中传送交互 APS 协议信息,网络恢复时间比通道保护长,但在规定的 1200km 的环路总长之内也能达到 50ms 以内的保护时间,因此在城域网中较为流行。但该方案对拓扑要求严格,并且对于节点和多链路失效无能为力。

DXC 的保护方式理论上能够解决节点失效和多链路中断问题,但网络恢复时间较长,且需要事先进行周密细致的网络规划和设计,并预留足够的带宽资源,在网络较大且

较为复杂时,几乎不可能由网管工程师个体来完成。本质上,基于电路交换技术体制的网络自主恢复能力比基于分组交换技术体制的网络差,因为后者自带选路机制。因此,能够实时收集网络各类资源信息,分析处理并能实时调度、建立链路或通道是网络管理的发展方向,这也直接促使 ASON 的产生。

6.3.7 SDH 网同步

1. 通信网中的同步

通信网中存在多个有关同步的术语,如载波同步、位同步、码同步、帧同步、网同步、数字同步网等,但有不同的概念和功能,其基本含义如表6-9所列。

表6-9 通信网中的"同步"

术　语	基 本 含 义
载波同步	通信系统在接收端恢复重生与发送端调制载波同频且相位关系确定的载波信号,通常用于相干解调恢复基带信号
位同步	数字通信系统接收端重生与基带信息比特率相同的采样频率信号,并使其上升沿出现在接收信噪比最佳时刻,便于最佳采样判决
码同步	在正交码复用通信系统或多址接入网络终端中重生与发送信息流匹配的正交码字,便于信息恢复、解复用、用户接入等功能的实现
帧同步	在连续比特流中发现一个数据帧的开始或结束
网同步	通信网络中的所有设备发送/接受信息的速率(频率)严格同步,近期网络设备对时间同步也提出了要求
同步网	为解决网同步问题而建立的专为实现时间/频率同步的网络

载波同步和位同步多为通信系统中的术语。通信系统的接收端载波同步的目的是利用相干解调方法重生基带信号,而位同步的目的是从重生的基带信号中提取位同步频率/脉冲用于最佳采样判决。码分多址复用或接入网络,如 3G/4G 移动通信网络,需要利用码字的正交特性匹配确定用户,抑制其他用户信号的干扰,在建立通信或接入网络之间需要完成码字的精确匹配,即码同步。所有的通信网都是以信息帧的方式组织信息,如前面学到的 E1、STM-1 以及无处不在的 IP 帧等,任何一个网络终端都需要突发或连续的比特流中找到一个信息帧的开始或结束,通常在帧中设置确定而特殊的一串比特来标明一帧的开始或结束,接收端发现了这串特殊比特后即判为一帧的开始从而便于后续的信息处理,称为帧同步。

通信网中的所有设备虽然处于不同的物理位置,各自用于产生工作"节拍"的频率源也不同,但必须采用某种技术体制使相互通信时不会产生异源时钟而导致的信号大幅度的漂移和抖动。漂移通常是指数字设备信号的缓慢而长期的相位累积变化,严重时会导致前述的"漏读"或"重读";而抖动是指信号的相位的快速抖动,会影响接收机载波同步和位同步的质量,PDH 传输体制以码速调整技术解决了异源时钟问题。通信网的同步通常是指通信网中的所有设备实现全网严格同频工作的技术体制。在 SDH 网络中利用北斗/GPS 授时和 SDH 网络自身光纤通信链路的时钟提取技术,建立起了以主从同步方式为主的同步网络,这种为了保证通信网络中各节点同步而建立的频率信号传送网络称为数字同步网。近年来4G/5G移动通信业务、大数据和金融领域对通信网同步要求的不断提升,不仅要求频率同步而且还需要时间同步,除北斗/GPS时频同步的不断普及外,PTN和OTN网络也在利用光纤网络的1588v2技术提高节点时间戳的精度和一致性,从而便于接收端精确重组和安全可靠。

2. 网同步的基本原理

数字通信的网同步是由同步网络来实现的,同步网络是指能够提供参考定时信号的网络。一个同步网络的结构包括了由同步链路所连接的同步网络节点,而同步网络节点是指在某个直接被节点时钟定时的单一物理位置中的一组设备,基本的同步控制方法主要有四种:

(1) 准同步方式。准同步方式本质上就是各自独立运行方式,是指在网内各个节点上都有具有统一的标称频率和频率容差的振荡器(如温补晶振甚至恒温晶振),各设备独立运行,互不控制。虽然各个时钟的频率不可能绝对相等,但由于频率精度足够高,各设备也有技术手段(如PDH的正码速调整和SDH的指针调制)解决异步复用解复用问题,因此可以正常工作。

准同步方式的优点是简单、灵活,缺点是对时钟性能要求高,承载业务可能存在周期性的滑动。采用这种同步方式的数字网称为准同步网。

(2) 主从同步方式。主从同步方式是指在网内设置基准时钟和若干从钟,其他各通信节点利用某种技术手段与主通信节点处的基准时钟同步。主从同步方式又分为直接主从同步方式(如北斗/GPS)和逐级主从同步方式(如SDH的数字同步网)。在逐级主从同步网中,定时信号从基准时钟站向下级从钟站逐级传送,各从钟直接从其上级钟获取同步信号。SDH网络中的从节点一般利用锁相技术从STM信号流中直接提取工作频率,并以此频率向下级传送业务信号,从而完成了全网频率同步。此外,也可以用专用链路传送定时信号。

主从同步的优点是正常情况下不存在周期性滑动,且对从钟性能要求低,但需要建立一个数字同步网保证全网通信设备的同步工作。

(3) 互同步方式。互同步方式是指网内不存在主基准时钟,每个节点接受其他节点时钟送来的定时信号,将自身频率锁定在所有接收到的定时信号频率的加权平均值上,各时钟相互作用。当网络参数选择合适时,全网的时钟就将趋于一个稳定的系统频率,实现网内时钟同步。

互同步方式的优点是具有较高的可靠性,且对时钟性能要求不高,但整个网络过于复杂,通常用于时频基准之间的比对加权同步,通信网络中较少使用。

(4) 混合同步方式。当定时传送距离很长时,主从同步方式因传输链路的延迟波动和干扰引起的时钟信号质量劣化和可靠性降低使得网络同步性能降低。混合同步方式将全网划分为若干个同步区,在区内设置主基准钟,各同步节点配置从钟,同步区内为主从同步网,同步区域之间为准同步方式,从而减少时钟级数,缩短定时信号传送距离,改善同步网性能。

我国地面数字同步网在北京和武汉设置最高等级的时钟基准,其中北京为主用,各地设立多个基准时钟,各基准时钟之间早期为准同步方式,现已利用北斗/GPS实现了主从同步。每个基准时钟控制区的光纤通信网络内采用逐级主从同步方式,对网络内各节点划分等级,节点之间是主从关系,只允许较高等级的节点向较低等级或同等级的节点传送定时基准信号,当一个节点有多个光端口从而可以提取多个方向的时钟信号时,通常识别S1 字节后选择等级较高的时钟信号。如果不同光方向提取的时钟信号质量相同,则通过人工配置决定时钟源。

站间的同步关系是网络在 SDH 网络配置规划的重要内容,区内网络中首先应确定基准节点,主从配置时需控制逐级同步的站个数(一般小于 10),在环形网中避免时钟闭环同步,并利用 S1 字节的规则设定时钟保护规则。

3. SDH 设备的三种同步工作模式

SDH 网络中的设备在正常工作时,可以从上游站或者外部注入(北斗/GPS)正常恢复同步信号并按此频率工作,此时就属于同步质量最优的正常同步跟踪模式,SDH 设备会在向其所有下游跟踪站的 S1 字节中标明自己所跟踪时钟的质量;当光纤链路中断或外部时钟失效时,SDH 设备失去了跟踪源,就立刻进入同步保持模式,利用自身时钟及其控制模块力求保持失锁前的频率稳定性,此时 SDH 设备处于同步保持模式,其向下游站发送的 S1 字节中显示的是本站的时钟等级;当设备失锁时间过长,设备自身的时钟模块无法保证同步质量时,SDH 设备处于自由振荡模式,通常向下游发送的 S1 字节表明时钟质量未知。

需要注意的是,在 SDH 网中的设备同步不良通常并不会导致 SDH 传输误码,因为在SDH 网中的净荷是支持异步传输的,发端站与收端站在一定容差范围内的速率异步可以通过指针调整解决。但是,指针调整会使承载的业务(如 E1)信号叠加额外的抖动和漂移,过大的抖动和漂移会造成用户侧的接收机无法完成载波同步和位同步。在 SDH 网中,网同步的目的是限制和减少网元指针调整的次数。

6.4 MSTP 多业务传送平台

MSTP 的核心目的是在光纤传送网络中实现多类型业务的有效承载,其实现方案较多,主要包括基于光传输系统的 MSTP(如基于 SDH、WDM 等)和基于分组(如 IP)的MSTP,本书主要介绍基于 SDH 的 MSTP。

6.4.1 基于 SDH 的多业务传送平台

基于 SDH 的 MSTP 的基本思想是在传统的 SDH 传输平台上承载以太网、ATM 等数据业务,将 SDH 对实时业务的有效承载和网络 2 层(如以太网、ATM、RPR 等),乃至 3 层的管理控制技术所具有的数据业务处理能力有机结合起来,以增强传送节点对多类型业务的综合承载能力。

图 6-34 是基于 SDH 的 MSTP 的基本功能模型,具体包括 SDH 基本功能部分、以太网业务承载的基本功能部分、ATM 业务处理功能部分、内嵌 RPR 功能部分、内嵌 MPLS 功能部分等。基于 SDH 的 MSTP 可应用于城域网的各个层面,包括核心层、汇聚层和接入层,特别适合于承载以 TDM 业务为主的混合型业务流量。在城域网核心层,MSTP 主要

完成城域网核心节点之间高速 SDH、IP、ATM 业务的传送、调度；在城域网汇聚层，MSTP 主要完成多种类型业务从边缘层到核心层的汇聚；在城域网边缘层，MSTP 主要负责将不同城域网用户所需的各类业务接入到城域网中。

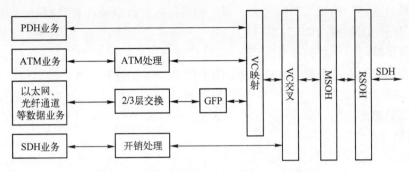

图 6-34　基于 SDH 的 MSTP 的基本功能模型

6.4.2　通用成帧规程

如何将速率、结构各异的业务映射到某一个统一的帧结构中仍然是 MSTP 需要首先解决的问题。通用成帧规程 GFP 提供了一种通用的将高层客户信号适配到字节同步物理传输网络的方法。采用 GFP 封装的高层客户信号可以是面向协议数据单元（Protocol Data Unit，PDU）的，如 IP/PPP 或以太网（Media Access Control，MAC）帧，也可以是面向块状编码的，还可以是具有固定速率的比特流。

GFP 由两个部分组成，分别是通用部分和与客户层信号（净荷）相关的部分。GFP 的通用部分适用于所有通过 GFP 适配的流量，主要完成 PDU 定界、数据链路同步、扰码、PDU 复用、与业务无关的性能监控等功能，它与 GFP 的通用处理规程相对应。与客户层相关的部分所完成的功能因客户层信号的不同而有所差异，主要包括业务数据的装载、与业务相关的性能监控，以及有关的管理和维护功能等，它与 GFP 的特定净荷处理规程相对应。GFP 与客户信号和传输路径之间的关系如图 6-35 所示。

图 6-35　GFP 与客户信号和传输路径之间的关系

目前，GFP 定义了两种映射模式：透明映射 GFP（Transparent GFP）和帧映射（Frame mapped GFP）。透明映射模式有固定的帧长度或固定比特率，可及时处理接收到的业务流量，而不用等待整个帧都收到。该模式适合处理实时业务，如将 SDH 业务映射入 OTN

帧结构就采用该模式。帧映射模式没有固定的帧长,通常接收到完整的一帧后再进行处理,因此适于用来封装 IP/PPP 帧或以太网帧。

1. GFP 的帧结构

GFP 帧分为客户帧和控制帧两类。客户帧包括客户数据帧和客户(信号)管理帧,而控制帧又包括空闲帧和管理(OAM)帧。

客户数据帧用于承载业务净荷,客户信号管理帧用来装载 GFP 连接起始点的管理信息。控制帧是一种不带净荷区的 GFP 帧,用于控制 GFP 的连接。客户帧结构以字节为单位排列,由 4 个字节的帧头(Core Header)和净荷区两部分构成,GFP 客户帧各字段的定义和功能说明如下:

1) GFP 帧头(Core Header)

Core Header 用于支持 GFP 帧定界过程,长 4 个字节。GFP 基于帧头中的帧长度指示符(PLI,PDU Length Indicator)采用 CRC 捕获的方法来实现帧定界,并不需要起始和结束符,映射效率高、处理速度更快。由于 CRC 具有纠单比特错、检多比特错的能力,大大提高了 GFP 定界的可靠性。

GFP 帧头包含两个字段:PLI 和 cHEC。PLI 是 PDU 长度指示符字段,用于指示 GFP 帧的净荷区字节数。当 PLI 取值 0~3 时,用于 GFP 控制帧。cHEC 是帧头部差错校验字段,包含一个 CRC-16 校验序列,以保证帧头部的完整性。

2) GFP 净荷区(Payload Area)

Payload Area 包括 GFP 帧中帧头部之后的所有字节,长度可变,变化范围 4~65535 个字节。净荷区用来传递客户层特定协议的信息。净荷区由净荷开销、净荷信息区域和可选的净荷帧校验序列(Frame Check Sequence, FCS)字段 3 个部分构成。

净荷开销(Payload Header)的长度可变(范围 4~64 字节),用来支持上层协议对数据链路的一些管理功能(依特定高层客户信号而定)。净荷头部又包括类型字段及其 HEC检验字节和可选的 GFP 扩展帧头,扩展帧头字段同时也会给出源/目的 MAC 地址、服务类别、优先级、生存时间、通道号、源/目的 MAC 端口地址和 GFP 所承载的高层业务的类型等。

净荷信息(Payload Information)区域长度可变。客户层客户/控制信息 PDC 总是作为一个字节对齐的数据流传送到 GFP 净荷信息区。透明映射 GFP 和帧映射 GFP 的帧结构如图 6-36 所示,两种映射的基本结构完全相同,但可以通过识别数据类型(UPI)的编码来识别是哪种映射方式和承载的数据业务类型。所不同的是帧映射将数据帧直接封装到 GFP 帧中,无须拆分重组,因此实现较为简单;而透明映射是将数据业务误利用64/65B

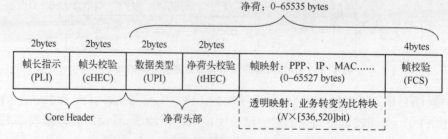

图 6-36 帧映射和透明映射 GFP 客户帧结构

150

编码变为 520bit 的块后再根据需要加入 2byte 的校验后变为 536bit 的固定长度的块,并将固定个数的块装入 GFP 的帧结构中。因透明映射无须全部存储数据帧就能实时处理,因此具有时延小的优点,通常用于承载 Fiber Channel、FICON 和 ESCON 接口的数据流。

FCS 字段通常 4 个字节长,包含一个 CRC-32 校验序列,其功能是检验 GFP 净荷信息在通信过程中是否有误码。

控制帧为 GFP 提供基本的链路控制机制。PLI 字段的较低值(0~3)就是为 GFP 控制目的而保留的。当 PLI 字段值为 0 时,GFP 帧为空闲帧(Idle Frame)。空闲帧是一种特殊的 GFP 控制帧,该帧只有 4 个字节的帧头。当没有数据报传输时,GFP 会插入空闲帧,以提供连续的帧流映射进字节同步的物理层。

例 6.7 100Mb/s 以太网的 GFP 封装。

基于 SDH 的 MSTP 节点设备在接入 100Mb/s 以太网(Fast Ethernet,FE)业务后,采用帧映射方式对其进行封装。接收到一个完整的以太网包后,帧头编入 2 个字节的长度信息和 2 个字节的校验码,因为 1 个以太网帧长小于 65527 字节,所以净荷信息区域可装入整个以太网帧,节点设备自动计算头部的 FCS。本质上是把每个以太网帧整体装入了另一个统一格式的帧结构。

2. GFP 的通用处理规程

GFP 通用处理规程主要包括 3 个处理过程,如图 6-37 所示。

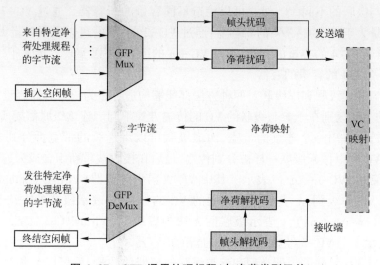

图 6-37 GFP 通用处理规程(与净荷类型无关)

(1)帧复用(Frame Multiplexing)。为了更充分地利用带宽,来自多个客户信号和多个客户类型的 GFP 帧在传输时可以以逐帧的方式(Frame-by-Frame)进行复用。这种复用属于统计复用,如各类帧并行写入存储区,而由一个端口高速读出。当然,复用时需要根据业务的性质设置优先级。

当没有其他数据 GFP 帧可供传输时,必须插入 GFP 空闲帧,以提供连续的帧流持续映射进字节同步的物理层——SDH 网络中的 VC 流。这便是 GFP 空闲帧的用处。

(2)帧头部扰码(Core Header Scrambling)。为了提供 GFP 帧定界过程的健壮性,使用 16 进制数"0xB6AB31E0"对包含 PLI 和 cHEC 在内的帧头部进行扰码。

（3）净荷区扰码（Payload Area Scrambling）。净荷区扰码是为了防止用户数据净荷与帧同步扰码字重复。净荷区所有字节采用 $X^{43}+1$ 多项式进行自同步扰码。

经过 GFP 通用处理规程处理后，具有恒定速率的连续 GFP 字节流被作为 SDH 虚容器的净荷映射进 STM-N 中进行传输。接收端进行着相反的处理过程。

6.4.3 级联

1. 级联的概念

由 SDH 的映射复用体系可知，接入的业务需要用 SDH 的容器和虚容器进行选项，然而大量新的数据业务所需的传送带宽不能和 SDH 的标准容器有效匹配。例如，全速率地传送以太网业务需要 SDH 提供至少 100Mb/s 的带宽，但是 C-12、C-3 都不满足要求，C-4 满足要求，但是又浪费了较多的带宽。为了使 SDH 网络能够更高效地承载多种速率类型的业务，尤其是宽带数据业务，需要采用容器和虚容器级联技术。

级联是将多个容器（即 SDH 的 VC-x）组合起来，形成一个组合容量更大的容器的过程，而且该容器可以当作仍然保持比特序列完整性的单个容器使用。容器级联和虚容器级联是相匹配的，但主要的过程是虚容器级联。在基于 SDH 的 MSTP 中，VC 级联是最重要的节点技术之一。

基于参与级联的不同 VC，级联可以构造不同容量的新容器。通过 VC-3/4 的级联，可以实现容量大于一个 C-3/4 的新容器；通过 VC-2 的级联，可以实现容量大于一个 C-2 但小于一个 C-3/4 的容量的容器；通过 VC-1n 的级联，可以实现容量大于一个 C-1 但低于一个 C-2/3/4 的容量的容器。

级联分为连续级联和虚级联。两种方法都能够构造容量为单个容器容量若干倍的新容器，它们的主要区别在于参与级联的 VC 的传输方式不同。连续级联需要所有的 VC 在整个网络中持续占用一个连续的带宽，而虚级联可以将连续的带宽拆分到多个独立的VC，不同的 VC 可以像未级联一样被分别传输，最后在接收端重新组合成为连续的带宽。

级联通常用"VC-n-Xc/v"表示。其中 VC 表示为虚容器（Virtual Container）；n 表示参与级联的 VC 的级别；X 表示参与级联的 VC 的数目；c 表示级联的方法为连续级联（Contiguous Concatenation），v 表示级联的方法为虚级联（Virtual Concatenation）。例如，VC-3-3v 表示 3 个 VC-3 经虚级联而成的新的虚容器。

通过适当选择级联的容器类型和参与级联的容器的数量，就可以为各种类型的业务尤其是数据业务提供更加匹配的带宽，从而极大地增强了 SDH 提供带宽的灵活性，有效地提高 SDH 网络的带宽利用率。表 6-10 将标准 VC 映射宽带数据业务和采用 VC 级联方法承载相应业务是的带宽利用率作了一个比较。从中可以看出，绝大多数业务的带宽利用率都在 90% 以上，而且除了 10GE 业务，其他业务的带宽利用率差不多都提高了1 倍。

2. 连续级联

连续级联可以理解为将高速、异步分组"串并变换"后变为多个相同速率的低速 VC，并且依次排列在 SDH 的帧结构中。如对于 10Mb/s 的以太网数据，则可以在 155.52Mb/s 的 STM-1 结构中，从 63 个 VC-12 之中安排 5 个连续的 VC-12，则可以满足带宽要求。

表6-10　标准容器和级联容器的带宽利用率比较

数据业务实际容量需求		标 准 容 器	带宽利用率/%	级 联 容 器	带宽利用率/%
Ethernet	10Mb/s	C-3	20	C-12-5c	92
ATM	25Mb/s	C-3	50	C-12-12c	96
Fast Ethernet	100Mb/s	C-4	67	C-12-48c	100
ESCON	200Mb/s	C-4-4c	33	C-3-4c	100
Fiber Channel	400Mb/s	C-4-4c	67	C-3-8c	100
	800Mb/s	C-4-16c	33	C-4-6c	89
Gigabit Ethernet	1Gb/s	C-4-16c	42	C-4-7c	95
10Gb Ethernet	10Gb/s	C-4-64c	100	C-4-64c	100

连续级联的出现实现了在传统 SDH 的复用映射结构和传输体制下通过 VC 组合提供新的带宽,提高了带宽利用率。由于连续级联将多个相邻的 VC 捆绑在一起,作为一个整体在网络中传送,因此它所包含的所有 VC 都经过相同的传输路径,相应数据的各个部分不存在时延差,进而降低了接收侧信号处理的复杂度,提高了信号传输质量。

但是,VC 连续级联在实际应用中也存在一定的局限性,主要包括:

(1)连续级联对段层的 AU 指针作了新的规定,因此要求业务所经过的所有网络、节点均支持连续级联方式。如果涉及与不支持连续级联的设备混合应用的情况,那么有可能因为原有设备不支持连续级联功能而无法实现端到端的业务传输。

(2)当传送业务以多种分组业务为主时,不可避免地会出现一个 STM-N 中有剩余 VC 带宽碎片的情况。

(3)连续级联这种固定分配带宽的方式不适用于带宽动态变化的分组业务传送。

为了有效解决连续级联存在的上述问题,虚级联技术出现了。

3. 虚级联

虚级联可以理解为将高速、异步、动态带宽的分组数据"串并"变换为多路低速 VC 后,利用 VC 中的开销进行"编号",以便于区分和确定先后顺序。即使多路不相邻的 VC 在端到端的传送过程中由于时延不同而打乱了先后顺序,接收端依然能够依据编号顺序重新组合。同时,当异步业务流量发生变化时,虚级联方式还可通过增加或减少对应的编号 VC 个数按需、动态提供带宽。

因此,采用虚级联的 MSTP 具有以下优点:

(1)虚级联能够使用不相邻的 VC,因而可以充分利用网络中零散的带宽,提高了MSTP 承载多业务特别是宽带数据业务时的带宽利用率。

(2)只要求接入业务的两个端点设备能够支持虚级联功能即可,相应的 VC 能够透明地通过中间网元,对中间节点设备能否支持 VC 级联不作要求,因此非常适用于传统SDH 网络的再利用和平滑升级。

(3)虚级联的带宽分配灵活。虚级联中的不同 VC 可以独立传送,甚至可以采用不同的传送路径,即所谓的业务多路径传输,增加了带宽提供的灵活性。

(4)由于参与虚级联的各个 VC 是相对独立的,因此能够采用 SDH 的业务保护策略对每一个 VC 分别进行保护,从而增强了级联业务抵御网络失效的能力。

例 6.8 100Mb/s 以太网业务的实际带宽和 VC-12 级联。

实际上,100M 以太网业务大多数情况下并不需要 SDH 提供 100Mb/s 的带宽。因为 FE 帧是突发式传输的,如果 FE 业务不繁忙,那么平均的信息传送速率就会小于 100Mb/s。如果 MSTP 可以用少量的 VC-12 级联来提供带宽,即便偶尔会出现拥塞和延迟,但总体上仍能满足客户的使用要求。例如,如果用 VC-12-5c 来传送快速以太网业务,那么实际效果应该和客户接入了一个 10Mb/s 以太网集线器差不多。

6.4.4 链路容量调整方案

1. LCAS 的概念

链路容量调整方案(Link Capacity Adjustment Scheme,LCAS)提供了一种虚级联链路首端和末端之间的适配功能,使之可以根据应用的带宽需求,无损伤地增加或减少 SDH/OTN 网络中采用虚级联构成的容器的容量的大小。它还能在网络发生故障时临时减少受故障影响的虚容器组链路。

LCAS 的主要功能包括:

(1) LCAS 可以通过增加或减少 VC 组中 VC 的数量来提高或降低可用的传输带宽。

(2) LCAS 的容量调整动作可用不损伤业务。

(3) 受 LCAS 作用的前向 VC 组的容量可用和反向 VC 组的容量不同,而且正反两个方向的调整过程无须相互协同。

(4) 支持在不影响整个 VC 组可用性的情况下将受网络失效影响的 VC 从 VC 组中临时删除,并在网络故障修复后动态地将该 VC 添加到 VC 组中。整个调整过程对业务无损伤。

(5) LCAS 可实现 LCAS VC 组和非 LCAS VC 组之间的互联互通,也就是说,支持 LCAS 功能的发送端可以和不支持 LCAS 功能的接收端实现相互通信,而不支持 LCAS 功能的发送端也可以和支持 LCAS 功能的接收端相互通信。

需要说明的是,LCAS 只是实现了 VC 的动态添加和删除功能,并不能实现 VC 的配置。在通过 LCAS 操作实现增加或减少 VC 组成员之前,相应地,VC 组和 VC 必须通过网管系统或信令预先指配。

LCAS 具有以下优点:

(1) LCAS 在不影响 VC 组所承载业务的情况下,或在不中断整个 VC 组业务的情况下提供了增加或减少传送带宽的灵活性,使在线调整 VC 组带宽大小成为可能。

(2) 当将虚级联和 LCAS 功能结合使用时,提供了新的业务颗粒,并能够实现颗粒大小的实时控制。

(3) 当某些 VC 组成员失效时,LCAS 能够在不对总的业务产生影响的情况下,通过负载分担操作在带宽减少后继续提供服务。这是在传统 SDH 保护与恢复方法之外的一种新的保护机制。

(4) 可以将 LCAS 的基本功能与不同的触发机制(如网管指令触发、信令协议触发等)结合使用。这里假设在 LCAS 机制被触发前,已经通过网管系统或信令系统预先建立了穿越 MSTP 网络的 LCAS 成员路径。

LCAS 通过控制帧来描述虚级联的通路状态并控制通路源端和宿端动作,以保证当网络发生变化时,通路两端能够及时动作并保持同步。LCAS 控制帧是 SDH 帧结构中具有特定功能的开销字段和比特组成的。高阶虚容器(VC-3、VC-4)利用 POH 中的 H4 字节携带 LCAS 控制信息,低阶虚容器(如 VC-12、VC-11 等)利用 POH 中的 K4 字节携带 LCAS 控制信息,这也体现了 SDH 开销丰富而便于实现网络功能升级。

6.5　自动交换光网络

　　所谓自动交换光网络(ASON),是指在 ASON 信令网控制下完成光传送网内光网络连接、自动交换的新型网络,其基本思想是在光传送网络中引入控制平面以实时按需分配网络资源,从而实现光网络的智能化。控制平面本身能够支持不同的技术、不同的业务需求以及不同的功能组合。

　　ASON 中最突出的特点就是支持通信网络中的业务设备尤其是交换设备(如 IP 路由器)动态向光网络申请带宽资源。交换设备可以根据网络中分布模式动态变化的业务需求,通过信令网或者管理平面自主地去建立和拆除光通道,不需要人工干预。此外,控制平面还能实现动态路由选择、优先级控制、流量控制、信令机制。使网络具有更为完善的端对端网络保护和恢复能力,并可根据客户层信号的业务等级来决定所需要的保护等级。

　　由于在 ASON 提出后的一段较长的时期内,OTN 的技术发展没有跟上,而 SDH 和基于 SDH 的 MSTP 技术及其应用都非常成熟,所以自然产生了将 ASON 嫁接到 SDH 上的想法和实践,因此,当前同时存在基于 SDH 的 ASON 和基于 OTN 的 ASON。

6.5.1　ASON 的层次结构

　　ASON 网络之所以是自动交换光网络,就在于它本身具备的智能性。也就是 ASON 网络不需要网络管理者的参与,可以自动响应用户的请求建立所需的业务传送通道。ASON 网络之所以具有这种智能,是因为它在传统的网管平面(Management Plane,MP)和传输平面之(Transport Plane,TP)外,为光网络引入了控制平面(Control Plane,CP),如图 6-38 所示。管理传统的光网络需要数据通信网支撑,ASON 也依赖数据通信网为三个

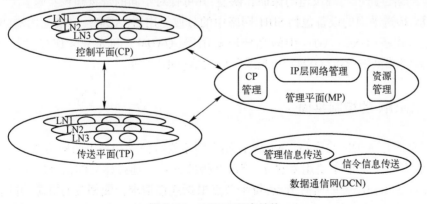

图 6-38　ASON 层次结构

155

平面内部以及三者之间的控制信息和管理信息通信提供传送通路。

ASON 的这种体系结构旨在允许光网络中的连接能够在 ASON 信令网控制下实现交换。从图 6-38 中可以看出,ASON 的三个平面分别完成不同的功能。同传统网络类似,传送层仍然负责业务的传送,但这时传送层的动作却是在管理面和控制面的作用之下进行的。控制面和管理面都能对传送层的资源进行操作。这些操作动作是通过传送面与控制面和管理面之间的接口来完成的。

6.5.2 ASON 的传送平面

传送平面由一系列传送实体(交换节点和链路)构成,是业务传送的通道。传送平面是控制平面的控制对象,是 ASON 传功功能的硬件资源,提供从一个端点到另一个端点的双向或单向连接,并提供必要的状态信息(如连接的信号质量和故障)给控制平面。

ASON 引入了控制平面的目的是要有效、实时地控制传送平面,使传送平面能够“智能”起来。这就要求传送平面具有“智能”的硬件配置,即具有上下路、交叉连接、选路等功能。不仅如此,还要求传送平面的网络也具有一定的连通度,使得控制平面可以利用一定的流量算法实现网络的最优化。事实上,控制平面的引入带来强大的自动交换功能,而这些功能就是靠传送平面的交叉和分叉复用等功能来支持和实现的,二者可谓一“软”一“硬”,相互配合,满足 ASON 提出的要求。

为了能够实现 ASON 的各项功能,传送平面必须具有较强的信号质量检测功能及多颗粒度交叉连接能力。在 ASON 网络中,传送平面的节点设备要完成的功能包括:

(1)能够对不同特性的业务(如带宽、时延等)进行适配的能力,以接入和分出多种类型的业务。

(2)足够的端口数和交换容量,以具备无阻塞的全连接能力。

(3)能够支持多播、组播。

(4)具有丰富的软件功能和控制功能,支持控制平面以及管理平面的信令协议、路由选择协议和带宽分配管理协议。

(5)能够利用交换能力和上下路能力,实时动态地建立和删除连接。

(6)设备自身具有较高的可靠性,节点关键部分要有冗余设计。

(7)网络链路可实现快速的保护和恢复,并可针对不同的带宽颗粒实施。

ASON 传送平面的设备包括 SDH 网络中的分插复用器(ADM)、终端复用器(TM)、数字交叉连接设备(DXC),OTN 中的光分插复用器(OADM)和光交叉连接设备(OXC),WDM 的光终端复用设备(OTM)和光线路放大器(OLA)等。

6.5.3 ASON 的控制平面

控制平面是 ASON 的核心。ASON 控制平面主要有信令和路由两项功能。

ASON 的信令功能主要用来建立、修改和拆除连接。连接建立的信令由源节点发起,信令顺序经过工作路径的所有节点,每个节点根据连接请求分配相应的资源,并向源节点反馈分配的入口/出口标记。如果需要建立保护通路,源节点将进一步计算保护路由,并发出保护连接的建立请求。ASON 的路由功能与计算机网络的路由功能类似,主要用来寻找合适的路由和资源来建立所需要的连接,具有包括邻居发现、拓扑发现、路由计算等子项功能。

通过信令和选路技术,控制平面为 ASON 提供动态通道计算、动态分布呼叫和连接建立/释放、动态保护/恢复的指配能力,完成连接的建立、拆除、更改、保护和恢复、路由选择、路由信息分发和链路资源管理等,实现交换连接和软交换连接。

ASON 的控制平面实际上是一个传送控制信令的 IP 传送网络,分布于各个传送设备中的控制节点,通过控制信道中的路由、信令信息的交互而相互联系起来。控制节点的功能由不同的组件来完成,这些组件之间相互结合在一起构成了整个控制平面。

为响应用户请求或网管指令动态地建立连接,ASON 的控制平面通常要实时完成三个步骤:连接请求、路由计算和建立连接。在连接请求阶段,控制平面接收到为给定的业务提供一条通道或电路的请求或指令。在路径计算阶段,控制平面(通常由接收请求的源节点发起实施)根据可用的网络资源及指定的约束条件(如带宽、保护级别等)计算一条或多条最佳路径。在建立连接阶段,控制平面按照最佳路径,通过信令在传送平面中为业务建立一条端到端的光通道或电路。

可以看出,为了获得路径计算所需的网络资源信息,控制平面还需要完成类似于计算机网络路由器的功能,如邻居发现和拓扑信息分发。在这两个步骤中,所有网元共同参与,相互协作,最终使得每个网元都能够掌握整个网络的拓扑结构和资源信息。

6.5.4 ASON 的管理平面

ASON 管理平面的作用是对控制平面、传送平面和整个网络的维护管理,它负责所有平面间的协调和配合,能够进行配置和管理端到端的连接。管理平面和控制平面是相辅相成的。

ASON 的管理平面与现有光传输系统网管有 4 个方面的不同。第一,管理范围不同。ASON 的管理系统不仅要管理相当于现在的光传输系统的传送平面,还要管理控制平面和数据通信网。第二,管理方式不同,ASON 是一个管理与控制分离、弱化网管系统的控制功能的体系结构。在 ASON 的体系中,端到端连接的建立依赖建立于信令控制方式之上的控制平面,而网管系统不直接控制节点设备。现有光传输系统是一个集中式的控制系统,管理与控制是一体的,管理行为均以网管系统对节点设备的控制操作完成。第三,开放性要求不同。ASON 是一个开放的网络,要求节点设备在各个层次的接口均能实现标准化并互通、互操作,包括物理接口、信令接口、网管接口等。现有光传输系统在管理方面基本是一个封闭子网,互操作性差。第四,管理的重点不同,ASON 侧重于动态的带宽管理,可按需实时调整带宽和服务质量。传统网管往往依靠人工动态调整服务,灵活性较差。

与传统网络管理的分割分域管理模式相同,ASON 的网络管理由本地维护终端、网元管理系统(EMS)、子网管理系统和网络管理系统(NMS)构成。子网管理系统属于网络管理层,对来自同一个厂商设备组成的子网进行管理。

ASON 管理平面的功能包括 4 个部分:传送平面管理、控制平面管理、数据通信网管理和业务管理。管理平面仍具有网络管理功能,即性能管理、故障管理、配置管理、计费管理和安全管理功能。控制平面的管理功能主要包括:ASON 初始化配置、资源管理、发现管理、呼叫和连接管理、策略管理、保护与恢复管理、控制平面故障和性能管理以及计费管理等。管理平面应支持对信令通信网和管理通信网的管理,能够为数据通信网配置通道和地址,支持数据通信网信道的冗余保护和恢复等。数据通信网管理为 ASON 提供一个可靠的网络管理通道。此外,ASON 还支持光虚拟专用网(Optical Virtual Private Network,OVPN)和按需分配带宽(Bandwidth on Demand,BoD)等新业务服务。

ASON 管理平面的重要特征是管理功能的分布化和智能化。ASON 通过将网元智能化,改集中式管理为分布式管理,将原来网关的许多功能下放到各网元中,使许多原来需要人工参与的工作用网络本身去完成,极大地增强了整个网络的服务效率。

6.6 光 传 送 网

光传送网的演进经历了从 PDH 到 SDH、从 WDM 到 OTN 的过程。OTN 的核心目的是解决对光波长层次的调度管理、对更大容量信号流的管理工控制和更加支持基于分组业务数据包的传送。为了将传统的点到点 WDM 系统所提供的巨大原始带宽转化为实际组网可以灵活应用的带宽,需要在传输节点处引入灵活光节点,实现光层联网,构筑所谓的光传送网(OTN)乃至自动交换光网络(ASON),其基本思想是将点到点的 WDM 系统用光交叉(Optical Cross-connection,OXC)互连节点和光分插复用(Optical Add/Drop Multiplexing,OADM)节点进接起来,组成光传送网。波分复用技术完成 OTN 节点之间的多波长通道的光信号传输,OXC 节点和 OADM 节点则完成网络的交叉连接、上下波长转换等功能。

6.6.1 OTN 的分层结构

与 SDH 分层结构类似,OTN 在垂直方向将网络分成了 3 层,自上而下依次为光通路层(Optical Channel Layer,OCH)、光复用段层(Optical Multiplexing Section Layer,OMS)和光传输段层(Optical Transmission Section Layer,OTS),其功能模型如图 6-39 所示。

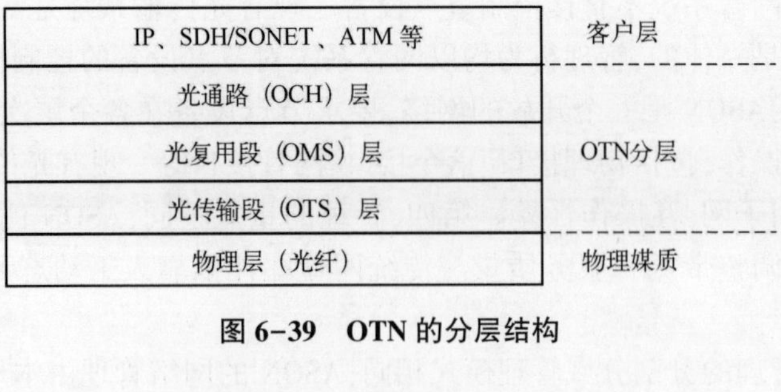

IP、SDH/SONET、ATM 等	客户层
光通路 (OCH) 层	OTN分层
光复用段 (OMS) 层	
光传输段 (OTS) 层	
物理层 (光纤)	物理媒质

图 6-39　OTN 的分层结构

光通路层网络负责为不同类型的客户信号(如 STM-N、IP、ATM、以太网等)提供在光通路路径上的传送服务,光复用段层网络负责为光通路提供在光复用段路径上的传送服务,光传输段层网络则负责为光复用段层提供在光传输段路径上的传送服务。所谓通路,

158

就是服务层为客户层提供的从源端接入到宿端分出的业务连接。所以与客户层需要额外的适配,也就是将各类业务映射转变为 OTN 承载的标准信号流。

一般地,可以将一条光通路与一个端到端的波长带宽对应。客户信号在传输时确实使用了 OTN 的一个波长,但无须关心具体是什么波长。客户信号在源端接入时的波长、在宿端终结时的波长都可能不同,甚至跨越一个中间节点后波长就会改变。光通路层负责灵活地选择合适的波长,并在不同的波长之间转换。

实际上,很多时候 OTN 的一个客户信号不需要占用一个波长的全部带宽,因而光通路层网络也面临复用问题。然而,目前光信号处理技术还具有很大的局限性,尤其是光模拟信号还无法实现数字客户信号质量准确评估。所以,OTN 不得不回到电域处理亚波长带宽的数字信号。于是,光通路层网络在具体实现时自上而下进一步划分为 3 个子层网络:光通路数据单元(Optical Channel Data Unit,ODU)子层网络、光通路传送单元(Optical Channel Transport Unit,OTU)子层网络和光通路子层网络。ODU 子层网络为 OTN 的客户信号提供封装,并在电层建立端到端的通道。OTU 子层网络也位于电层,它为 ODU 层提供在 OTN 网络 3R 再生点之间的传送服务。光通路子层网络位于光层,为 OTU 层提供在 OTN 网络 3R 再生点之间的光层透明传送服务。可以看出,通过引入 ODU 层和 OTU 层,为 OTN 提供了更为细腻的电层处理能力,而光通路子层网络的功能也更为简洁。

光复用段层网络的主要功能可以相应地理解为多个波长的复用和解复用,因此光复用段层网络存在于两个相邻的光复用器和解复用器之间。光复用段网络不关心单个波长上的业务,光复用段上的某个光通路可以承载业务,也可以不承载业务,不承载业务的光通路可以配置或不配置光信号。

多个光波长复用在一起形成一个具有一定谱宽、一定功率的光信号,光传输段层网络的主要功能则是在光物理媒介(如不同类型的光纤)上传输这样的光信号。光传输段无需关注要传输多少个波长,但为了克服信道损耗、色散和非线性等因素的影响,需要采取必要的放大、补偿和均衡措施。所以,传输段层存在于相邻光传输设备之间。

按照上述理解,可以将 OTN 纵向的层次结构与横向的处于不同位置的设备形成的分割结构对应起来,如图 6-40 所示。

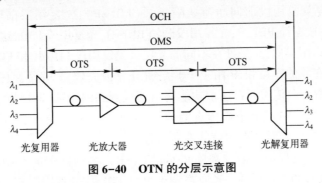

图 6-40　OTN 的分层示意图

6.6.2　OTN 光层的帧结构和复用映射

OTN 在光层接口上传输的信息结构称为光传送模块(Optical Transport Module,

OTM）。OTM 有两种类型，一种是全功能的 OTM 接口，记为 OTM-$n.m$；一种是简化功能的 OTM 接口，包括 OTM-0.m、OTM-$nr.m$ 和 OTM-0.mvn。其中，"n"表示 OTN 接口使用的波长数，"m"表示速率等级（"1"表示 2.5Gb/s，"2"表示 10Gb/s，"3"表示 40Gb/s），"r"表示"Reduced"，指不支持光层开销和光监控通道，"v"表示支持虚拟多通道。

例 6.9 OTM-$n.m$ 的含义。

例如：某 OTN 接口的信息结构为 OTM-40.1，则表示该接口传送的是 40 波 2.5Gb/s 信号；OTM-80.123 表示传送的波长有 80 个，信号速率有 2.5Gb/s、10Gb/s 和 40Gb/s 3 种。我国规定了 9 种 OTM-$n.m$ 接口信号：OTM-$n.1$、OTM-$n.2$、OTM-$n.3$、OTM-$n.4$、OTM-$n.12$、OTM-$n.23$、OTM-$n.34$、OTM-$n.123$、OTM-$n.1234$。

OTM-$n.m$ 接口最终输出的主光信号由多个波长组成，每个波长信号都有特定的帧格式，同时支持光层开销（OTM Overhead Signal，OOS）和光监控通道。OTM-$n.m$ 接口功能强大，支持单个或多个光区段内的 n 个光通路，接口不要求 3R 再生，但只适合用于单个厂商的波分设备之间互连，而无法和其他厂家波分设备互通，因为各厂家对光监控通道的实现方法不同，对具体的开销字节也会有不同的用法。简化功能的 OTM 接口不支持光层开销和光监控通道，因而对光层的监控管理能力较弱，但是它在每个接口终端具有 3R 处理功能，所以适合用于不同厂商的设备互连。

在信息结构上，OTM-$n.m$ 位于光传送段层，由传送段开销（OTS OH）和传送段净荷组成。位于光复用段层的信息结构记为 OMU-$n.m$，由复用段开销（OMS OH）和复用段净荷组成。位于光通路层的信息结构记为 OCh，由光通路开销（OCh OH）和光通路净荷组成。

OTS OH 包括光传送段路径踪迹标识符（TTI）、光传送段后向净荷缺陷指示（BDI-P）、光传送段后向开销缺陷指示（BDI-O）、光传送段净荷丢失指示（PMI）。光传送段 TTI 长 64 字节，包含源接入点、宿接入点和运营商可自定义的信息标识，用于所在段的监控。光传送 BDI-P 和 BDI-O 信号分别用于向上游方向传送在宿功能终结处检测到的所在段净荷和开销的失效状态。光传送段 PMI 是向下游传送的信号，用于指示上游在光传送段源端没有加入净荷，以便抑制下游因此而产生的信号丢失报告。

OMS OH 包括光复用段前向净荷缺陷指示（FDI-P）、光复用段前向开销缺陷指示（FDI-O）、光复用段净荷 BDI-P、光复用段开销 BDI-O、光复用段 PMI，这些开销的作用与光传送段开销的作用类似，只是处在不同的光层。光复用段 FDI-P 和 FDI-O 分别用于向下游方向传送所在段的净荷和开销的信号状态（正常或失效）。光复用段 BDI-P 和 BDI-O 分别用于向上游方向传送所在段宿功能终结处检测到的净荷和开销的信号状态（正常或失效）。光复用段 PMI 是向下游传送的信号，用于指示上游在光复用段源端没有加入净荷，以便抑制下游因此而产生的信号丢失报告。

OCh OH 包括光通路净荷前向缺陷指示（FDI-P）、光通路前向开销缺陷指示（FDI-O）、光通路断开连接指示（OCI）。光通路 FDI-P 和 FDI-O 分别用于向下游方向传送所在通路的净荷和开销的信号状态（正常或失效）。光通路 OCI 是向下游传送的信号，用于指示上游在管理命令的作用下已将交叉矩阵连接断开，在光通路终结点处检测到的光通路信号丢失条件现在可与断开的交叉矩阵相关联。

OTN 光层的映射复用原理可用图 6-41 表示。OTN 电层的帧作为 OCh 净荷被调制到光通路载波上,与同时生成的 OCh 开销共同构成一路 OCh 信号。不同波长的多个 OCh 净荷被复用在一起,多个 OCh 开销也被复用在一起。OCh 净荷形成光通路载波净荷(Optical Channel Carrier-payload,OCCp),OCh 开销形成光通路载波开销(Optical Channel Carrier-overhead,OCCo)。这样,多路 OCh 信号通过复用,构成光载波群(Optical Carrier Group,OCG)信号 OCG-$n.m$。复用在一起的多路 OCCp 直接作为光复用段净荷、光传送段净荷。它们与对应生成的光复用段开销、光传送段开销和通用管理通信(General management communications,COMMS)一起构成光复用段信号 OMU-$n.m$ 和光传送段信号 OTM-$n.m$。

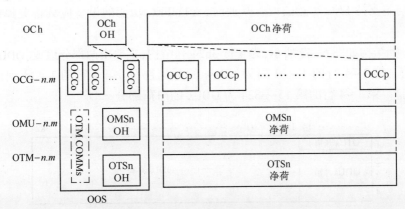

图 6-41　OTN 光层的映射复用原理示意图

6.6.3　OTN 电层的帧结构和复用映射

OTN 同样要将不同速率的低速业务封装为标准格式的信号流便于进行后续的复用交叉并在 OTN 网中传送,与 SDH 中的支路单元 TU、虚容器 VC 和容器 C 类似,OTN 自顶向下定义了 3 种电层的帧结构, OTUk、ODUk 和 OPUk 帧,下层帧为上层帧的净负荷,添加了相应的开销后便形成了上层帧,其中"k"表示速率等级。对于 OTU,k 可取 1、2、3、4;对于 ODU 和 OPU,k 还可以取 0、2e。与 SDH 不同的是,不管 k 取何值,OTN 电层的帧都具有相同的结构和长度。

需要注意的是:OTN 通常的承载对象是速率大于 622Mb/s 的数据业务,如千兆、万兆以太网,也包括 SDH 的 2.48832Gb/s(STM-16)和 9.953328Gb/s(STM-64),因此其装载速率通常大于 1Gb/s。此外,由于 OTN 采用了异步复用体制,其设备间的频率偏移容差的典型值为 $\pm 20 \times 10^{-6}$,因此其复用方式类似于 PDH/SDH 异步映射中使用的码速调整技术,通过插入调整比特来进行速率匹配。因此高次群速率与低次群速率也并非整数倍数关系。

OTUk 帧结构如图 6-42 所示,为 4 行 4080 列结构,主要由 3 部分组成:OTUk 开销(OH)、OTUk 净荷、OTUk 前向纠错(FEC)。图中第 1 行的第 1 列到第 14 列为 OTUk 开销,第 1 到第 4 行的 15 到 3824 列为 OTUk 净荷,第 1 到第 4 行中的 3825 到 4080 列为 OTUk 前向纠错码。

OTUk 开销用于帧定位、复帧定位、段监视(包括路径踪迹标识、误码检测编码、后

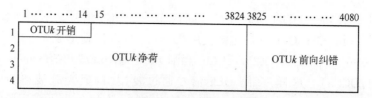

图 6-42　OTUk 帧结构示意图

向缺陷指示、后向误码指示等)、综合通信等,共有 14 字节。OTUk 净荷用于封装 ODUk 帧。OTUk 前向纠错采用 $RS(255,239)$ 编码,如果 FEC 不使用,则填充全"0"码。当支持 FEC 功能与不支持 FEC 功能的设备互通时,支持 FEC 功能的设备应具备关掉此功能的能力。

ODUk 帧结构如图 6-43 所示,为 4 行 3824 列结构,主要由两部分组成:ODUk 开销和 ODUk 净荷。第 2~4 行的 1~14 列为 ODUk 的开销部分(第 1 行的 1~14 列用来传送 OTUk 开销)。第 1~4 行的第 15~3824 为 ODUk 的净荷部分。

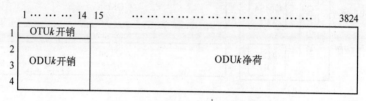

图 6-43　ODUk 帧结构示意图

ODUk 帧的开销用于通道监视(包括路径踪迹标识、比特间插奇偶校验、后向缺陷指示、后向误码指示、维护信号存在指示等)、串联连接监视(包括路径踪迹标识、比特间插奇偶校验、后向缺陷指示、后向误码指示、维护信号状态指示等)、综合通信、自动保护倒换和保护通信、故障类型和故障定位报告通信、实验和兼容国际标准等,共有 42 字节。ODUk 帧的净荷用来承载 OPUk。

OPUk 帧结构如图 6-44 中 15~3824 列所示,为 4 行 3810 列结构,主要由 OPUk 开销和 OPUk 净荷两部分组成。OPUk 的 15 列或 16 列用来承载 OPUk 的开销,17~3824 列用来承载 OPUk 净荷。OPUk 的列编号来自于其在 ODUk 帧中的位置。

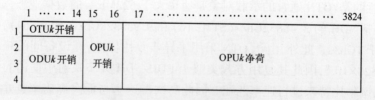

图 6-44　OPUk 帧结构示意图

OPUk 帧的开销用于净荷结构标识、映射和级联,共有 8 字节。ODUk 帧的净荷用来封装客户层信号。

OTN 电层的帧虽然都具有固定的长度,但是它们的周期不同,具有不同的传输速率和容量,因而可以承载不同类型的业务。OTN 电层不同级别帧的周期如表 6-11 所列。

表 6-11 OTN 电层帧类型和周期

OTU/ODU/OPU 类型	周期/μs
ODU0/OPU0	98.354
OTU1/ODU1/OPU1	48.971
OTU2/ODU2/OPU2	12.191
ODU2e/OPU2e	11.767
OTU3/ODU3/OPU3	3.035
OTU4/ODU4/OPU4	1.168
注:周期为近似值,取小数点后三位	

例 6.10 根据图 6-43 和表 6-11 计算 ODU0 的标称速率。

解:据图 6-43 可知,ODU0 为 4 行 3824 列字节排列结构,每一个 ODU0 帧中的比特总数为 $3824 \times 4 \times 8 = 122368$ 个,由于表 6-11 中 OPU0 的帧周期为 98.354μs,因此 1s 内可以发送的总比特数为 $122368/(98.354 \times 10^{-6}) \approx 1244160 \text{kb/s}$,此为 ODU0 的标称速率。

例 6.11 根据图 6-44 和表 6-11 估计 OPU0 所能承载的业务速率。

解:据图 6-44 可知,OPU0 的净负荷区为 4 行 3808 列结构,因此每一帧中净负荷比特总数为 $3808 \times 4 \times 8 = 121856$ 个,由于表 6-11 中 OPU0 的帧周期为 98.354μs,因此 1 秒内可以发送的总比特数为 $121856/(98.354 \times 10^{-6}) \approx 1238954 \text{kb/s}$,即为 OPU0 净负荷标称比特速率。

但需要注意的是:净负荷标称比特率并非其承载的用户业务速率,因为当注入业务与 OPU0 非严格同步时,映射过程中其中至少包含了码速调整比特位、码速调整指示比特位和故障指示等额外开销。如果承载了分组业务,还要考虑帧的重新封装和协议转换等额外开销。因此用户业务速率通常应低于 OPU0 净负荷标称比特速率。

OTN 电层帧的传输速率和容量如表 6-12 所列。表中的每一行体现了 OPUk、ODUk 和 OTUk 之间由客户层到光通道层逐级增加开销而速率提升的过程。OPU0 通常负责封装 1.238Gb/s 以下的低速数据,包括通过类似于 MSTP 中虚级联的手段将多路低速业务映射入 1 路 OPU0。OPU1 的净负荷标称速率与 STM-16 速率相当,OPU2 的净负荷标称速率与 STM-64 相当,OPU2e 的净负荷标称速率与万兆以太网相当,OPU3 的净负荷标称速率与 STM-256 速率相当,OPU4 的净负荷标称速率与 100Gb/s 业务速率相当,因此可以理解为相应客户业务典型承载对象。

表 6-12 OTN 电层帧的传输速率和容量

k	OTUk 标称比特速率	ODUk 标称比特速率	OPUk 标称比特速率
0	—	1 244 160kbit/s	238/239×1 244 160kbit/s
1	255/238×2 488 320kbit/s	239/238×2 488 320kbit/s	2 488 320kbit/s
2	255/237×9 953 280kbit/s	239/237×9 953 280kbit/s	238/237×9 953 280kbit/s
2e	—	239/237×10 312 500kbit/s	238/237×10 312 500kbit/s
3	255/236×39 813 120kbit/s	239/236×39 813 120kbit/s	238/236×39 813 120kbit/s
4	255/227×99 532 800kbit/s	239/227×99 532 800kbit/s	238/227×99 532 800kbit/s

图 6-45 给出了 OTN 电层的复用映射关系。客户信号映射到 OPU，OPU 映射到同等级的 ODU，ODU 映射到同等级的 OTU。同等级的 ODU 可以复用后作为更高速率的客户信号映射到更高等级的 OPU，并进行后续的映射。这种复用映射结构，使得一个管理域的 ODU 可以被另一个管理域的 OTN 网络透明传送而不用被终结。OPU2e 和 ODU2e 是比较特殊的一个等级，它们只能复用映射进更高等级的 ODU3 或 ODU4，并且不能封装速率较低的 ODU0、ODU1 或 ODU2 信号。

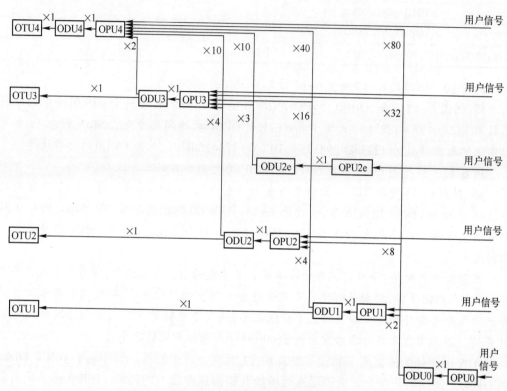

图 6-45 OTN 电层的复用映射

与 SDH 的复用映射类似，OTN 通过电层的复用映射，最终形成不同速率等级的 OTU 信号。接下来，OTU 信号就进入光层，进行光层的映射复用。得益于波长的透明传输特性，不同速率等级的多路 OTU 信号可以被容纳进同一个 OTM 中。

6.6.4 OTN 的节点设备

OTN 的设备根据功能可以分为终端复用设备、光分插复用（OADM）设备和光交叉连接（OXC）设备。其中 OXC 是构成网状光传送网的必需设备，OADM 可以认为是 OXC 在功能和结构上的简化。

OTN 终端复用设备是指支持电层（ODUk）和光层（OCh）复用的 WDM 传输设备，功能模型如图 6-46 所示。OTN 终端复用设备可以构成点对点的链路，将以太网、SDH 等客户信号复用到多个波长上后在光纤上传输。

OADM 作为光传送网的关键网元，其功能是从干线传输光路中有选择地下路（Drop）

164

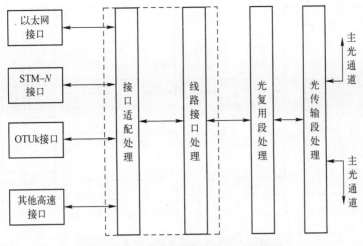

图 6-46　OTN 终端复用设备功能模型

通往本地的光信号,同时上路(Add)本地用户发往非本地节点用户的光信号,而不影响其他波长信道的传输。也就是说 OADM 在光域内实现了传统的 SDH 设备中的电分插复用器在时域中的分插功能。相比较而言,它更具有透明性,可以处理任何格式和速率的信号,这一点比电的 ADM 更优越,使整个光纤通信网络的灵活性大大提高。

OADM 根据所上下的波长是否灵活(即固定或可变)可分为固定波长的 OADM 和动态可配置的 OADM。如果选择某个或某些固定的波长通道进行分插复用,则称为固定波长的 OADM;如果分插复用的波长通道是可配置的,则称为动态可配置的 OADM。动态可配置的 OADM 可以实现有选择的波长信号上下,或全部波长业务的上下。

OXC 设备比 OADM 支持的传输方向更多、复用和上下波长的能力更强,因而可以支持更为复杂的网状网络结构。根据实现交叉连接的方式不同,OXC 可以分为 OTN 电交叉设备、OTN 光交叉设备和 OTN 光电混合交叉设备。

OTN 电交叉设备完成 ODUk 级别的电路交叉功能,为 OTN 网络提供灵活的电路调度和保护能力。OTN 电交叉设备可以独立存在,对外提供各种业务接口和 OTUk 接口;也可以与 OTN 终端复用功能集成在一起,除了提供各种业务接口和 OTUk 接口以外,同时提供光复用段和光传输段功能,支持 WDM 传输。

OTN 光交叉设备即可重构的光分插复用(ROADM)设备,基本功能是在波分系统中通过远程配置实时完成选定波长的上下路,而不影响其他波长通道的传输,并保持光层的透明性。ROADM 能提供 OCh 光层调度能力,实现灵活而可靠的设备和网络保护。

OTN 光电混合交叉设备是 OTN 电交叉设备与 OTN 光交叉设备的结合,能同时提供 ODUk 电层和 OCh 光层调度能力,功能模型如图 6-47 所示。波长级别的业务可以直接通过 OCh 交叉,其他需要调度的业务经过 ODUk 交叉。两者配合可以优势互补,又同时规避各自的劣势。

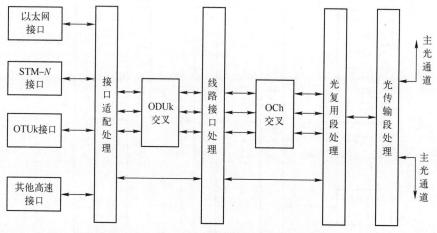

图 6-47　OTN 光电混合交叉设备功能模型

6.6.5　OTN 的保护技术

与 SDH 类似,OTN 具有良好的自愈能力,能够保障客户信号的可靠传输。大多数情况下,OTN 节点需要通过交互 APS 协议信令来协调保护倒换动作。APS 信令通道可以使用 ODUk 开销中的 APS/PCC 字段来实现,也可以使用光监控通道、通过 IP 数据包的方式来实现。常见的 OTN 保护方式能在检测到启动倒换事件后 50ms 内完成保护倒换。

OTN 有线性保护和环网保护方式,且都可以在 OCh 层或 ODUk 层进行。OTN 保护倒换检测和触发条件也与 SDH 类似,通常由线路光信号丢失(LOS)及相应 OTUk 和 ODUk 层信号失效或误码劣化触发。

OCh 层的线性保护支持 1+1、1:N 两种方式。OCh 1+1 保护是采用 OCh 信号并发选收的原理,保护倒换动作只发生在宿端,在源端进行永久桥接。OCh 1:N 保护是 1 个或者多个工作通道共享 1 个保护通道资源。当超过 1 个工作通道处于故障状态时,OCh 1:N 保护类型只能对其中优先级最高的工作通道进行保护。

在 ODUk 层的线性保护采用子网连接保护(SNCP)。SNCP 用于保护一个运营商网络或多个运营商网络内一部分路径,是一种专用保护机制,适合任何物理结构(即网状、环状和混合结构),对子网络连接中的网元数量没有根本的限制。受到保护的子网络连接可以是 OTN 链路上两个普通的连接点之间的连接,也可以是一个连接点和一个终结连接点之间的连接或两个终结连接点之间的完整端到端网络连接。

ODUk 层的 SNCP 支持 1+1、M:N 两种方式。对于 ODUk 1+1 保护,一个单独的工作信号由一个单独的保护实体进行保护。保护倒换动作只发生在宿端,在源端进行永久桥接。ODUk M:N 保护指一个或 N 个工作 ODUk 共享 1 个或 M 个保护 ODUk 资源。

OTN 环网保护结构包括 OCh SPRing(光通道共享环保护)和 ODUk SPRing 两种,它们的网络结构相同。

OCh SPRing 的保护倒换粒度为 OCh 光通道,ODUk SPRing 的保护倒换粒度为 ODUk。与 SDH 网络复用段环保护不同,OCh SPRing 和 ODUk SPRing 仅在业务的上路节点和下路节点直接进行双端倒换形成新的环路。环上每个节点需要根据节点状态、被保护业务信息和网络拓扑结构,判断被保护业务是否会受到故障的影响,从而进一步确定出通道保护状态,据此状态值确定相应的保护倒换动作。

6.7 光纤接入网

6.7.1 接入网的基本概念

整个传送网分为核心网(Core network)(也即骨干网/长途网,Backbone)、城域网(Metropolitan Area Network,MAN)和接入网(Access Network,AN)三大部分。接入网负责将业务从城域网传送到用户。

通俗地讲,接入网就是本地业务局与用户之间的连接部分,通常包括用户线传输系统、复用设备、交叉连接设备或用户/网络终端设备。其长度一般为几百米到几千米,因而被形象地称为"最后一公里"。接入网尤其是宽带接入网的要求主要表现在以下三个方面:

(1)多业务接入。宽带接入网可以承载语音接入、数据接入和多媒体的多项综合业务。

(2)多用户共享。接入网的低成本要求决定了宽带接入网技术大多具有尽量多用户共享网络资源的特征。

(3)业务的不对称性和突发性。宽带接入网传输的相当大比例的业务是数据业务和图像业务。而这些业务通常是不对称的,而且突发性很大。上行下行采用不等的带宽。因此,如何动态分配带宽是宽带接入网的一个关键技术。

此外,灵活位置接入、低成本和易于升级维护也是接入网的功能要求。

6.7.2 光纤接入网

光纤接入技术具有带宽大、传输距离远、抗干扰能力强可靠性好等特点。光接入网结构包括中心局(Central Office,CO)、远端节点(Remote Node,RN),光网络接口单元(Network Interface Unit,NIU)和光网络单元(Optical Network Unit,ONU),其结构如图6-48所示。远端节点RN分布在各处,在有源网络中起中继和分配的作用,在无源网络中仅进行信号分配。NIU为用户端设备,ONU为光网络远端终端设备,通过电缆与单个或多个用户端的NIU连接。

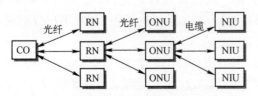

图6-48 光纤接入网结构示意图

光纤接入网可划分为有源光接入网和无源光接入网。通常把发光、对光起放大作用和可以进行光电转换的光器件称为有源光器件,常见的有 LED、LD 和光放大器和光检测器;而无源光器件则是指不发光,不对光放大和光电交换起作用的光器件,常见的有光纤连接器、光耦合器、光的波分复用器、光开关和光的调制解调器。使用有源光器件的网络称为有源光网络;反之,没有使用有源光器件而只使用无源光器件的称为无源光网络(Passive Optical Network,PON)。PON 使用无源器件作为远端节点,如光纤星型耦合器和静态波长路由器。使用无源结构的主要好处在于其可靠性高,易于维护,并且网络中各个分散的远端节点均不需要供电,此外,无源光网络中光纤的基础结构对比特流和调制方式是透明的,因此全网可以在将来不改动基础结构的情况下进行升级。

1. PON 的网络拓扑结构

PON 由光线路终端(Optical Line Terminal,OLT)、光网络单元(Optical Network Unit,ONU)和光分配网(Optical Division Network,ODN)组成。PON 一般下行采用时分复用 TDM 广播方式,而其上行则采用时分多址接入 TDMA 的方式,这是目前和未来一段时间内既满足应用要求又比较经济的上下行传输模式。

PON 的网络拓扑结构一般有 4 种:单星型、双星型、总线型和环型,如图 6-49 所示,常见的有点到多点的星型和总线型,其他类型的拓扑,如树形、环形拓扑可以看作均为星型和总线型的组合或变形。固定网中光纤局域网 PON 的拓扑结构如图 6-49(a)、(b)所示,而飞机、舰船内光纤局域网也可使用如图 6-49(d)环型网拓扑提高抗毁性。

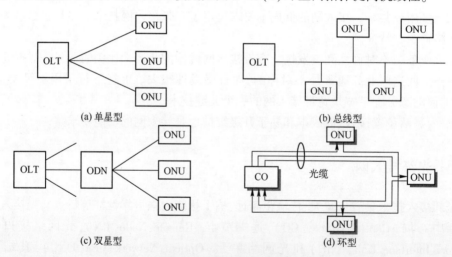

图 6-49 PON 的拓扑结构

2. PON 的工作原理

PON 的结构中由于有一段共享光纤信道,因此采用不同的上下行传输模式,以如图 6-50 所示的一个只有三用户的 PON 网络为例,三用户分别对应了三个光网络单元,也可认为有三个用户。

PON 的下行传输采用的广播方式,每个用户都能接收到所有用户的信息。但每个用户有各自不同的地址或标记,就好比每个光网络单元都拿着一个签收单,只有符合自己地址的它才接收,不是自己的就抛弃,如图 6-50 所示。

168

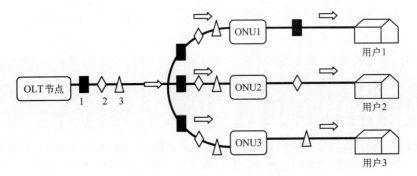

图 6-50　PON 网络下行传输模式

PON 网络的上行传输模式与下行传输模式不同。从 OLT 到分支点之间的链路上由于多用户占用了同一根光纤,必须考虑带宽共享以避免相互干扰。如图 6-51 所示,由于来自于多个用户的数据要最后"合并"在同一条光纤中传输,为了避免数据冲突和控制传输延时,必须采用时分多址技术,即每个用户分配固定的时隙。该方案必须进行 OLT 与各 ONU 之间的精确测距,并处理好突发接收和时隙同步问题。后续也可升级为波分多址技术,即不同的上行用户数据分配不同的波长。

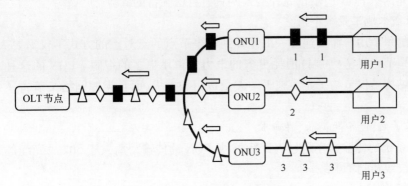

图 6-51　PON 网络上行传输模式

3. 基于 PON 的光接入网技术

在传统 PON 基础上,将 PON 结构与其他信息承载技术相结合,可以演变出不同的技术体制,目前主流是 EPON 技术和 GPON 技术。

1) EPON 技术

EPON 就是将信息封装成以太网帧进行传输的 PON。由于采用以太网帧封装方式,因此非常适于承载 IP 业务,符合 IP 网络迅猛发展的趋势。由于其设备简单、价格相对低廉、免去了 IP 数据协议和格式转化等,使得其效率高,传输速率可达 1.25Gb/s,传输距离最远支持 50km,目前最新的 10GEPON 的链路速率已达 10Gb/s。

EPON 的下行链路和上行链路各占用一个波长。下行链路以广播方式将所有以太网帧传送至各终端 ONU,各用户只接受目的地址为自己的那些以太网帧。各用户以 TDMA 的方式,即占用不同时隙的方式分时占用上行链路,由于通常用户的上行链路所需的带宽远小与下行链路,因此该种技术体制比较适合光纤到户的普通用户使用。

从结构上看,EPON 的最大优点是极大地简化了传统的多层重叠网结构,主要优点如下:消除了 ATM 和 SDH 层,从而降低了初始成本和运行成本;允许支持更多用户和更高带宽;硬件简单,无须室外电子设备,使安装部署工作得以简化;可以大量采用以太网技术成熟的芯片,实现较简单,成本低;改进了电路的灵活指配、业务的提供和重配置能力;提供了多层安全机制,如 VLAN、闭合用户群和支持 VPN 等。

2）GPON 技术

GPON 以通用成帧规程(Generic Framing Procedure,GFP)承载多业务,对各种业务类型都能提供 QoS 保证。支持商业和居民的宽带业务接入。GPON 可以提供 1.25/2.5Gb/s 的下行速率和所有标准的上行速率,作为一种灵活的高速光纤接入网,其可以灵活地提供对称和非对称速率。同时,具有强大的支持多业务和 OAM 功能。

GPON 的主要优点如下:相对其他 PON 技术,GPON 在速率、速率灵活性、传输距离和分路比方面有优势。传输距离至少达 20km,分路比最大为 1:64;适应任何用户信号格式和任何传输网络制式,无须附加 ATM 或 IP 封装层,封装效率高、提供业务灵活;可以直接高质量、灵活地支持实时的 TDM 语音业务,延时和抖动性能很好;在运营维护和网管方面,比 EPON 有更大改进。

4. PON 的特点优势

无源光网络 PON 应用于光纤接入网具有自己独特的优势:

1）低成本地汇聚多个用户

传统的每个用户需要连接一根光纤到汇聚节点的点对点的方式不仅需要大量光纤,而且在汇聚节点机房(局端)消耗更多的电力也占用更多的空间。PON 的这种一点对多点的拓扑结构不仅节约了光缆施工的大量费用和人力,而且无源网络又节省了系统的维护费用。

2）容量大,传输距离长,寿命长

PON 系统的传输速率超过吉比特每秒,PON 的传输距离大于 50km,光缆的寿命又要远大于双绞线和同轴电缆。

3）便于维护

PON 技术的光分配网络部分全部由无源光器件构成,这样避免了外界的电磁干扰和雷电影响,大大减少了设备的故障率,简化了供电配置和网络维护的复杂度。

4）适合承载广播、组播业务

PON 系统的点对多点,下行采用广播式,且下行传输容量大于上行传输容量的方式更便于广播、组播业务,与普通用户的不对称业务特征匹配。

5）升级性好

PON 的无源光分配网对波长是透明的,可以适用于通过波分复用 WDM 同时承载各类不同速率、不同格式的业务,也可以适用于未来通过波分复用对 PON 扩容升级。

小　结

本章介绍了光纤通信传送网的基本概念、体系结构和由 PDH 到 SDH,再到 MSTP、OTN 和 ASON 的演进过程和技术体制。本章知识概念抽象、标准和技术体制较为庞杂,读者在学习时首先应从整体把握各类技术体制出现所要解决的主要问题,然后再由浅入深地了解各个知识点及其应用。如 SDH 解决了统一帧结构和速率等级(STM-N)、映射复用路线和接口标准,设计了较为完善的保护倒换机制,并安排了丰富的开销字节用于网络管理;而基于 SDH 体制的 MSTP,重点解决了各类非传统话音业务映射复用至 STM-N 帧中并实施有效交叉和动态管控等网络通信功能等问题;OTN 设计了新的帧结构、速率等级,解决了更高速率等级甚至光波长层次的传输、交换与管理,并将光层引入了网络体系结构,但网络节点间采用异步通信方式;为了解决复杂光通信网络的智能运行管理,ASON 将管理与控制功能独立为新的层级,其所谓的"传送、管理和控制"平面也是为网络管理这一核心目的而建立。基于无源光网络的光纤接入网因其特殊的业务带宽需求和拓扑结构,上行信道采用 TDMA 方式而下行信道采用广播方式,通常有 EPON 和 GPON 两种技术体制。

习　题

1. 简述 64kb/s 数字语音信号的产生过程。
2. 解释同步复用和异步复用。
3. 通信网中为什么会有异步复用?异步复用面临什么问题?
4. 解释 PDH 的正码速调整原理。
5. E1 基群共有＿＿＿＿个时隙,通常其中有＿＿＿＿个话路时隙,话路时隙分别为＿＿＿＿和＿＿＿＿。
6. 什么是多业务 PDH?多业务 PDH 与传统 PDH 有什么异同?
7. 不同厂家的 PDH 设备能否互通?为什么?
8. 简述 SDH 的速率等级。
9. SDH 的开销有什么功能?
10. 画出 STM-1 帧结构图,并简要描述各部分功能。
11. STM-N 帧频、周期各为多少?
12. STM-N 帧中单独一个字节的传输速率是多少?
13. 简述再生段各开销字节功能。
14. 简述复用段各开销字节功能。
15. 简述网管的五大功能。
16. SDH 的网管通道如何建立?
17. 简述 SNMP 网管协议机制。
18. 画出我国的 SDH 复用映射结构图,并分析一个 155.52Mb/s 的 SDH 设备最多接入多少个 E1。
19. E1 映射入 SDH 网络中采取的码速调整与 E1 复用到 PDH 的 E2 采用的码速调整有什么区别?
20. SDH 中的指针有什么功能?
21. 1:1 保护和 1+1 保护有什么区别?

22. 单向保护和双向保护有什么区别？

23. 通道层保护和复用段保护有什么区别？

24. 通道层保护的主要保护配置和保护机制是什么？

25. 简述四纤复用段链路保护和环路保护机制？两者有何区别？

26. SDH 网中的保护切换和 IP 网络中的路由重建有什么异同？

27. 通信网中的载波同步、位同步、码同步和网同步各是什么含义？

28. PDH 和 SDH 网络各用什么技术手段解决各异步工作节点业务复用问题？

29. 为什么说 SDH 网是频率同步网？

30. SDH 中既然可以利用指针调整容纳异源业务，为什么还要求全网频率同步？

31. SDH 网实现全网同步主要采用什么方式？

32. 简述 SDH 设备的三种同步工作模式。

33. MSTP 与传统 SDH 相比有什么异同？

34. MSTP 如何将多种业务映射复用到 SDH 的帧结构中？

35. 请描述 GFP 帧结构。

36. GFP 帧结构中有哪些开销字节？各有什么功能？

37. 请描述 GFP 中空闲帧的作用。

38. MSTP 的级联技术的作用是什么？有哪几种方式？

39. MSTP 中 LCAS 的作用是什么？

40. OTN 在功能上较 SDH 有什么改进？

41. 请描述 OTN 的 ODU 帧结构及主要开销。

42. OTN 的速率等级有哪些？

43. OADM、OXC 的功能是什么？与 SDH 中的 ADM 和 DXC 有什么异同？

44. OTN 中的光复用段、光通道层与 SDH 的复用段和通道层在功能上有什么区别？

45. ASON 比传统网络管理方式有什么优点？

46. 简述 ASON 三个层面的功能。

47. 解释光接入网、城域网和广域网功能上的区别。

48. 简述 EPON 上行和下行链路的通信方式。

第 7 章　自由空间光通信

7.1　自由空间光通信概述

自由空间光通信(Free Space Optics,FSO)也称为无线光通信,它将无线传输和大容量两个优点有机结合,一方面克服了光纤通信灵活性不足的缺点,另一方面又解决了无线、微波通信容量的不足,在城域网扩展、局域网互联、接入网、光纤链路的备份、抢代通和军事机动保密通信等领域有重要应用。

与光纤通信系统相比,自由空间光通信的不同之处是不再将光发射机输出的光信号耦合进光纤,而是通过光学天线直接将光信号发射到自由空间进行传输。因此,自由空间光通信与光纤通信主要的差别就是信道的差异,也正是基于这样的差异,自由空间光通信需要克服的问题与光纤通信不同。

自由空间光通信按信道可划分为外层空间光通信、大气光通信和水下光通信。军事应用最广泛的是大气光通信。受近地大气的吸收和湍流影响,大气信道很不稳定,因此目前的自由空间光通信系统在近地环境下通信距离一般只能为 10km 以内。自由空间光通信面临的主要问题包括:

(1) 大气信道衰减大且时变。

(2) 大气湍流的影响,使接收光斑发生光强闪烁和质心漂移。

(3) 背景光干扰,这种干扰既有以太阳为主的自然光源引起,也有人工光源引起的。

(4) 光束对准难,外界环境的变化和终端设备的运动不可避免地引起激光光束偏移。

(5) 光源的性能有待提升,需要激光器同时保证大输出功率和高调制速率。

除了这些主要问题之外,还有高灵敏度光检测器、光学收发天线和快速伺服系统等其他问题。只有解决了这些问题,才能真正实现全天候、高机动性、高灵活性、稳定可靠工作的自由空间光通信系统。

本章将重点介绍大气激光通信系统、关键技术及其应用。

7.2　光在大气信道中的传播特性

光在大气中的传播特性直接决定了空间激光通信系统的技术体制和性能。地球的大气层充斥了许多被地球引力束缚的气体、水蒸气、悬浮粒子等,它们的高度一直延伸到大约600km。这些粒子密度最大的地方是在靠近地面的对流层,粒子密度随高度增加而减小,直到穿过电离层。实际粒子的分布依赖于大气层条件。最上面的电离层包含电离电子,形成包围地球的辐射带。

大气是由大气分子、水蒸气及各种杂质微粒组成的混合物。气体主要有氮气、氧气、二氧化碳、水蒸气及惰性气体等。杂质微粒成分复杂,形态各异,尺度分布很广,约在 $0.03\sim2000\mu m$ 之间,一般将杂质微粒分为固态粒子和液态粒子,主要的固态粒子包括尘埃、烟雾及各种工业污染物,液态粒子按其形态则有云滴、雾滴、雨滴、冰晶、雪花、冰雹等。由于温度差异、风等原因,大气中的分子、微粒处于不断地运动之中,其组成、湿度、密度等都在不断地变化,使得大气常处于湍流运动状态。

7.2.1 大气对激光束传播的影响

大气性质对激光束的传播有很大的影响,主要的影响包括大气分子及悬浮微粒对光束的吸收与散射、大气湍流运动对光束的扰动,前者主要导致光束能量损失,工程上常称大气衰减,后者引起光束的强度闪烁、光束漂移、扩展与抖动等现象,通常称大气湍流效应。对于强激光,则还有热晕效应、大气击穿和受激喇曼散射效应等。

1. 大气吸收

大气对光具有吸收作用在不同波长各不相同。在紫外、可见光及红外区域,主要的吸收分子是 H_2O、CO_2、O_3、O_2 及少量的 CO、CH_4、N_2O 等。大气对光的吸收谱如图7-1所示。从图中可见,在 $0.29\mu m$ 以下的紫外光几乎被全部吸收,这个区域通常称为"日盲区"。气体分子的大量吸收谱线组成了吸收带群,在吸收带之间仍有少数几个区域中存在相对"透明"的"窗口",在这些窗口中光的透过率较高,吸收较弱,通常称大气窗口。能见度大于31km的极晴朗天气下大气的透射谱如图7-2所示,波长从 $0.3\sim5\mu m$,不同天顶角时穿过整个大气层的透射率。大气窗口与光纤中的低损耗窗口类似,它一般与大气吸收低的波长区域相对应。

2. 大气散射

大气的散射是由大气中不同大小的颗粒的反射或折射所造成的,这些颗粒包括组成大气的气体分子、灰尘和大的水滴。纯散射虽然没有造成光波能量的损失,但是改变了光波能量的传播方向,使部分能量偏离接收方向,从而也将造成接收光功率的下降。

大气对光的散射主要有瑞利散射、米氏散射和非选择性散射(又称几何散射)。当散射颗粒的大小比光波波长小得多时,会发生瑞利散射。瑞利散射系数与被散射光的波长四次方成反比;当散射颗粒的大小可以与光波波长可比拟时,会发生米氏散射,散射的大小与被散射光波长的一次方大致成反比,还与粒子大小的分布、高度、距离及某些自然因素有关。瑞利散射和米氏散射都具有波长选择性,波长越长散射越小。米氏散射理论一般适用于大气中的气溶胶粒子,如小雨滴、雾滴、悬浮尘埃等。

3. 大气湍流

大气湍流是指大气中局部温度、压力的随机变化而带来的折射率的随机变化。湍流产生许多温度、密度具有微小差异因而折射率不同的旋涡元,这些旋涡元随风速等快速地

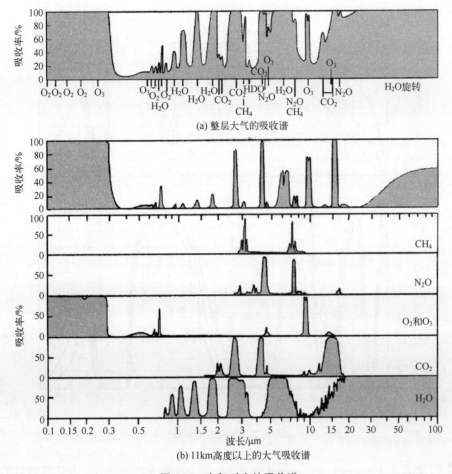

(a) 整层大气的吸收谱

(b) 11km高度以上的大气吸收谱

图 7-1　大气对光的吸收谱

运动并不断地产生和消灭,变化的频率可达数百赫兹,变化的空间尺度可能小到几毫米,大到几十米。当光束通过这些折射率不同的旋涡元时会产生光束的弯曲、漂移和扩展畸变等,致使某个方向上光强发生闪烁与抖动,这就被称为大气湍流效应。大气湍流的存在增加了光信号探测的难度,对空间光通信系统的稳定性造成较大的影响。

7.2.2　大气信道模型

大气对光波传播的影响主要是大气的吸收、散射造成的在光传播方向上的能量衰减和湍流导致的光波强度、相位和偏振等发生的波动,因而通常将大气信道划分为大气衰减信道和大气湍流信道。除此之外,由于地面附近各种杂散光不可避免地要进入光接收机的接收视野(Field of View,FOV),因此大气信道还存在背景噪声。

1. 大气衰减信道

光束在大气中传输一定距离后的光功率可用下式表示:

$$P(L) = P(0)\exp(-\sigma L) \qquad (7.2-1)$$

式中:$P(0)$ 为发送光功率;$P(L)$ 为传输距离 Lkm 后的光功率;σ 为大气信道的衰减系

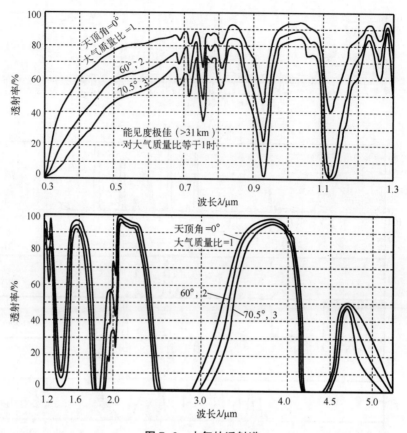

图 7-2　大气的透射谱

数,由4部分组成:$\sigma=\alpha_m+\alpha_a+\beta_m+\beta_a$,其中 α_m 为大气分子吸收系数,α_a 为悬浮微粒的吸收系数,β_m 为气体分子散射系数或瑞利散射系数,β_a 为悬浮微粒的散射系数或米氏散射系数。

研究表明,对于近地面的水平光传输而言,如果选择合适的波长的光,使其落在大气光传播的"透明窗口",此时光传播的主导衰减仅是米氏散射。所以 σ 可以简化与能见度有关的经验公式表示,其形式为

$$\sigma=\beta_a=\frac{3.91}{V}\left(\frac{\lambda}{550\text{nm}}\right)^{-q} \tag{7.2-2}$$

式中:V 为能见度,定义为最初光功率衰减到2%的距离,或者在白日水平天空背景下,可分辨足够大的绝对黑体(目标物)的最远视程,单位为 km;λ 为光的波长,单位为 nm;q 与大气中粒子尺寸和密度分布(即能见度)有关,较传统的观点认为它们之间的关系为

$$q=\begin{cases}1.6, & V>50\text{km} \\ 1.3, & 6\text{km}<V<50\text{km} \\ 0.585V^{1/3}, & V<6\text{km}\end{cases} \tag{7.2-3}$$

由式(7.2-2)与式(7.2-3),可以看出:光在任何天气情况下的衰减系数都波长相关,波长越大,衰减系数就越小。然而有实验研究表明情况并非如此。在阴霾天及更好的天气情况下大气 1550nm 光波的衰减系数比 785nm 的光小,但是在雾天,两者的衰减系数

176

是相当。当能见度小于 500m 时,衰减系数与波长无关,即产生非选择性散射。因此,可将 q 值修正为

$$q = \begin{cases} 1.6, & V > 50\text{km} \\ 1.3, & 6\text{km} < V < 50\text{km} \\ 0.16V + 0.34, & 1\text{km} < V < 6\text{km} \\ V - 0.5, & 0.5\text{km} < V < 1\text{km} \\ 0, & V < 0.5\text{km} \end{cases} \qquad (7.2\text{-}4)$$

表 7-1 为不同天气条件下,工作波长为 850nm 时的一些大气衰减系数的实验数据。在自由空间光通信系统中,功率损耗不仅仅是因为大气衰减。由于发射光束总是有一定的发散角,而接收端的光检测器面积是一定的,因此,功率损耗还应包括不能被检测器检测的光功率损耗,它与光传播的距离 L 有关。

表 7-1 不同天气时的大气综合衰减系数和能见度表(工作波长 850nm)

天 气 情 况	能 见 度	大气衰减系数/(dB/km)
非常晴朗	50~20km	0.20~0.52
晴朗	20~10km	0.52~1.0
轻霾	10~4km	1.0~2.9
阴	4~2km	2.9~5.8
薄雾	2~1km	5.8~14.0
轻雾	1000~500m	14.0~34.0
中雾	500~200m	34.0~84.9
浓雾	200~50m	84.9~339.6

例 7.1 某地自由空间光通信系统工作波长为 1550nm,试求能见度分别为 8km 和 2km 时的大气衰减系数。

解:由图 7-1 可知 1550nm 为大气通信窗口,故可忽略大气吸收的影响,大气衰减系数可由经验公式(7.2-2)计算。

(1)能度为 8km 时,由式(7.2-4),q 值取 1.3,因此可得此时的大气衰减系数为

$$\sigma = \frac{3.91}{8} \left(\frac{1550}{550} \right)^{-1.3} = 0.127\text{Np/km},\text{或 } 0.552\text{dB/km}。$$

(2)能度为 2km 时,由式(7.2-4),q 值取 0.66,因此可得此时的大气衰减系数为

$$\sigma = \frac{3.91}{2} \left(\frac{1550}{550} \right)^{-0.66} = 0.987\text{Np/km},\text{或 } 4.29\text{dB/km}。$$

2. 大气湍流信道[*]

大气光学湍流强度特征通常采用 C_n^2 来描述,其中 C_n 为大气光学折射率结构常数。在近地面层,大气主要受到太阳辐射和地面长波辐射影响,白天太阳辐射增温,地温高于气温,大气处于不稳定层结,热量向上传递,动力湍流能量加强,C_n^2 也较强,接近 $10^{-13}\text{m}^{-2/3}$。夜间地面冷却,气温高于地温,大气处于稳定层结状态,湍流能量较弱,C_n^2 也较小,大约为 $5 \times 10^{-14}\text{m}^{-2/3}$。在转换时刻(日出后 1h 和日落前 1h)地面温度和大气温度大约相等,此时湍流强度最弱,C_n^2 接近 $10^{-15}\text{m}^{-2/3}$。C_n^2 的日变化是光学湍流强度变化的最重

要特征之一,除此之外,C_n^2 还随天气系统、季节变化、地形和下垫面特征等表现出其复杂性和多变性,而且 C_n^2 本身还在平均值附近按对数正态分布起伏。

大气湍流效应使激光在大气的传播过程中随机地改变其幅相特性,在直接检测系统中,激光幅度的随机起伏对系统的影响占绝对优势,这就是所谓大气闪烁现象。大气闪烁随通信距离的增加而增加,随工作波长的增加而降低。

3. 大气信道中的背景光噪声

与光纤通信系统不同,背景光噪声是影响自由空间激光通信系统接收灵敏度的重要因素之一。因此,对背景光噪声的抑制是空间光通信系统的重要课题。背景光对接收机的影响主要表现在以下几个方面:

(1)背景光本身的随机起伏,相当于光噪声,这种噪声被接收机检测后将产生相应的噪声电流,使系统信噪比恶化。

(2)强背景光引起检测器的饱和。检测器接收的平均光功率过高,超过其正常工作范围,光生电流的变化被抑制,系统信噪比下降。

(3)背景光电流引起的散弹噪声使检测器灵敏度降低。

7.3 自由空间光通信系统

在 7.1 节中已经介绍了自由空间光通信系统与光纤通信系统的主要差异就是信道不同。本节将进一步详细介绍自由空间光通信系统的组成及各部分功能。

7.3.1 工作波长选择

光纤通信中,系统的工作波长选择取决于光纤这种传输媒质的低损耗窗口。同理,在自由空间光通信中,大气的"通信窗口"仍然是工作波长选择的重要根据。所不同的是,光纤是一个相对封闭的信道,通常不会有杂散光侵入,但大气激光通信系统就不一样的,大气信道中存在背景光,因此在选择光源的工作波长时,不仅要考虑低损耗窗口,还要注意避开背景光的高辐射谱段。

大气和地面对太阳光的散射形成的背景辐射,对空间光通信的接收器来说是一个强的噪声源。太阳辐照度的光谱可以用一个色温为 5762K 的黑体辐射来表示,如图 7-3 所示是大气上界太阳辐射与通过大气层被吸收、散射后到达地表的太阳辐射光谱的变化图。

从图中可以看出,太阳光到达地面的辐照度光谱主要集中在 400~750nm 的可见光范围内,峰值在 500nm 左右。对于通信常用的激光波段,800nm 波段的辐射强度约为峰值的 1/2,1060nm 波段的辐射强度约为峰值的 1/3,1500~1600nm 波段的辐射强度约为峰值的 1/10,在紫外波段,300nm 波段附近辐射降到峰值的 1/10 以下,波长进一步缩短时,太阳的辐照度迅速下降。显然,为减小背景辐射的影响,不宜采用可见波段的激光,紫外和红外光是可选择对象。

7.2.2 节中已讨论过大气的透射谱问题,极晴朗天气下大气的透射谱如图 7-2 所示。

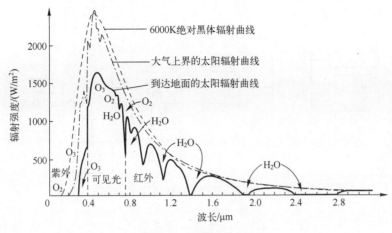

图 7-3 太阳辐射光谱

图中可见,在小于300nm的紫外波段,大气的透过率急剧下降,显然,该波段虽然避开了太阳的高辐射谱段,但大气衰减太大,因此不利于大气激光通信。所幸对于常用的红外激光波段,810~860nm、980~1060nm 和 1550~1600nm 波段都是良好的大气窗口。

除大气吸收外,大气散射也会对能接收到的信号光功率造成衰减。如 7.2.2 节所述,大气散射造成的衰减随工作波长的增加而减小。从这方面考虑出发,大气激光通信宜尽可能使用较长波长的光源。

另外,无线光通信波段也应避开地球热辐射的影响,地球热辐射的波段可以从地球的温度来推算,假如以 300K(27℃)估算,热辐射的峰值波长大致在 9~10μm 量级。在近红外和可见光范围,热辐射的能量密度是很低的,在 1~2μm 波段的热辐射强度大约低于峰值 7~8 个数量级,应当说影响不大。

综合以上分析,并考虑到器件的可行性,目前认为 810~860nm、1550~1600nm 都是自由空间光通信中可以选择的通信波长,从更好地抑制背景光噪声的考虑出发,1550nm 附近是更适合的通信窗口,且与目前光纤通信使用的波长一致,可用器件选择余地大、制造水平高,价格也相应比较便宜。

7.3.2 系统组成和各单元功能

与光纤通信相同,目前的自由空间光通信主要采用数字通信方式。完整的自由空间数字光通信系统通常包含光发送机、光学发送天线、光学接收天线、APT 系统和光接收机。设备端机由复用/解复用、线路编/解码、光调制/解调、自动功率控制、光学收/发天线等若干基础单元构成。信道的变化不仅需要改变光收发系统结构,而且为了提高系统的可靠性,绝大多数自由空间光通信系统中均配置了光束的自动跟瞄单元,部分系统还会设置自适应光学波前校正单元,设备端机组成框图如图 7-4 所示。

复用与解复用单元在发送端实现多路数字信息的时分复用,在接收端完成接收数据的解复用。目前大多自由空间光通信系统中采用的是与光纤通信系统中相同的复用解复用单元,信息速率也与标准的 SDH 一致。

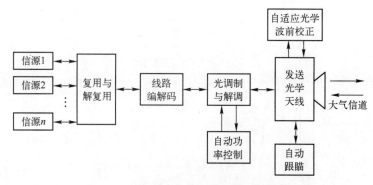

图 7-4 自由空间光通信端机组成框图

由于大气信道的不稳定性,自由空间光通信链路的误码问题较为严重,因此有必要使用线路编码实现前向纠错。与光纤通信不同的是,自由空间光通信中误码主要表现为突发误码,即在一段时间内激光束传播受大气湍流影响或被移动物体短时遮挡,导致接收机误码率突然上升,因此,在长距离光纤通信中使用的 R-S 线路编码并不十分适用于自由空间光通信系统,需要研究具有更强纠正突发误码能力的编码方案,这也是自由空间光通信领域的一个研究热点。

调制解调单元实现信号的电/光和光/电变换,也就是系统中的光源和光检测器。当系统的信息传输速率高于 10Gb/s 时,光调制常常还需要采用外调制方式来实现。早期的自由空间光通信系统主要使用大功率气体激光器担任光源,部分系统还使用光电倍增管担任光电检测器。随着光电子技术和器件的不断成熟,有源半导体光器件的寿命、功率和调制特性得到了很大的提升,因此目前大多系统使用半导体激光器作光源、PIN 或 APD 作光检测器。

目前,自由空间光通信系统多采用强度调制、直接检测(IM-DD)方式。采用的调制方式多为开关键控(OOK)、曼彻斯特编码和脉冲位置调制(PPM)等方式。发送机中的激光器驱动、保护电路和接收机中的前放、主放、自动增益控制(AGC)电路以及后续的时钟恢复、抽样判决等电路与光纤通信中的电路基本相同。

光波在大气中传播时,天气情况及大气中悬浮微粒的多少对光束传播损耗影响很大。因此在同样的地点,相同的距离,季节、天气和空气质量等因素都会造成大气链路损耗的巨大变化。为了能够适应这种外界环境变化带来的影响,自由空间光通信系统在端机中通常会设置自动功率控制电路,在不同的大气衰减条件下,自动调整发送光功率,降低对接收机电路的动态范围要求,使系统能够正常工作。自动功率控制电路可以从接收信号的强弱分析信道损耗信息,并据此调整半导体激光器的调制电流,从而控制发送光功率,以补偿大气信道变化导致的光波传播损耗变化。

接收光学天线的任务是将一定面积内的信号光会聚到光检测器上,目的是增大接收光信号功率;发送光学天线的任务是压缩光束发散角,降低激光束在大气中传播时的发散损耗。如果假设光束发散角为 θ(单位为 rad),则在传输 L(单位为 m)距离后的光斑直径 D 可估算为 $\theta \times L$(单位为 m)。

例 7.2 光束的发散角导致的接收损耗问题。

假如光束的发散角为 1mrad,则按 $D=\theta \times L$ 计算,传输 1km 后的光斑直径约为 1m。如果此时接收光学天线的直径为 10cm,则如果光强在光束面上均匀分布,则接收到的光功率只有 1m 直径光斑的 1%,带来 20dB 的光束扩散损耗。

假如能够将光束的发散角减少为 0.1mrad,则传输 1km 后的光斑直径约为 10cm,此时如果能够实现收发天线的精确对准,则接收天线就能 100% 的接收到传输扩束后的光斑,没有光斑发散损耗。因此,长距离大气激光通信系统通常将光束发散角控制在微弧度量级,并且需要完成自动对准的 ATP 系统。

自由空间光通信系统多采用折射式光学天线。构成光学天线的主要方式为收发分离式和收发合一式。

在自由空间光通信中,通常为了保证接收端可以较快地捕获到光波,发送光束不宜过窄,因此发送光学天线口径一般不宜过大。接收端则不同,接收光学天线的接收口面越大,则收集到的光能量越多,且越不易受大气湍流、建筑物晃动及移动物遮挡的影响。因此,在没有自动跟踪、瞄准系统的情况下,自由空间光通信系统宜采用收发分离式光学天线,通常发送天线口径在厘米数量级,对应的光束发散角约在毫弧度数量级,在 1km 处形成的光斑直径约在米数量级;而对接收天线,则要求口径尽可能大一些,目前通常可以做到 10cm 量级。收发分离式光学天线还有一个优点是很容易实现多光束发送和接收,成本较低,实际应用效果较好。主要存在的问题是发送天线和接收天线可能存在指向不一致的问题,因此对光学天线的装配、收发方向匹配要求较高。图 7-5 是一种典型的收发分离式光学天线示意图。

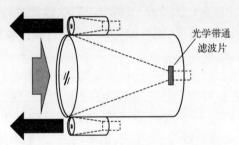

图 7-5 一种收发分离式光学天线示意图

要完成系统的双向互逆跟踪,自由空间光通信系统需要采用收发合一天线。天线由主镜、副镜、合束/分束半反镜、光学滤波片等光学元件构成,如图 7-6 所示。收发合一式光学天线收发同向一般没有问题,国际上现有系统的天线口径一般为 5~25cm,发送光束发散角在数微弧度到数十微弧度之间,传输 1km 时光斑直径仅略大于天线口径。收发合一式天线需要更高的装配精度,同时需要的光学元件也更多更复杂,成本更高,环境适应能力弱于分离式天线,因此收发合一式天线在自由空间光通信系统使用较少。

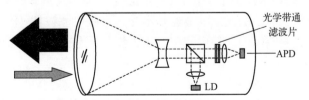

图 7-6 一种收发合一式光学天线示意图

在安装调试自由空间光通信系统时,大多数系统使用人工观测方法实现收发对准,因此通常光学天线上还需要考虑附加给安装人员使用的望远镜和信标光源。此外,光学天线应安装在稳固的平台上,且在平台上有高低、水平两个方向的旋转调整能力。

7.4 自由空间光通信的关键技术

自由空间光通信系统的关键器件包括光源、光检测器、光学滤波器和光学天线等,关键技术主要包括调制解调和自动跟踪对准技术。其中光源、光检测器一般与光纤通信系统中的相同,在此就不再赘述。本节将重点介绍自由空间光通信系统的其他关键器件及关键技术。

7.4.1 窄带光学滤波

大气信道中存在众多背景噪声光源,如太阳光、云和建筑物反射光、人工光源等。工作波长选择时,一方面我们考虑了大气窗口问题,另一方面我们还注意避开了背景光的高辐射谱段,以期减少背景光对通信的干扰。但是,由于光电检测器存在较大波长范围的响应能力,仅仅靠选择工作波长不能根本解决问题。如图 7-3 所示,用于光信号检测的 PIN、APD 等光检测器件均存在较大波长范围的响应区,因此这些落在这些波长范围内的背景光不可避免的也要形成光电流,使系统信噪比下降。要提高系统的工作性能,必须采取措施对这些背景光源进行抑制。

采用光学滤波技术可以对背景光进行有效抑制。在众多的背景光中,太阳光功率最大、影响最为严重,而且有多种途径进入接收光路,如大气的散射、云或地面物体的反射等,因此需要重点对待。如图 7-3 所示,太阳光辐射波长约从 300nm 延伸到 2500nm 以上,其中大部分能量处于光检测器的响应波长范围内,如不采取措施,则背景光可形成很大的噪声光电流。为抑制这种干扰,我们需要在光电检测器前设置光学滤波器,在保证信号光能够很好地透过的同时,滤除其他波长的背景光,以提高系统的光信噪比。光学滤波器是一个放置在光束通道上用来控制各种不同波长光的透过率的材料或元件,其作用与在通信系统中使用的任何类型的前置滤波器完全一样。

在通信系统中,通常使用带通滤波器作为前置滤波器滤出带外光信号。同样,在自由空间光通信系统中,也需要带通型的光学滤波器。目前 DFB-LD 的谱宽已降到 0.1nm 以内,而调制 2.5Gb/s 的信号后其波长展宽也不过 0.04nm,加上 LD 工作时可能发生的波长漂移,信号光需要的通带范围小于 0.2~0.5nm。

可用于自由空间光通信的光学滤波器基本类型有吸收滤波器、干涉滤波器和原子共振滤波器。通常在自由空间光通信中使用 5.3.3 节中所述的 DWDM 的窄带光学滤波器。另外,使用光纤布喇格光栅型光学滤波器也是一种可行的方案。

在自由空间光通信系统中使用 FBG 时,需要将空间光束耦合进光纤,同时,由于 FBG 是有选择地对某一波长范围的光波进行反射,因此还需要使用光纤环形器调整光传输方向,使反射的光波能够到达光电检测器。在自由空间光通信系统中使用 FBG 实现光学滤波的工作原理框图如图 7-7 所示。

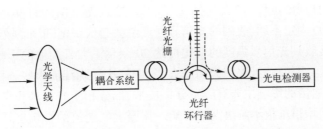

图 7-7　空间光通信系统中使用 FBG 实现光学滤波的工作原理

7.4.2　光学天线

在空间激光通信中,光学天线的作用主要表现在两个方面:一方面,在发送端,对激光束实现扩束,压缩光束发散角,减少光束发散损耗。当 LD 发出的激光经准直后直接进行发射时,光束在传播数千米后扩散大,往往光束发散损耗就达到 10dB 以上,而使用光学发射天线对激光束进行扩束后,则可以有效地压缩光束发散角,减少光束发散损耗,降低对光源的光发射功率要求。另一方面,在接收端,增大接收面积,压缩接收视野,减少背景光干扰。通常半导体光电检测器的光敏面直径在厘米数量级,能够接收的光信号非常有限,使用一定口面大小的光学接收天线可将光信号的接收面积增大数十至数百倍,大大提高了所接收到的信号光功率。同时,由于光学天线对接收视场的压缩作用,落到半导体光电检测器光敏面上的背景光噪声也要小得多,这两种作用都可充分提高光接收机的信噪比,延伸系统的通信距离。

实际上光学天线相当于一个物镜系统,通常有折射式天线、反射式天线和折反射组合式天线三种结构形式。在自由空间光通信系统中,主要出于成本方面的考虑,通常选择折射式光学天线。折射式光学天线通常由一组透镜构成的,如图 7-8 所示。

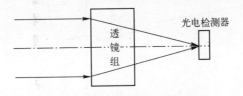

图 7-8　折射式光学天线示意图

折射式光学天线的主要优点是对成本较低,光无遮挡,加工球面透镜工艺成熟,通过光学设计易消除各种像差,且物镜组牢固稳定,长期使用不变形。为减少表面反射,通常各透镜还需要镀上一层或多层针对工作波长的增透膜,如采用多层镀膜技术,实际上此时该透镜还起到了一定的光学滤波作用,可有效地减少背景光的干扰。

7.4.3　大气湍流抑制

大气湍流,就是大气各点的密度不规则的微小起伏。它是由于地球表面空气的不断对流引起的。密度的变动造成折射率的变化,光束通过时,就会偏离原来的方向,发生不稳定的偏折。这种现象也称为"大气抖动"。抖动造成光束偏折的角度一般为几秒到十几秒。由于接收点固定不动,收到的光信号强度就会起伏变化,带来强烈的干扰。在数千米的距离上,所接收到光信号强度的变化可达20余倍。大气湍流的影响,在空气的对流较强时最为明显。例如,晴天比阴天湍流大些,中午比早晚湍流大些。目前,抑制大气湍流对自由空间光通信的影响主要有收发分集技术、部分相干光技术和自适应光学波前校正等,但这些方法均很难根本解决湍流影响。克服大气湍流的影响也是自由空间光通信领域目前的一个研究热点。

7.4.4 捕获跟踪

对自由空间光通信系统来说,为了保证光传输链路的性能,光链路两端的对准(捕获)和保持(跟踪)至关重要。但在对准以后,外界环境的变化仍然会导致光传输链路偏离,这就要求链路两端设备都必须具备自动跟踪的能力。有两种办法可以解决这一问题:散光法和自动跟瞄法。

散光法是让激光束以较大的发散角发送,在到达接收器时光束就会形成一个很大的光锥,如图7-9所示。典型产品的光束发散角为1~6mrad,当传输距离为1km时,光锥半径为1~6m。安装时,将发射光束中心对准接收器,即将接收天线置于光锥的圆心处,这样,即使发送光束对准角度有一定的偏差,接收机仍可接收到光信号,如图7-9中虚线部分所示。此时只不过接收光信号功率有所下降,但通常不至于导致通信中断。散光法存在的问题是光束发散损耗较大,因而要求发送端拥有更大的发送光功率。

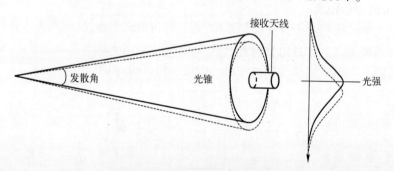

图7-9 散光法容忍光束偏差

自动跟瞄技术,又称为捕获、跟踪和对准(ATP)技术,比散光法纠偏的效果更好,但由于涉及更多的控制电路和高精度光学元件,因而成本也比较高。自动跟瞄法通过检测光束对准误差并反馈至可移/转动镜片以实现发送光束方向的实时动态调整,最终使激光束始终锁定住目标,保持对准误差在很小的范围内。自动跟瞄子系统实现了光束对准的闭环控制,对准误差小,因此在发送端可减小光束发散角,因而也提高了接收光信号功率,接收端光信噪比高,非常适合用在高速数据传输的场合。图7-10是一种典型的ATP系统组成框图。

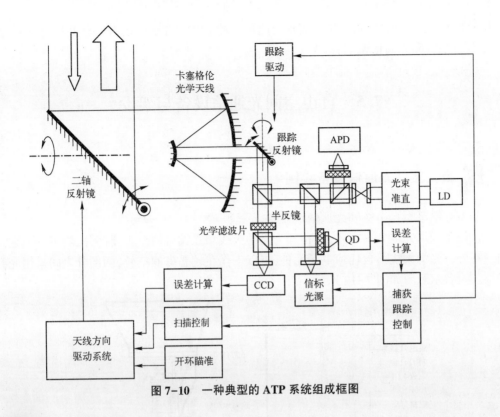

图 7-10　一种典型的 ATP 系统组成框图

7.4.5　光调制解调技术

目前的数字光通信系统大多设计为强度调制/直接检测(IM/DD)系统。适用于此类系统中的光调制方式有很多种,其中最一般的形式是 OOK 和曼彻斯特编码。在 OOK 中,通过在每一比特间隔内使光源脉冲开或关对每个比特进行发送。这是调制光信号最基本的形式,只需使光源开/关即可实现编码。在曼彻斯特编码中,序列中每一比特由两个开关脉冲组成。如 0bit 可由 1 个正脉冲后紧跟一个负脉冲表示,而 0bit 由 1 个负脉冲后紧跟 1 个正脉冲表示。

为了进一步提高传输通道抗干扰能力,应用于大气信道的光通信系统很多采用了脉冲位置调制(Pulse Position Modulation,PPM)。图 7-11 就是一个 4-PPM 调制示意图。当信源为(0,0),则脉冲出现在 0 时隙;当信源为(0,1),则脉冲出现在 1 时隙;当信源为(1,0),则脉冲出现在 2 时隙;当信源为(1,1),则脉冲出现在 3 时隙。

图 7-11　4-PPM 调制脉冲位置示意图

由于接收机只需要判定脉冲峰值出现的时间位置,所以 PPM 调制相比于 OOK 调制方式,可以抑制脉冲展宽畸变和幅度抖动对通信性能的影响。但为此付出的代价是要减少脉冲宽度,从而增加了系统带宽需求。除单脉冲PPM调制外,还有差分PPM和多脉冲PPM等其他空间光通信调制方式。

7.5 自由空间光通信设备与架设

7.5.1 自由空间光通信设备实例

本节介绍某型自由空间光通信端设备。

该设备采用光电分离方式,设备分为光学天线和光端机两个主要部分,均可安装在室内或室外。光学天线不含任何电子元件,可以工作在较恶劣的室外,两部分之间采用光纤连接。设备示意图如图7-12所示。

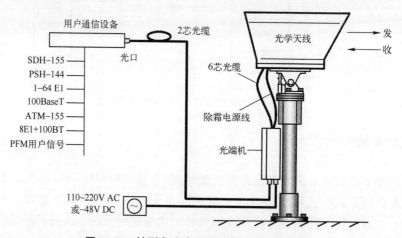

图 7-12　某型自由空间光通信端设备示意图

设备利用4束小功率的红外激光束为信号载体,两只120mm口径的光学接收天线构成的接收组件并联接收对端的光信号,并经光功率合成器合并成一路信号,提供了更高的信号冗余度,保障高性能和高可靠性。光端机内部由发送组件、接收组件、管理控制接口组件构成。发射组件和接收组件与光学天线之间用光纤连接,连接关系如图7-13所示。

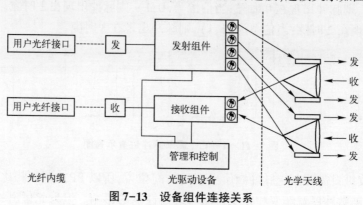

图 7-13　设备组件连接关系

设备使用折射式光学天线,天线组件面板如图 7-14 所示,安装于图 7-15 所示的平台上。

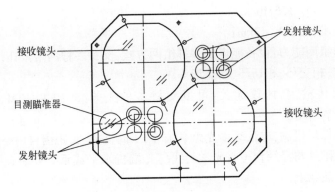

图 7-14 天线组件面板

图 7-15 光学天线安装平台

光学天线包含以下部分:

(1) 整体结构;

(2) 由光纤连接的四路发射光学天线和两路接收光学天线;

(3) 用于系统粗略校准的光学望远镜;

(4) 用于俯仰和旋转调整的经纬台;

(5) 整机固定装置;

(6) 具备除霜功能的保护玻璃;

(7) 除霜控制器件;

(8) 用于光电连接的后面板。

光端机组件包含以下部分:

(1) 二合一型光接收器接收器;

(2) 多路发射用激光器;

(3) 用户端光接口;

(4) 电源;

(5) 网管接口;

（6）实现系统状态和光学信号强度指示的面板。

设备的系统性能和业务特性如下：

（1）带宽范围：1~155Mb/s；

（2）距离范围：几百米~3km；

（3）灵活的组网能力：设备能提供多种组网方式，支持多种网络拓扑，包括点对点、链形、环形、环带链、相交环、相切环、网孔形等；

（4）物理层传输，与协议无关：可以支持多种业务：SONET、ATM、以太网（10M、100M）、FDDI、令牌环等；

（5）完善的保护机制：电信级多光束系统，用于高性能、长距离自由空间光通信网络。

设备通过基础件与经纬台可将光学天线与光端机水平或垂直安装在室内外的墙上、地面上或其他附属物上。

设备具体性能参数列在表7-2中。

表7-2　某型自由空间光通信端设备系统规格

产品规格	155/4000	622/1000	GE/1000
尺寸/cm	30×30×64		
质量/kg	13.5		
连接头输入电压/V	12~16 VDC		
电源工作电压/V	90~240 VAC（50/60Hz）		
最大电功率消耗/W	20		
工作温度/℃	−25~+60		
相对湿度	高达95%（非冷凝）		
带宽	1.5~155Mb/s	622Mb/s	1.25Gb/s
建议距离/m	650~4000	500~3300	500~2000
光学发送器	VCSEL		
输出光波长/nm	850		
光束发散度/mrad	2		
激光输出功率/mW	每光束6	每光束5	每光束5
接收器灵敏度/dB	−45	−38	−30
接收动态范围/dB	34	27	19
协议	透明		
光接口类型	SC		
光接收器类型	Si APD		
数据输入光纤/nm	SMF/MMF 1270~1350		
光接收功率/dBm	−31~−8	−31~−8	−20~−3
光发送功率/dBm	−15~−8	−15~−8	−9.5~−3

7.5.2 自由空间光通信设备架设开通

自由空间光通信设备通常在室外使用,为了保证设备安装可靠,运行稳定,设备架设需要经历勘察、安装和开通3个过程。

1. 勘察地点

自由空间光通信设备经发送光学天线输出的光几乎为平行光束,到达接收端后形成的光斑较小,因此对安装点的选择有严格要求,在设备架设之前,需要进行一个重要的工作——勘察安装地点(简称为勘点)。勘点工作中需要重点关注以下几个方面:

确定与 FSO 设备进行连接的传输设备及接口参数,例如,设备类型、光接口类型、传输速率、光波长等重要信息,这些信息有利于室外传输光缆的制作和 FSO 设备的选型;

确定下端的供电方式,通常设备供电方式为交直流可选;

绘制出完整的走线示意图,标明走线路由和固定方法,估测出线缆长度等信息;

确定安装点之间(也就是说将来的光路)是否有障碍物或潜在的障碍物,例如,是否有工地、树木、烟囱等,必须保证光路直视无阻碍,这个步骤至关重要;

确定安装点是否适合工程施工,要求安装点一定要稳固;

较为精确的测量两个安装点之间的距离。

2. 设备安装

自由空间光通信中激光束发散角非常小,为保证光束指向的稳定性,必须将 FSO 设备安装稳固。常用的安装方法有三角支架安装、侧墙安装和抱杆安装三种。

(1)三角支架安装,如图 7-16(a)所示。三角支架必须安装牢固,必要时可将三角支架铆定在坚实地面或建筑物上,也可以采用水泥固定。

(2)侧墙安装,如图 7-16(b)所示。侧墙安装特别需要确保墙体坚实牢固。

(3)抱杆安装,如图 7-16(c)所示。抱杆安装是利用电杆、铁塔等固定装置完成设备安装的一种方式。由于电杆、铁塔等装置具有一定的韧性,稳定性难以保证,因此只有在三角支架和侧墙两种安装方式都不可行时才建议采用。

(a)三角支架安装　　　　　(b)侧墙安装　　　　　(c)抱杆安装

图 7-16　常用的安装方法

3. 设备开通

自由空间光通信设备安装牢固后就需进行调试开通。设备的调试开通流程如图 7-17 所示。

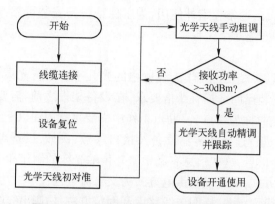

图 7-17　自由空间光通信设备开通流程图

线缆连接：连接设备工作需各种线缆，包括电源、信号、控制电缆，光缆等。

设备复位：主要是复位光学天线中各控制机构，使其均回复到默认的缺省状态，避免控制电机移动到其行程的极限位置而损坏电机。

光学天线初对准：直接借助光学天线瞄准望远镜、转台和设备控制装置来实现。在完成了光学天线复位操作后，如果本端的大致方向有偏差，可调整转台并使用设备控制装置的手动调节功能，使光学天线瞄准镜的十字中心大致对准接收端。

光学天线手动粗调：手动调节仍然通过调节设备控制装置来实现，收发两端的操作人员使用手动调节光学天线，并观察两端光学天线接收的光功率，反复调节几轮直至接收端光学天线的接收光功率大于-30dBm。

光学天线自动精调并跟踪：当手动调节到两端光学天线接收光功率均大于-30dBm后，启动"自动精调并跟踪"模式，此时光学天线会根据两端接收光功率的变化精细调整天线方向，直至接收光功率最大，并锁定。自动跟踪模式下，设备会根据接收光功率的情况适时调整，保证两端设备正常工作，通信无误码。

小　　结

本章主要介绍了自由空间光通信系统。本章首先介绍了自由空间光通信发展历程、分类及其特点优势；自由空间光通信使用大气作为传输信道，其性能与大气的传输特性密切相关，因此接着就介绍了大气信道对光波传播的影响，并给出了基本的大气信道模型；然后重点介绍自由空间光通信系统及其组成和光学滤波天线、调制和 ATP 等关键技术；最后介绍了一种典型的自由空间光通信端设备及其开通架设方法。本章的重点是大气信道的特点，工作波长选择、系统组成及架设开通流程。本章的难点是大气衰减和激光束传播损耗。

习　　题

1. 试描述自由空间光通信技术的应用优势及应用场合。

2. 试描述自由空间光通信技术的实现难点。

3. 激光束在大气中传播时会遭受哪些损伤？请描述这些损伤对系统通信性能的影响机理。

4. 某地自由空间光通信系统工作波长为 830nm，试求能见度分别为 8km 和 2km 时的大气衰减系数。

5. 请描述自由空间光通信系统工作波长选择的依据。

6. 为什么自由空间光通信系统中需要使用窄带光学滤波器？

7. 光学天线在自由空间光通信系统的作用有哪些？通常使用什么样的光学天线？为什么？

8. 什么是 PPM 调制？与 OOK 相比有何优缺点？

9. 请画出自由空间光通信系统的工作原理框图并简述各功能部件的作用。

10. 什么是收发分离式光学天线和收发合一式光学天线？它们各自的优缺点是什么？自由空间光通信中常使用哪一种？为什么？

11. 请简要描述自由空间光通信设备架设开通流程。

第8章 光纤通信工程

8.1 建设项目管理概述

项目管理是一门新兴的管理科学,是现代工程技术、管理理论和项目建设实践相结合的产物,它经过数十年的发展和完善已日趋成熟,并以经济上的明显效益在各发达工业国家得到广泛应用。实践证明,在经济建设领域中实行项目管理,对于提高项目质量、缩短建设周期、节约建设资金都具有十分重要的意义。

8.1.1 建设项目的基本概念及构成

建设项目是指建设单位按一个总体设计进行建设,统一管理,经济上统一核算,形成综合生产能力的项目,一个建设项目可包含多个单项工程。凡属于一个总体设计中分期分批进行建设的主体工程和附属配套工程、综合利用工程等都应作为一个建设项目,不能把不属于一个总体设计的工程,按各种方式归算为一个建设项目;也不能把同一个总体设计内的工程,按地区或施工单位分为几个建设项目。

分建设项目是指跨省项目或省内多个地市划分为若干个分建设单位进行建设管理的项目。

单项工程是建设项目或分建设项目的组成部分,具有独立的设计文件,建成后能够独立形成生产能力及发挥效益的工程。单项工程是建设项目的组成部分。

单位工程是单项工程的组成部分,具有独立的设计文件,可以独立组织施工的工程。

为了加强建设项目管理,正确反映建设项目的内容及规模,建设项目可按投资的用途、投资的性质、建设阶段以及建设规模等进行分类,如图 8-1 所示。

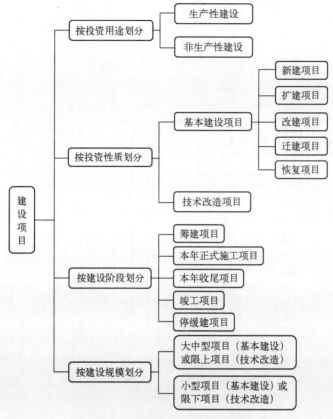

图 8-1　通信建设项目分类示意图

8.1.2 建设程序

　　建设程序是指建设项目从设想、选择、评估、决策、设计、施工、竣工验收以及投入生产整个建设过程中,各项工作必须遵循的先后顺序的法则。这个法则是在人们认识客观规律的基础上制定出来的,是建设项目科学决策和顺利进行的重要保证;是多年来从事建设管理经验总结的高度概括,也是取得较好投资效益必须遵循的工程建设管理方法。按照建设项目进展的内在联系和过程,建设程序分为若干阶段,它们之间的先后次序和相互关系,不是任意决定的。这些进展阶段有严格的先后顺序,不能任意颠倒,违反它的规律就会使建设工作出现严重失误,甚至造成建设资金的重大损失。

　　在我国,一般的大中型和限额以上的建设项目从建设前期工作到建设、投产要经过项目建议书、可行性研究、初步设计、年度计划、施工准备、施工图设计、施工招标、开工报告、施工、初步验收、试运转、竣工验收等环节。具体到光纤通信工程基本建设项目和技术改造建设项目,尽管其投资管理、建设规模等有所不同,但建设过程中的主要程序基本相同,如图 8-2 所示。

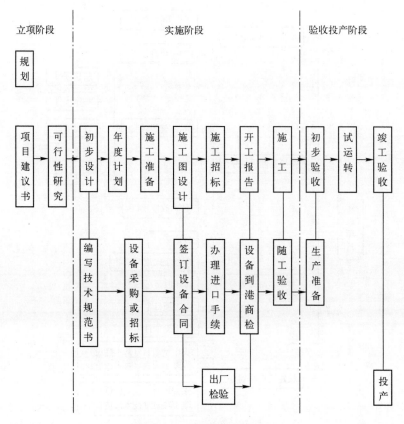

图 8-2　基本建设程序图

1. 立项阶段

1）项目建议书

凡列入长期计划或建设前期工作计划的项目,应该有批准的项目建议书。各部门、各地区、各企业根据国民经济和社会发展的长远规划、行业规划、地区规划等要求,经过调查、预测、分析,提出项目建议书。

2）可行性研究

可行性研究是基本建设程序中重要的一个环节,可行性研究的主要目的是对项目的技术可行性和经济可行性进行科学分析和论证。

2. 实施阶段

1）初步设计

初步设计是根据批准的可行性研究报告,以及有关的设计标准、规范,并通过现场勘察工作取得可靠的设计基础资料后进行编制的。初步设计的主要任务是确定项目的建设方案、进行设备选型、编制工程项目的总概算。其中,初步设计中的主要设计方案及重大技术措施等应通过技术经济分析,进行多方案比选论证,未采用方案的扼要情况及采用方案的选定理由均应写入设计文件。

2）年度计划

年度计划包括基本建设拨款计划、设备和主材(采购)储备贷款计划、工期组织配合计划等,是保证工程项目总进度要求的重要文件。

建设项目必须具有经过批准的初步设计和总概算,经资金、物资、设计、施工能力等综合平衡后,才能列入年度建设计划。经批准的年度建设计划是进行基本建设拨款或贷款的主要依据。年度计划中应包括整个工程项目的和年度的投资及进度计划。

3) 施工准备

施工准备是基本建设程序中的重要环节,是衔接基本建设和生产的桥梁。建设单位应根据建设项目或单项工程的技术特点,适时组成机构,做好以下几项工作:

（1）制定建设工程管理制度,落实管理人员。

（2）汇总拟采购设备、主材的技术资料。

（3）落实施工和生产物资的供货来源。

（4）落实施工环境的准备工作,如征地、拆迁、"三通一平"（水、电、路通和平整土地）等。

4) 施工图设计

施工图设计文件应根据批准的初步设计文件和主要设备订货合同进行编制,并绘制施工详图,标明房屋、建筑物、设备的结构尺寸、安装设备的配置关系和布线,施工工艺和提供设备、材料明细表,并编制施工图预算。

5) 施工招标

施工招标是建设单位将建设工程发包,鼓励施工企业投标竞争,从中评定出技术、管理水平高、信誉可靠且报价合理的中标企业。建设工程招标依照《中华人民共和国招标投标法》规定,推行施工招标对于择优选择施工企业,确保工程质量和工期具有重要意义。

建设单位编制标书,公开向社会招标,在拟建工程的技术、质量和工期要求的基础上,预先明确建设单位与施工企业各自应承担的责任和义务,依法组成合作关系。

6) 开工报告

经施工招标,签订承包合同后,建设单位在落实了年度资金拨款、设备和主材的供货及工程管理组织,建设项目于开工前一个月由建设单位会同施工单位向主管部门提出开工报告。

在项目开工报批前,应由审计部门对项目的有关费用计取标准及资金渠道进行审计,方可正式开工。

7) 施工

光纤通信工程建设项目的施工应由持有相关通信工程施工资质证书的施工单位承担。施工单位应按批准的施工图进行施工。

在施工过程中,对隐蔽工程在每一道工序完成后应由建设单位委派的工地代表随工验收,验收合格后才能进行下一道工序。

3. 验收投产阶段

1) 初步验收

初步验收一般是由施工企业完成施工承包合同工程量后,依据合同条款向建设单位申请项目完工验收。初步验收由建设单位（或委托监理公司）组织,相关设计、施工、维护、档案及质量管理等单位参加。

除小型建设项目外,其他所有新建、扩建、改建等基本建设项目以及属于基本建设性质的技术改造项目,都应在完成施工调测之后进行初步验收。初步验收的时间应在原定计划建设工期内进行,初步验收工作包括检查工程质量、审查交工资料、分析投资效益、对发现的问题提出处理意见,并组织相关责任单位落实解决。

2) 试运转

试运转由建设单位负责组织,供货厂商、设计、施工和维护单位参加,对设备、系统的性能、功能和各项技术指标以及设计和施工质量等进行全面考核。经过试运转,如发现有质量问题,由相关责任单位负责免费返修。试运转一般为 3 个月。

3) 竣工验收

竣工验收是工程建设过程的最后一个环节,是全面考核建设成果、检验设计和工程质量是否符合要求,审查投资使用是否合理的重要步骤;竣工验收对保证工程质量,促进建设项目及时投产,发挥投资效益,总结经验教训有重要作用。

竣工项目验收前,建设单位应向主管部门提出竣工验收报告,编制项目工程总决算(小型项目工程在竣工验收后的一个月内将决算报上级主管部门),并系统整理出相关技术资料(包括竣工图纸、测试资料、重大障碍和事故处理记录),清理所有财产和物资等,报上级主管部门审查。竣工项目经验收交接后,应迅速办理固定资产交付使用的转账手续(竣工验收后的 3 个月内应办理固定资产交付使用的转账手续),技术档案移交维护单位统一保管。

8.2　光传输设备安装设计

光传输设备定位于通信局(站)的传输机房,机房内的光传输设备安装是光纤通信工程施工的重要组成部分,可靠的安装设计是通信设备良好运行的基础,高水平的设备安装技术是提高安装质量的根本保证,通信网络的高质量与高可靠性是光纤通信工程施工的目标。

8.2.1　设备选型和配置

在可行性研究之后,应对需要建设的光传输设备进行选型。在设备安装设计之前,应完成对各个节点新增设备的配置。

1. 主设备选型

设备的选型应遵循技术先进、稳定可靠、经济合理的原则,优先采用国产设备,必要时采用引进设备,并考虑不同生产厂商提供的设备之间的兼容性,在满足工程规模和技术要求的前提下,选用经济合理、性能价格比较高的设备。

设计单位应在设计文件中明确选用设备的主要性能指标,并详细开列设备的清单,设备选型应通过招标方式择优选用。所选传输设备必须符合国家相关技术体制规范并满足本工程技术规范书要求。

1）SDH 设备选型

SDH 设备主要有 ADM-64、ADM-16、ADM-4 和 ADM-1 四种设备,鉴于传输网是一个为话音、数据和其他可能出现的各种业务提供传输通道的基础网络,因此工程选用的 SDH 设备应至少能满足以下要求。

ADM-64 设备:应能支持二纤/四纤复用段保护环和双节点跨接,提供 VC-4 全交叉的能力和 VC-4-Xc 级连功能(连续级连和虚级连),支持网状网情况下的子网连接保护,提供 STM-1o/e、STM-4、STM-16、FE、GE 等类型的支路接口。

ADM-16 设备:应能支持二纤/四纤复用段保护环、子网连接保护和双节点跨接,提供 VC-4 全交叉能力和 VC-4-Xc 级连功能(连续级连和虚级连),VC-12 交叉能力大于等于 32×32 等效 VC-4,支持网状网情况下的子网连接保护,提供 2Mb/s、STM-1o/e、STM-4、10M、FE、GE、ATM 等类型的支路接口,以太网接口的带宽应能动态分配或通过网管设置,ATM 接口应支持 VP-Ring 保护,同一物理环应同时支持不同业务种类、不同保护方式的应用,同时各种应用的比例应能任意调整。

ADM-4、ADM-1 应能提供 34/45Mb/s、2Mb/s、10/100Mb/s 以太网、ATM 等类型的支路接口,可配合高端设备提供子网连接保护。ADM-4 设备具有平滑升级至 ADM-16 设备的能力。

同时,应视业务需要选择具有 MSTP 功能的设备。MSTP 设备的多业务支持功能主要反映在支路接口和映射方面,对 SDH 设备的传输功能没有改变,且支持 MADM 的应用。核心层、汇聚层和边缘层,均可考虑采用该类型设备。但不同厂家设备对接口和复用映射结构的支持不一致,因此在设备选型时应充分考察不同厂商的设备特点,结合本地区城域网建设和数据业务发展的特点组网。在设备的技术规范中,二层交换功能在应用时,为了避免传输系统与数据网络的功能重叠,应做好应用规划。由于对接口和复用映射结构的支持不一致,在多厂家环境下,不同厂家 MSTP 设备的数据业务接口互通会存在问题,应用时应特别注意,应选用符合国标要求的设备。

为了方便维护管理,新增传输设备应尽量选用一个厂家的设备,或参照原有网络选择同类型、同厂家的设备。

另外,应视业务增长和网络发展的趋势,在适当时候引进采用新技术的设备。在采用新设备之前,应以试验网等方式检测新技术、试运行新设备。

2）OTN 设备选型

一般在城域网的核心/汇聚层引入 OTN 技术,不但可以满足光纤跳纤、业务汇聚、快速开通的需求,而且可以解决城域内网元互联需求和客户专线需求,业务颗粒以 10G POS、10GE、GE 和 2.5G POS 为主。对于重要业务和普通业务分类保护,需要利用 OTN 的电交叉功能实现。同时,支线路板件分离,通过灵活配置和调度业务,可大大提高端口利用率。

城域网业务发展迅速,流向复杂,业务变更调整频繁,核心节点之间调度需求强烈,对工程建设周期和业务开通周期更加敏感,在 OTN 设备选型时可考虑:

(1) 引入大容量 OTN 交叉设备。城域核心节点尤其是超核节点之间超大容量需求明显,建议直接在城域网核心节点引入成熟商用的大容量 OTN 交叉设备(至少在 1T 交叉容量以上),边缘节点引入中等容量 OTN 交叉设备(至少在 300G 交叉容量以上)。

197

（2）设备要求。

①线路带宽资源规划适当冗余量,减少工程建设周期和业务调测开通时间,满足业务快速开通和业务的快速调整。

②由于城域网核心层数据以 GE、10GE、2.5G POS、10G POS 为主,因此需要设备支持 ODU0/1/2 交叉。

③在核心或者超核节点之间考虑引入 40G。

（3）接口 IP 化。

①城域核心路由器多采用光纤直趋方式,接口为 POS,由于距离原因,路由器需配长距模块,成本高。路由器直接出以太网接口,例如 GE/10G WAN/10G LAN,经 OTN 封装传送,便于降低成本。

②实现 10G 和 2.5G 以下低速客户接口的归一化化工作,降低维护难度,减少备件,尤其是全网采用 10G POS/10GE 业务的统一单板可以实现未来路由器 10G POS 向廉价的 10GE LAN 接口转换。

2. 配套设备选型

配套设备包括电源线、2M/155M 电缆、光跳线等主设备辅助材料,以及数字配线架、光纤配线架、综合配线架、加固机座等配套设备和材料。工程中主设备辅材一般由光传输设备厂商负责提供,其他配套设备和材料全部需要另行选购。通常情况下可根据技术、价格、服务等因素选用和前期工程配套的相关厂家的产品。

3. 设备配置

光传输节点的设备配置首先应满足开设各种通信业务的需要,尽量节省设备的投资。主设备的配置应根据初步设计文件的要求,以满足本期工程为主,配套设备要满足近期需要,某些设备可适当结合远期考虑。

光传输节点内一般有业务设备、传输设备、电源设备和配套设备等。由于光传输设备体积小,可靠性高,每架容纳的系统数多,故设备的配置应根据本期工程的实际需要按单元或系统进行配置。所配设备的制式、技术性能及接口参数等应一致。当配置的同一类设备单元或系统在标准机架上装不满或有较大余量时,可将这些设备单元或系统组成混合机架。在同一机房的设备应尽量选用同一高度的机架。

1）主设备配置

配置主设备时,需要依据线路的容量确定光接口速率级别,是采用 STM-16 还是采用 STM-64,是开通 2 波还是开通 4 波;需要依据距离和色散确定采用的波长,是采用 1310nm 波长还是采用 1550nm 波长,是否需要配置放大器,是否需要加衰减器;需要依据传输局向确定接口的数量并指定各个端口的方向;需要依据节点上下业务的容量和类型确定相应的业务接口。

OTN 设备的选型以及配置,应该根据业务站点数、站点实际位置和站点间的传输距离确定光放大站、中继站的设备配置方案,确定网络结构以及业务站点的设备类型配置;应该根据站点之间的业务量特点、客户侧信号类型、当前业务需求以及预期业务需求确定网络,确定业务站点的业务单板配置,确定波长的规划和分配,确定保护方式的配置方案;应该根据光纤类型确定各个站点的色散补偿配置;应该根据站内衰减、线路衰减和跨段冗余度确定光放大站、中继站设备配置方案,确定个站点的光放大器配置;根据与其他设备的对接需求,确定与之对接的单板以及对接的网络层面。OTN 设备的具体配置流程如表 8-1 所列。

表 8-1　OTN 设备的具体配置流程

步骤	配置流程	具体方法
1	信息收集	收集站点信息、业务信息、光纤信息和跨距信息等
2	光功率预算	根据光纤信息、跨距信息、光纤及系统余量要求,确定每跨段的光功率预算
3	色散	根据光纤类型、跨距信息、色散补偿原则,确定每跨段 DCM 的规格
4	跨段规格	根据每个跨段的线路衰减来确定光放板的种类
5	信噪比预算	根据光放大器的规格和光功率预算,确定系统接收端的 OSNR。如果 OSNR 高于系统 OSNR 设计规则,则网络规划完成。如果 OSNR 低于系统 OSNR 设计规则,则需要根据站点信息,增加电中继站,然后按照步骤 1~步骤 4 重新进行设备配置
6	非线性要求	根据非线性因素的影响,在系统设计时,考虑使系统所能容忍的 OSNR 有 2dB 的富余量
7	服务许可	根据现网实际的业务规划和业务容量选择相应的服务许可
8	业务接口	根据业务需求,确定需要的接口数量、类型和协议
9	波长分配	根据业务的特点,确定分配的波长资源
10	组网形式	根据主要根据网络中的业务模型来选择组网形式,其次再结合网络的物理拓扑来确定组网形式
11	站点规划	根据业务上下的情况以及业务的功率、色散、光噪声等预算结果,来确定是否需要设置站点
12	网元类型	根据业务上下的需求量、组网形式以及业务的功率、色散、光噪声等因素来确定网元的类型
13	PTP 时钟	规划 PTP 时钟以实现时间同步
14	物理层时钟	规划物理层时钟可实现频率同步
15	ID 和 IP 规划	根据业务需求规划全网的 ID 和 IP
16	保护方式	根据应用场景和保护对象,确定选择的保护方式
17	光功率管理功能	根据应用场景来确定选择的光功率管理功能
18	硬件配置	根据机柜在机房中的位置要求、散热、维护因素等确定规划机柜。根据子架、插框和单板的配置原则来规划子架、机柜和单板
19	监控信道	根据网络实际需要规划监控信道
20	环境条件	根据机房的情况、设备对湿度温度的要求、防雷等要求来规划环境条件
21	电源和功耗	根据设备的要求来规划电源和功耗

2) 配套设备配置

配套设备的配置主要是依据主设备和线路情况确定相应的规格和数量,并指定其使用情况。例如,数字配线架和光纤配线架需要指定使用的端口和数量,需要指定端口与主设备相应端口的连接关系。

设备配置的结果最后形成各节点的设备材料配置清单和设备配置面板图。因为各个厂商的设备面板和材料规格不尽相同,所以配置图表这里就不再举例。

8.2.2 光传输设备安装

1. 机房面积的确定

机房面积的确定如表8-2所列。

表8-2 机房面积的确定

项　目	主　要　内　容
确定机房面积的原则	1. 应满足初步设计文件所确定的远期通路组织及实现该通路组织安装设备的需要。 2. 应考虑通信设备的发展及新技术的采用。 3. 应考虑设备的机架结构、容量,机房的设备排列及维护方式。 4. 应能满足工程投产后15~20年发展的需要
机房面积的确定	因为光传输与其他通信专业之间有着密切的联系,以及光传输设备具有体积小,容量大等特点,同时也为了电路的调度、转接、维护等管理的方便,一般在城市内不单独设置光通信机房(专用通信网除外),而与业务设备等在同一机房内装设

2. 设备布置

为便于传输设备的统一管理、调度和维护,设备尽量安装在各局站原有的数字传输设备机房的设备区,光纤配线架、数字配线架相对集中或单独成列。光传输设备与基站、电源、数据设备安装在同一机房内时,设备布置需与相关专业协调一致,设备安装方式原则上与原有机房的安装方式一致。设备布置的要求、设备布置和安装间隔要求如表8-3所列。

表8-3 设备布置及安装间隔要求表

序号	项　目	要　求　内　容
1	设备布置要求	1. 根据近、远期规划,统一安排,近远期结合,以近期为主。 2. 便于维护、施工和扩建。 3. 有利于提高机房面积和共用设备的利用率。 4. 设备的排列顺序、设备之间的布线路由要合理,减少往返,距离最短。 5. 尽量利用自然采光及有利于抗震加固。 6. 光传输设备利用原有机房安装时,应参照原机房的设备布置合理安排。 7. 适当考虑机房的整齐美观
2	设备布置要求	1. 机房一般按专业分成业务设备区和传输设备区。 2. 通信设备的机架结构分为宽架和窄条架两种,其设备排列方式可分为: (1) 面对面、背对背排列。适用于机架背面基本不需要维护的设备。 (2) 面对面排列。适用于机面和机背均需要维护的设备。 (3) 面对面、背靠背排列。适用于机背完全不需要维护的设备。 3. 设备的排列:规模较小的机房可将同一条光缆的通信设备按复用级的顺序集中排列在一起。规模较大的机房可将光端机和电端机按不同的复用级分类集中排列。光端机宜靠近光缆引入上线洞位置,并邻近所接电端机设备。 4. 数字分配架的排列:规模小的机房,数字分配架可排列在邻近低次群适中的位置,规模较大的机房,数字分配架应排列在高、低两级复用设备之间,并邻近低次群适中的位置。 5. PCM基群架、音频终端架按性质分别集中排列,并邻近音频配线架。音频配线架应排列在靠近长途交换机械室上线洞位置。若光传输设备和模拟通信设备合装同一机房,且设有电路管理室时,上述设备也可布置在电路管理室与模拟设备排列在一起。 6. 保护倒换设备:应排列在所保护的传输系统光端机与相接的电端机之间。 7. 远供电源架:应排列在靠近列柜或电源分配箱的地方,并邻近光缆终端架。 8. 群转换复用设备:可与邻近的相同复用级的数字分配架排列在一起或与模拟群调线架排列在一起。 9. 根据需要可在机列中适当位置预留供发展用的机架位置

序号	项 目	要 求 内 容
3	设备安装间距要求	1. 主要维护走道宽度：设备单侧排列的机房为 1.3～1.5m；设备双侧排列的机房为 1.5～1.8m。 2. 次要维护走道宽度，个别突出部分可不小于 0.6m。 3. 相邻机列面与面之间的净距为 1.3～1.5m。 4. 相邻机列背与背之间的净距为 0.7～0.8m。 5. 相邻机列面与背之间的净距为 1.0～1.2m。 6. 机面与墙的净距不小于 1.0m，机背与墙的净距一般不小于 0.8m（当机背没有维护工作时可靠墙）。 7. 音频配线架与相邻机列（或与墙）之间的净距为 1.0～1.2m

3. 局内配线电缆的选择

选择配线电缆应注意以下几点：

（1）光传输设备之间的布线应满足传输速率、允许衰减，特性阻抗抗干扰等技术指标的要求，并应考虑有足够的机械强度。

（2）音频布线电缆的近、远端串音防卫度应比所接入设备的串音防卫度高 20dB。

（3）各复用设备间的布线电缆，其外径应与设备接口的插接件相适应。

4. 机房耗电量的估算

光通信机房的设备一般采用直流供电，其使用电源种类有-24V、-48V 和-60V 三种。一个局（站）内应尽量使用一种直流电源，具体使用哪种电源视使用的设备确定。机房内的交流 220V 电源除供给个别的通信设备用电外，主要用于照明和仪表用电。具体机房用电量估算如表 8-4 所列。

表 8-4 机房耗电量的估算

序号	项 目	主 要 内 容
1	直流负荷的估算	1. 直流负荷根据近、远期通路组织的规划及预选定的通信设备型号、数量，分别计算近、远期机房总的耗电量，再预留 10%～15%备用量（近期指工程投产后 3～5 年，远期为工程投产后 15～20 年）
		2. 当用蓄电池供电时，直流事故照明灯每处可按 25W 估算
2	交流负荷的估算	1. 由交流供电的通信设备，按选定的设备型号、数量计算交流用电量
		2. 列架照明用电可根据机列所需安装的总灯盏数进行计算，每盏灯按 40W 计算
		3. 仪表、烙铁、手灯等插座用电，可按机房墙壁上的插座数量进行计算，平均每个插座 300W，同时使用系数取 1/3，并宜预留 1～2kW 备用量
		4. 机房中的空调、一般照明等用电量由土木建筑专业设计考虑

5. 接地

光通信机房应设置工作地线（电源地）和保护地线（屏蔽地）。有些引进的光传输设备安装时，要求工作地线不得代替保护地线，保护地线应从电力室地线盘引专线至光通信机房地线板，然后再与光传输设备相连接。交流零线严禁与工作地线和保护地线相接。光通信机房接地系统如图 8-3 所示。

光通信机房与其他通信机房合设在同一个综合通信楼内时，其工作地线和保护地线的接地体为多种通信专业使用，因此其接地电阻应满足其中某通信专业的最小要求值。

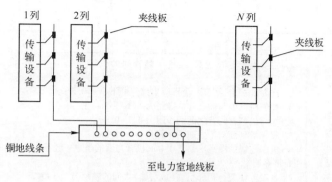

图8-3 光通信机房接地系统

当光通信局站单独设置时,工作地线和保护地线的接地电阻要求小于 5Ω。

6. 列架设计

1) 列架安装设计的具体任务

光通信机房安装设计的主要目的是采用铁件将光传输设备与机房建筑连成一体,达到牢固、抗震和方便维护及布线的要求。安装设计工作是一项比较细致、具体和繁杂的工作,既要选择好铁架安装方式和总体布局,又要解决好随不同工程情况而出现的各种具体加固要求。安装设计的具体任务是:

(1) 选定安装方式,进行总体布置。

(2) 绘制列架安装平面图及有关的安装示意图。

(3) 确定各加固点的加固方式,提出土建要求及加固示意图。

(4) 绘制非定型的铁件加工图。

(5) 统计各种安装及加固用的零件及材料数量,并提出安装工作量。

2) 列架安装方式

光通信机房的列架安装方式主要有槽道和铁架两种安装方式。由于槽道配有列柜,解决了列配电、告警显示、列照明开关及架间中继连接等问题,使增装和调换设备不需带电操作,同时槽道上有盖板、下有底板、旁有侧板,将电缆布放其中具有防尘、美观的优点,并具有一定的屏蔽作用。在槽道中布放电缆不需严格绑扎,简化了电缆剖面设计及施工。因此,一般新建机房常用槽道安装方式,其结构一般由上梁、立柱、连固铁、列间撑铁、旁侧拉铁及电缆槽道所组成。

3) 列架安装设计

列架安装设计是根据光通信机房设备平面布置及进出线的孔洞位置来具体规划出列架安装的总体布置及考虑安装加固方法,其主要内容为:具体安排列电缆槽道的位置,初期工程安装列数,主电缆槽道及过桥电缆槽道的选用规格及位置,并确定各加固点的加固方法等。上述内容一般应集中表示在机房列架安装平面布置图上。在进行设备平面布置和向土建提孔洞要求时,应初步对列架安装总体设计有所安排。

4) 列架抗震要求

为确保地震时的通信安全,列架设计应具有一定的抗震能力,对于要求地震设计烈度在七度及七度以上的通信机房,通信设备必须采取抗震加固措施。如连固铁、旁侧拉铁应与房柱加固,各种通信设备机架、立柱等必须与地面加固,与上梁应采用螺栓加固而不能

202

采用夹板加固方式。

各种传输线在电缆槽道或在电缆走道中的布放,应按导线的不同用途如低速率线、高速率线、电缆、光缆等分隔并有规律地放置。

8.3　光缆线路安装设计

8.3.1　光缆选型

光纤是构成光传输系统的主要元素,因此在光缆线路工程设计中,应根据建设的工程实际情况,兼顾系统性能要求、初期投资、施工安装、技术升级及 15~20 年的维护成本,充分考虑光纤的种类、性能参数以及适用范围,慎重选择合适的光纤。从网络建设和发展的角度出发,应根据不同的应用场合,参照光纤的适用范围选择相应的光纤和相应的光缆结构。

光(纤)缆选型的一般原则为:根据应用场合选择常规光缆、带状光缆、全介质自承式(ADSS)光缆等;根据系统特点选择光缆中光纤的类型;根据通信容量选择光缆中光纤的芯数;根据中继距离选择光缆中光纤的损耗档次;根据敷设条件选择光缆结构;根据气候条件选择光缆的温度特性。

1. 光缆容量的确定

光缆使用寿命按 20 年考虑,光缆纤芯数量的确定主要考虑以下 7 个因素:

(1) 考虑工程中远期扩容所需要的光纤数量。

(2) 充分考虑数据、图像、多媒体等业务对缆芯的需求。

(3) 根据网络安全可靠性要求,预留一定的冗余度,满足各种系统保护的需求。

(4) 与现有光缆纤芯的衔接。

(5) 考虑光缆施工维护、故障抢修的因素。

(6) 当前光缆的市场价格水平。

(7) 可适当考虑对外出租纤芯业务的所需光纤数量。

2. 光纤选型

目前,我国光缆线路工程中最普遍使用的光纤类型主要有 G. 652 光纤(SMF:标准单模光纤)和 G. 655 光纤(NZ-DSF:非零色散位移光纤)。G. 652 光纤是 1310nm 波长性能最佳的单模光纤,它同时具有 1550nm 和 1310nm 两个窗口,其零色散点位于 1310nm 窗口,而最小损耗位于 1550nm 窗口。但由于 G. 652 光纤在 1550nm 窗口的色散系数在 15~20ps/(nm·km),限制其难以应用于高速通信系统。G. 655 光纤在 1550nm 窗口同时具有最小色散和最小损耗,其损耗系数小于等于 0. 25dB/km,色散绝对值保持在 1. 0~6. 0ps/(nm·km)。

从业务发展趋势看,下一代电信骨干网将是以 10~40Gb/s 为基础的 WDM 系统,尽管 G. 655 光纤价格明显高于 G. 652,但采用 G. 655 光纤的系统成本比采用 G. 652 光纤的系统成本大约低 30%~50%。因而新敷设的光缆应适当采用 G. 655 光纤。但 G. 655 光纤因在1550nm处色散较小,其非线性效应比G.652光纤大,此时G.652光纤在避免四波混合等非线性效应时更有利。因此达到一定的速率,G.655光纤也需要进行色散补偿时,采用G.652系统成本将会有一定优势。下面按照骨干网、本地传输网和接入网3个层面分别给出光纤选型建议。

1) 骨干网

骨干网的建设可优先考虑选择G.655C、G.655D、G.655E以及G.656光纤。由于G.655光纤的截止波长已降到1450nm,已满足ITU-T G.695规定的8波道CWDM利用波长栅格范围(1470~1610nm)的要求。如果建设40Gbit/s甚至160Gbit/s,以及增加传输距离和波分复用数更多的骨干网时,G.655C、G.655D、G.655E子类的光纤光缆更适合这类光缆线路的应用,因为G.655C、G.655D、G.655E的PMD_Q小于$0.2ps/km^{1/2}$。若仍需扩展更多波段以增大骨干网的传输容量,此时G.655C光纤受色散指标限制不能解决相应的噪声及干扰问题,可考虑采用G.655D、G.655E或G.656光纤,因为G.655D、G.655E在1460~1625nm波长段的色散指标由双曲线所限制的正色散,G.656光纤在1460~1625nm波长段的色散指标为$1~14ps/(nm \cdot km)$的正色散,非常适合波道间隔更窄的DWDM。

2) 本地传输网

对于本地传输网,优先考虑选择全波光纤G.652C和G.652D。由于G.652C和G.652D的PMD_Q值都很小,因此对于10Gbit/s和40Gbit/s本地传输网而言,则允许更长的传输距离。

3) 接入网

G.652C和G.652D光纤是无水峰光纤,也称全波光纤,从1260~1625nm全部波长都可以开通使用,这种光纤非常适合于ITU-T G.957《SDH的设备和系统的光接口》、G.959.1《光传送网物理层接口》标准规定的传输设备,可以开通直到10Gbit/s的SDH传输系统,还可采用CWDM技术,适应和满足通信业务的变化。对于接入网中的多层公寓单元(MDU)和室内狭窄安装环境,弯曲不敏感的G.657是个很好的选择,G.657A与G.652D光纤的性能和应用环境相类似,但它可提供更优秀的弯曲特性,值得注意的是ITU-T G.657规范定义的G.657B,它并不强制后向兼容性,只着重于弯曲性能的改进,当它与常规单模光纤混合使用时,要考虑兼容性问题,以及施工工艺等问题。

3. 光缆结构的选择

首先,用以成缆的光纤应筛选传输性能和机械强度优良的光纤,光纤应通过不小于0.69Gpa(100kpsi)的全长度筛选。光缆结构应使用松套填充型或其他更优良的方式,目前技术水平下,松套填充层绞型结构的光缆各项指标比较适合于长途干线使用,其他结构光缆应充分论证,并慎重使用。长途干线光缆通信系统一般不使用缆内金属信号线或远端供电方式。长途干线光缆线路应采用无金属线对的光缆,如果有特殊需要需采用金属线对的光缆时,应按相关规范执行,充分考虑雷电和强电影响及防护措施。根据工程实地环境,在雷电或强电危害严重地段可选用非金属构件的光缆,在蚁害严重地段可采用防蚁护套的光缆,护套材料为聚酰胺或聚烯烃共聚物等。

应根据敷设地段环境、采用的敷设方式和保护措施确定光缆的护层结构。通信行业标准YD 5102—2010《通信线路工程设计规范》中建议的光缆护层结构如表8-5所列。

表 8-5 不同敷设方式下的光缆结构选择

管道光缆	架空光缆	直埋光缆	水底光缆	局内光缆	防蚁光缆
防潮层+PE 外护层	防潮层+PE 外护层	PE 内护层+防潮铠装层+PE 外护层	防潮层+PE 内护层+钢丝铠装层+PE 外护层	无卤阻燃材料外护层	直埋光缆结构+防蚁外护层
宜选用：GYTA、GYTS、GYFTY 等结构	宜选用：GYTA、GYTS、GYFTY、ADSS、OPGW 等结构	宜选用：GYTA53、GYTA33、GYTY53、GYTS 等结构	宜选用：GYTA33、GYTA333、GYTS333、GYTS43 等结构	宜选用：GJZY 等结构	

光缆在承受短期允许拉伸力或压扁力时，光纤附加损耗应小于 0.1dB，应变小于 0.1%，拉伸力和压扁力解除后光纤应无明显残余附加损耗和应变，光缆也应无明显残余应变，护套应无目力可见的开裂。光缆在长期允许拉伸力和压扁力时，光纤应无明显的附加损耗和应变。光缆的机械性能应当符合表 8-6 规定。

表 8-6 光缆的允许拉伸力和压扁力

光缆类型	允许拉伸力/N		允许压扁力/(N/100mm)	
	短期	长期	短期	长期
管道或非自承式架空	1500	600	1000	300
直埋	3000	1000	3000	1000
特殊直埋	10000	4000	5000	3000
水下（20000N）	20000	10000	5000	3000
水下（40000N）	40000	20000	8000	5000

8.3.2 纤芯规划

纤芯规划是进行光缆线路设计的首要问题。光纤通信网所要求的光缆芯数，应根据所设计路由沿途支线或区间通信是否需要光纤以及近期（最少 5 年）、远期通信容量的估算来综合考虑确定。

在施工方便的条件下，尽量选择盘长较大的光缆。选择光缆芯数时，要把近期效益和长远规划结合起来，充分考虑扩容的可能性；根据"建设一条线，服务一大片"的指导思想，充分考虑沿途各大单位的通信需要。

当网络规模较大时，光缆的建设应按照网络分层的概念分层、分缆建设。大城市城区核心层光缆芯数应在 48～96 芯；中小城市核心层、大中城市汇聚层光纤芯数应在 36～48 芯之间；城区边缘层光缆采用 24 芯以上；郊区和野外光缆采用 8～24 芯即可；用户接入层面可以根据需要采用光缆。

对于中等规模的网络，可以将核心层光缆与汇聚层、边缘层光缆分开使用，或者业务密集区域采用大芯数光缆，业务稀疏地方采用小芯数光缆。总之，应根据具体情况区别对待。

当网络规模较小时，由于节点数量较少，分缆建设各层面的光缆会浪费较多的管道资源，且光纤的冗余度过高，容易导致单位造价高，此时可以采用同缆分纤的方式。

关于同缆问题，在具备条件的情况下可考虑核心层与其他层面的光缆分层建设；为了节约成本，汇聚层和边缘层光缆可以考虑采用同缆分纤的方式，但应规划好光纤的使用计划，汇聚层的纤芯在边缘层局站尽量不要采用活接头连接的方式，而是采用熔接方式，因为在系统中活接头太多，一方面光纤衰减比较大，另一方面潜在故障点增多，光纤故障难以定位。

一般地，由于干线光缆的中继或光放段传输距离比较长，本地网的传输距离比较短，因此干线系统和本地系统的光纤应分缆建设。

8.3.3 光缆线路设计的一般原则

光缆线路设计一般应依据下列原则：

（1）标出精确的光缆线路路由且保证其满足所有的安装技术规范，获得一切需要的光缆安装授权和沿光缆路由的许可。

（2）完成光缆线路工程设计，应包括下列内容：

① 确认将使用的光波设备且保证采用的光缆结构能使设备正常地工作。

② 确定光纤类型，计算或测量总的损耗、色散和其他限制带宽的因素。

③ 确定光缆类型——室外链路、室内链路、松套管、紧套、铠装、燃烧等级、光纤芯数等。

④ 确定接头地点、光缆盘长、接续人员和光纤转插板的位置。

⑤ 确定光纤连接器类型和连接器安装程序。

（3）了解影响安装的一切安全因素。

（4）保证安装正确以及测量设备可用，保证所有工程人员都经过安装和处理光缆方面的培训，并制定正确的安装程序和时间进度表。

（5）按照每个设计要求允许的合适运输时间来订购光缆和所需要的设备。

（6）一旦光缆到货，在光缆安装前必须进行光缆的单盘检验。

（7）确定光缆路由，按需求敷设所有的管道、导管、中间导管、钢绞吊线等。

（8）按照工程设计要求安装光缆。

（9）按要求将所有的分立的光缆、接续起来成为一体，在接续过程中需用 OTDR 进行测试。

（10）在合适的转插板或接头盒中终结光缆并且完成光缆安装。

（11）用 OTDR 和光功率计测试整个光纤通信系统，保证系统的测试结果都在设计标准值以内。

（12）安装所有的光端设备。

（13）将光端设备接至光缆线路，进行试运行和测试。

（14）记录完备的光纤通信系统资料，包括正确的路由图、光纤分配、损耗读数、OTDR 衰减谱等。

（15）制订抢修计划。

8.3.4 光缆线路设计的关键问题

光缆线路设计时,有两个问题需要注意:第一是光缆的最小弯曲半径;第二是光缆的牵引拉力。

1. 最小弯曲半径

静止状态时,光缆弯曲半径应不小于光缆外径的 15 倍;非静止状态(施工过程中)时不应小于 20 倍。单根光纤和光纤跳线的最小弯曲半径更小,一般为 2~3cm。这个最小弯曲半径随工作波长而变,波长越长最小半径会稍大一些。光缆和光纤的弯曲半径如图 8-4 所示。

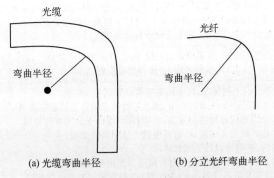

(a) 光缆弯曲半径　　　　　(b) 分立光纤弯曲半径

图 8-4　光缆和光纤的弯曲半径

在施工过程中或施工完毕后,光缆若小于其最小弯曲半径要求,可能会造成光缆损伤以及光纤衰减增大。如果光缆过度弯曲,即使外表上没有物理损伤,但光缆中的光纤会断裂,我们应迅速检测该光缆,抢修严重损伤的光缆段或更换整条光缆。

2. 牵引拉力

光缆布放的牵引张力应不超过光缆允许张力的 80%,瞬间最大张力不超过光缆允许张力的 100%(指无金属内护层的光缆)。采用牵引方式敷设时,主要牵引力应加在光缆的加强件(芯)上,并防止外护层等后脱。

为避免牵引过程中光纤受力和扭转,光缆牵引时,应制作合格的光缆牵引端头。机械牵引时,张力应能调节,并应具有自动停机(超负荷)功能,并自动发出告警。表 8-7 对各类型的光缆的强度进行了比较。

表 8-7　光缆的强度

光 缆 类 型	一 般 特 性
室内松套管铠装	最高强度,良好的耐压,可用于直埋安装
松套无铠装	结实的光缆,经不起大的压力,如果用于直埋,它应放入管道中
室内紧套	在安装中应予以注意,如果在牵引作业中遇到急弯,光纤容易断裂
跳线	仅安装在设备终端和连接光缆托盘中,当处理和布放这些光缆时要格外小心

禁止扭绞光缆,长期储存光缆时建议使用光缆盘。当储存光缆较短时,可将其绕成"8"字形平放,要保证"8"字形弯曲半径大于光缆的最小弯曲半径;当储存光缆较长时,为

防止光缆受压应将"8"字形中间的光缆交叉点支撑起来。

采用光缆夹具、支撑件、紧固件、导轮及其类似器具来防止光缆变形。所有的夹具和支撑件应具有光滑、均匀的接触表面。跳线扎包固定时，不要将其扎包得过紧，扎包只是为了将跳线悬挂起来，要保证扎包不使光缆护层变形。

8.3.5 光缆线路安装设计

不同地段适用的敷设方式如表8-8所列。

表8-8 光缆敷设方式表

敷设方式	适 用 地 段
直埋	光缆线路在郊外一般采用直埋敷设方式，只有在现场环境不能采用直埋方式，或影响线路安全、施工费用过大和维护条件差等情况下，可以采用其他敷设方式。 国外在敷设郊外光缆时，多采用硬塑料管管道敷设
管道	光缆线路进入市区，应采用管道敷设方式，并利用市话管道。目前无市话管道可资利用的，可根据长途、市话光(电)缆发展情况，考虑合建电信管道
架空	光缆线路遇有下列情况，可采用架空架设方式： 1. 市区无法直埋又无市话管道，而且暂时又无条件建设通信管道时，采用架空方式短期过渡。 2. 山区个别地段地形特别复杂，大片石质，埋设十分困难的地段。 3. 水网地区路由无法避让，直埋敷设十分困难的地段。 4. 过河沟、峡谷埋设特别困难地段。 5. 省内二级光缆线路路由上已有杆路可资利用架挂地段。 超重负荷区及最低气温低于-30℃地区，不宜采用架空光缆线路

1. 直埋光缆线路安装设计

（1）直埋光缆路由应选择安全稳定的路由，避免不稳定地带；尽量沿靠主要公路，顺路取直，以便于施工和维护。路由选择应避免地下水位较高的地段或常年有积水的地方，也应避免在今后有可能建设房屋、道路或常有挖掘施工的地段敷设，以免今后对直埋光缆造成危害。

对于当地造价相对较低、可靠性要求较高，或者由于土质、城建规划等方面的要求，可根据具体情况确定全程或部分路段加PVC管、硅管、红砖、保护瓦等方式保护。

（2）为有效保护光缆，确保光缆安全，光缆埋深应满足表8-9要求。

表8-9 光缆埋深要求

敷设地段或土质	埋深/m	备 注
普通土(硬土)	≥1.2	
半石质(砂砾土、风化石)	≥1.0	
全石质	≥0.8	从沟底加垫10cm细土或沙土上面算起
流沙	≥0.8	
市郊、村镇	≥1.2	
市内人行道	≥1.0	
穿越铁路、公路	≥1.2	距道渣底或路面算起
沟、渠、水塘	≥1.2	
农田排水沟(1m宽以内)	≥0.8	

（3）直埋光缆在不同地段应采取相应的防护措施：

① 直埋光缆穿越铁路和采用顶管穿越公路的地点时，需采用无缝钢管或对边焊接镀锌钢管对其进行防机械损伤的保护，钢管内径不小于 80mm，钢管内穿放 2 ~ 4 根塑料子管。

② 光缆穿越碎石或简易公路，采用 PVC 管直埋通过。

③ 光缆穿越沟、渠、塘，在光缆上方覆盖钢筋混凝土平板保护。

④ 光缆穿越高坎、梯田采用石坎护坡保护。

⑤ 在土质松软地段，地形剧烈起伏、陡坎地段和白蚁出没地段，应按照要求采取加垫砖块、取土、做护坡和拌药等措施加以保护。

（4）直埋光缆接头盒应安排在地形平坦和地质稳固的地方，尽量避开水塘、河渠、沟坎、道路等施工和维护不便的地方。光缆接头盒可采用水泥盖板保护，以防止机械损伤。

（5）直埋光缆的排流线数量、芯径等参数根据具体雷击情况、施工地段的土质情况确定。

（6）直埋光缆敷设后，需要设置永久性标志，以便寻找光缆线路上的特定位置。

（7）直埋光缆与其他地下管线和建筑物的最小净距应符合表 8-10 要求。

表 8-10　直埋光缆与其他地下管线和建筑物的最小净距要求

建筑设施名称		最小净距/m	
		平行时	交越时
通信管道边线(不包括人孔)		0.75	0.25
非同沟直埋通信光(电)缆		0.5	0.25
直埋电力电缆	35kV 以下	0.5	0.5
	35kV 以上	2.0	0.5
架空线杆及拉线		1.5	
给水管	管径小于 30cm	0.5	0.5
	管径为 30~50cm	1.0	0.5
	管径 50cm 以上	1.5	0.5
高压石油、天然气管		10.0	0.5
热力管、排水管		1.0	0.5
热力管、下水管		1.0	0.5
排水沟		0.8	0.5
煤气管	压力小于 300kPa	1.0	0.5
	压力为 300~1600kPa	2.0	0.5
排水沟		0.8	0.5
房屋建筑红线或基础		1.0	
树木	市内、村镇大树、果树、行道树	0.75	
	市外大树	2.0	
水井、坟墓、粪坑、积肥池、沼气池、氨水池		3.0	

建筑设施名称	最小净距/m	
	平行时	交越时
备注	1. 采用钢管保护时,与给水管、煤气管、石油管交越时的净距可降为 0.15m; 2. 大树指直径 300mm 及以上的树木。对于孤立大树,还应考虑防雷要求; 3. 穿越埋深与光(电)缆相近的各种地下管线时,光(电)缆宜在管线下方通过; 4. 隔距达不到上表要求时,应采取保护措施	

2. 管道光缆线路安装设计

（1）人孔间的管道段长,主要考虑光缆的标准制造长度和光缆布放状态时的最大允许拉力相适应。市区内通信管道的段长一般为 120~150m,市郊采用塑料管道的管段长度可达 250~300m。

（2）为避免渗漏进管道中的污水产生淤积,两人孔间的管路应具有一定的坡度,一般为 3‰~4‰,管道坡度通常有一字坡或人字坡两种。

（3）管孔数应与该路由上光缆远期(15~20 年)规划数量相适应,原则上一条光缆占用一个管孔。总管孔数可设计为远期规划的光缆数量乘以表 8-11 中的敷设环境倍率,再加上备用管孔数。但必须注意,设计时应充分考虑管孔内布放子管的数量。

表 8-11　敷设环境倍率表

分类		敷设环境倍率			说　明
	缆条数 倍率	1	2~4	5以上	
一般道路	石子路和简易路面	2.0	1.3	1.0	凡是在石子路的路面上加 2~3cm 作为防尘处理或表面处理用的表层,就看作是简易路面
	高级路面	2.0	1.3	1.3	按照地基的土壤强度建筑相应的路基,再在路基上加铺 3~4cm 的表层,可看作为高级公路
特殊道路		2.0			国道、收费公路、钢筋混凝土路面、已采用防冻措施的公路
特殊区段		2.0			桥梁附架、穿越隧道或轨道、横过干线公路、属于地铁、地下商业街和地下停车场的区段、铺设公共槽道的道路
电信局进局和出局部分		1.0~2.0			在远期局(所)规划已经确定的情况下,管孔数(要考虑管孔中布放的子管)应与局(所)容量相适应

备用管孔的数量按照算出的光缆条数估定。当光缆条数为 1~15 条、16~30 条、31~45 条或 46 条以上时,备用管孔的数量分别为 1、2、3 或 4 孔。

（4）长途光缆进入市区在管道中敷设时,应选用转弯少、高差小并尽量选用具有大号人孔的管道,以便安装和接续。选择管孔时最好选择在管群上端的管孔,使光缆能放在人孔托架的上端。同一段路由的孔位不宜变动,光缆应单独占用一个管孔(子管管孔)。

管孔内布放子管的规格要求如表8-12所列。

表8-12　管孔内子管的规格要求

项　　目	规　格　要　求
子管的选择	子管的等效总外径应不大于主管孔内径的85%。选择子管时应考虑与光缆外径的关系，一般取光缆外径为子管内径的70%，或子管内径为光缆外径的1.2~1.5倍，这样，既可减小布放光缆时的摩擦系数，又能充分利用一孔母管尽量多的敷设光缆
布放方法和要求	子管的布放方法和要求与管道光缆相同，应防止扭绞，以免增加布放光缆时的阻力。一个管孔的3根或4根子管应扎包在一起同时进行布放，在人孔处作固定，两个人孔间的子管不允许有接头
常规特性	抗压强度大于等于$4kg/cm^2$，抗拉强度大于等于$80kg/cm^2$，断裂伸长率200%

（5）通常管道光缆不直接在大孔中穿放，而是敷设在塑料子管内，子管应满足分色要求，同一路由上子管配色尽量一致。

（6）光缆施工设计时应指定端别，光缆敷设时A、B端别应一致，以便于维护和检修。光缆占用管孔位置应按照"先下后上、先两侧后中间"的原则进行选用。同一光缆在各相邻管道段所占用的管孔位置不宜改变，当其中某个管道段空闲管孔不具备上述要求时，应占用管孔群中同一侧的管孔，尽量使占用管孔的相互位置靠近。

（7）为维护和后期扩容方便，光缆在拐弯、主干交叉路口、局房、接头等部位应做适当预留长度如表8-13所列。

表8-13　光缆预留长度表

项　　目	预留长度/m
接头处重叠长度（一般不小于）	12
人（手）孔内弯曲增长	0.5~1
接头处预留（每端）	8~10
局内预留（或局前井）	15~25
每隔约500m预留	15
拐弯手孔	酌情适当预留
主干路口	酌情适当预留

（8）在条件允许的情况下，进局光缆可以引入大楼走线井（弱电井），与大楼通信电缆一起引上。无弱电井时，从局前井引入机房前，光缆不得外露，应采用弯管、镀锌钢管、PVC管、塑料子管等各种防护材料进行保护。

3. 架空光缆线路安装设计

（1）架空光缆杆路路由的选定应符合下列要求。

①杆路应以现有地形、地物、建筑设施和既定的建设规划为依据，尽量选择在不受损害及移动可能性较小的地区。

②杆路路由应尽量选取最短捷的直线路径，减少角杆，特别是减少不必要的迂回和"S"弯，以增加杆路的稳定性，并便利施工和维护工作。

③杆路路由应尽量选取较为平坦的地段，尽量少跨越河流和铁路，避免通过人烟稠密的村镇，不宜往返穿越铁路、公路和强电线路，尽量减少长杆档。

④ 杆路路由应尽量沿靠公路线,不宜选择在以下处所:

a. 洪水冲淹区、低洼易涝区、沼泽、盐湖和淤泥地带,以及严重化学腐蚀地区。

b. 森林、经济林、崇山峻岭、大风口、易燃易爆地区。

c. 水库及计划修建水库的地区、采矿区。

(2) 杆位和杆高的选定应符合下列要求。

① 杆位应选择在土质比较坚实的地点,使土壤能够承受电杆的垂直压力和侧向压力,以保证电杆不致由于土壤过于松软而下沉或倾倒。电杆周围的土壤,不应有坍塌或雨水冲刷现象。

② 如果按照标准杆距测定杆位遇到立杆不够稳定的地点时,一般应把杆位适当前移或后移,放在比较稳固的地方,但移动后的杆距不应超过允许偏差的范围。如果杆距较大,达到长杆档的范围,需要按照长杆档方式处理。

③ 选定电杆位置时,还应考虑维护人员容易到达及施工时方便运料、立杆、架线等。避免在陡岩边、没有桥梁的河对岸或其他施工、维护不便的地点立杆。

④ 选择角杆、终端杆或需装设拉线的电杆杆位时,应同时选择好拉线或撑杆的埋设位置,以保证拉线或撑杆的稳定性。线路转角角度较大的地点,应考虑分设两个角杆,以减少角杆的受力,增强杆线的稳定性。

⑤ 若沿途有其他的运营商的杆路时,本工程新建的杆路一般处在他们的杆路外侧满足倒杆距离(倒杆距离一般为杆长的 4/3)。

⑥ 架空光缆线路电杆或光缆与其他建筑物的最小净距如表 8-14 和表 8-15 所列。

表 8-14　杆路与其他设施的最小水平净距

设 施 名 称	最小净距/m	备　　注
消防栓	1.0	指消防栓与电杆距离
地下管、缆线	0.5~1.0	包括通信管、缆线与电杆间的距离
火车铁轨	地面杆高的 4/3	
人行道边石	0.5	
地面上已有其他杆路	其他杆高的 4/3	以较长杆高为基准
市区树木	0.5	缆线到树干的水平距离
郊区树木	2.0	缆线到树干的水平距离
房屋建筑	2.0	缆线到房屋建筑的水平距离
备注	在地域狭窄地段,拟建架空光缆与已有架空线路平行敷设时,若间距不能满足以上要求,可以杆路共享或改用其他方式敷设光缆线路,并满足隔距要求	

表 8-15　架空光缆与其他建筑、树木间最小垂直净距

名　　称	与线路方向平行时		与线路方向交越时	
	净距/m	备注	净距/m	备注
市区街道	4.5	最低缆线到地面	5.5	最低缆线到地面
市区里弄(胡同)	4.0	最低缆线到地面	5.0	最低缆线到地面
铁路	3.0	最低缆线到地面	7.5	最低缆线到轨面
公路	3.0	最低缆线到地面	5.5	最低缆线到路面

名　称		与线路方向平行时		与线路方向交越时	
		净距/m	备注	净距/m	备注
土路		3.0	最低缆线到地面	5.0	最低缆线到地面
房屋建筑				距脊 0.6 距顶 1.5	最低缆线到屋脊或房屋平顶
河流				1.0	最低缆线距最高水位时的船桅杆顶
市区树木				1.5	最低缆线到树枝顶的垂直距离
郊区树木				1.5	最低缆线到树枝顶的垂直距离
其他通信线路				0.6	一方最低缆线到另一方最高缆线
与同杆已有缆线间隔		0.4	缆线到缆线		
电力线 （有防 雷保护 设备）	1kV 以下			1.25	一方最低缆线到另一方最高缆线
	1～10kV			2.0	一般电力线在上，光缆在下
	35～110kV			3.0	必须电力线在上，光缆线在下
	110～220kV			4.0	必须电力线在上，光缆线在下
	220～330kV			5.0	必须电力线在上，光缆线在下
	330～500kV			8.5	必须电力线在上，光缆线在下
供电接户线（带绝缘层）				0.6	最高线条到供电线线条
霓虹灯及其铁架、电力变压器				1.6	最高线条到供电线线条
电车滑接线				1.25	最高线条到供电线线条

备注：1. 供电线为被覆线时，光缆也可在供电线上方交越；
  2. 光缆必须在上方交越时，跨越档两侧电杆及吊线安装应做加强保护装置；
  3. 通信线应架设在电力线路的下方位置，应架设在电车滑接线的上方位置；
  4. 当发现通信线路不能满足与电力线垂直净距和距地面高度要求时，必须变更为在电力线交越处做终端采用底下通过方式，以保证人身及设备安全

（3）杆距的确定应符合下列要求。

通常架空杆距要求：市区为 35～40m，郊区为 40～50m，郊区外视气象负荷区而异。杆距大于 150m 时应做"H"杆。"H"杆的辅助吊线应延伸到前后的第一根单杆做终端。

（4）电杆的最小埋深应符合下列要求：

① 6m 杆普通土埋深 1.2m，坚石埋深 1.0m；

② 7m 杆普通土埋深 1.4m，坚石埋深 1.1m；

③ 8m 杆普通土埋深 1.6m，坚石埋深 1.2m；

④ 9m 杆普通土埋深 1.8m，坚石 1.3m；

⑤ 10m 杆普通土埋深 1.8m，坚石 1.3m；

⑥ 12m 杆普通土埋深 1.9m，坚石 1.4m。

（5）架空光缆的接地保护：为保护架空线路设备、维护人员免受强电或雷击危害和干扰影响，架空光缆应在终端杆、角杆、H 杆以及市外每隔 10～15 根电杆上进行接地。吊线和杆路的接地设计中接地电阻指标分别满足表 8-16、表 8-17 要求。

表 8-16　吊线接地

土壤电阻率 $\rho/(\Omega \cdot m)$	100 及以下	101~300	301~500	≥501
接地电阻/Ω	20	30	35	45

表 8-17　架空杆路的接地电阻

	土壤电阻率 $\rho/(\Omega \cdot m)$	≤100	101~300	301~500	≥501
接地电阻/Ω	土壤性质	黑土、泥炭、黄土、砂质黏土	夹砂土	砂土	石质土壤
一般电杆的避雷接地		≤80	≤100	≤150	≤200
终端杆、H 杆			≤100		
与高压电力线交越处两侧电杆			≤25		

8.4　野战光缆组件及收放线

8.4.1　野战光缆组件

野战光缆组件是适合于野战环境下快速收放的野战光缆的统称,它由缠绕在金属盘上两端带有野战光缆连接器的光缆段组成,如图 8-5 所示。

常用的野战光缆组件根据其连接器的不同可分为扩束型野战光缆组件和对接型野战光缆组件,即扩束型野战光缆组件采用扩束型连接器,对接型野战光缆组件采用对接型连接器。扩束型连接器是一种采用光束扩展技术制成的光缆活动连接器,它将透镜置于光纤之前使发射光束扩展,再经另一个透镜将扩展后的光束聚焦到光纤中,完成光的连接。对接型连接器是采用光纤端面直接对接技术制成的光缆活动连接器,它将光纤插入圆柱形毛细管内,并将光纤端面抛光,光从抛光的光纤端面直接进入另一抛光的光纤端面,完成光的连接。

图 8-5　野战光缆组件

1. 野战光缆组件选择

一般而言,在野战战术环境条件下,通信组网距离较远时,用单模野战光缆组件;通信组网距离较近时用多模野战光缆组件。实际通信试验表明,采用单模两芯野战光缆组件(1km)可快速构建无中继的光缆通信系统。在对野战光缆要求具有较强抗拉强度(2000N 以上)及防鼠害功能,并且对光缆的体积、重量等指标并不十分严格的场合,则可采用带钢丝(或)钢带铠装的野战光缆,如舰船应用环境、鼠害较重的通信场所等。在对环境灰尘十分敏感的场合,适合选用扩束野战光缆组件;其他一般场合则选用对接型野战光缆组件。

野战光缆的光纤芯数根据需要来确定。但设计野战通信系统时,应考虑有适当的备用光纤。从节省成本角度上讲,备份光纤比备份光缆组件划算。例如与两芯野战光缆相比,四芯野战光缆具有相同的光缆结构(仅增加两根光纤而已),但其通信容量可增加1倍,而价格与两芯野战光缆相近。四芯野战光缆组件、配套的四芯野战光缆车壁连接器、测试线的价格与两芯时相比,增加不多。因此可考虑选用四芯野战光缆组件,平时使用其中的两根光纤,另外两根作备份使用。若增加一套两芯光缆组件,使用成本将增加1倍。

野战光缆组件的单盘光缆长度,由于受到组件体积、重量的限制,既不能太长,也不能太短。太长了,光缆组件笨重,不便于光缆快速收放和组件运输。但光缆长度也不能太短,否则会增加不必要的接头损耗,也降低了组网速度和效率。

一般来说,要求通信距离远的,可用1km/2km/3km的野战光缆组件,通信距离近的可用1km以内(100m/200m/300m/500m/1km)的野战光缆组件。人工布放、撤收时用1km以内的光缆组件,车辆布放、撤收时则可用1km以上的光缆组件。

单模野战光缆组件标准光缆长度为1km,多模野战光缆组件标准光缆长度为200m。

为了实现对野战光缆组件的收线和放线功能,一定数量的野战光缆组件(500m以上)必须配置少量的收放线架。野战光缆收放线架有带自动排线装置的收放线架和简易收放线架两种规格。

2. 野战光缆组件使用注意事项

野战光缆组件在使用时应注意以下事项:

(1)保证野战光缆弯曲半径不能过小,不能折叠,否则会造成光纤损耗增大,甚至断裂。

(2)放线时应拉着放线架或抬着放线架进行放线,不得把光缆绕在手上拉放线(必须一只手握住组件连接器,另一只手握住光缆)。切忌猛收猛放,更不能扭折、打结或在利器上摩擦。

(3)收放线时应确保组件内端连接器固定在缆盘的侧槽中,防止脱落甩出。

(4)已打开防尘盖的连接器应尽快连接,不得随意放置,以免污染连接器。不得用手或硬物去擦拭连接器插针的表面,连接器分离后应及时扣上防尘盖。

(5)光缆在敷设过程中,若道路情况较为复杂时(如地面凹凸坎坷、来往车辆及人群较多的地区)需注意加以保护,以尽量避免因野外环境或人为因素造成不必要的损伤。

(6)光缆组件缆盘无外包装箱时不得堆码。

(7)不得将光缆组件做长距离滚动。

(8)每次使用完毕把连接器的插针、插孔、防尘帽清洁干净后再装箱。

(9)在泥水中收线后应及时将线缆擦拭干净,放在干燥处晾干后再装箱。

(10)放线架使用完毕应及时擦拭干净,在转动部位加适量的润滑油,防止生锈。

(11)光缆组件应在规定温度下存储。

8.4.2 野战光缆收放

无论是对接型野战光缆组件,还是扩束型野战光缆组件,不管是人工收放,还是机动收放,野战光缆放线和收线的基本操作都是相同的,下面主要以人工收放说明野战光缆的放线、组件连接以及收线步骤。

1. 人工收放

在高山、密林、谷地、沙漠等车辆不能通行的地段,可采用人工收放野战光缆,人工收放具有安全、可靠、灵活的优点,缺点是收放效率较低。人工收放包括手推式收放和背负式收放两种方式,其操作步骤与方法近似,如图8-6所示。

(a) (b)

图8-6 人工收放示意图

1)放线

1000m 野战光缆组件配有 1000m 收放线架,100m、200m、500m 则配有专用的收放线盘,野战光缆具体放线步骤如下:

(1)取下外端连接器。

沿着外围光缆的走向,在缆盘的侧槽中找到组件的外端连接器并取下。同时,把取下的拉簧挂在缆盘侧板的两孔之间,以备收线时用于固定连接器。

(2)把组件装在收放线架上进行放线。

按野战光缆收放线架使用说明要求把组件装在收放线架上,可以一人拉住光缆组件外端连接器,另一人拉着放线架进行单人拉车放线,也可以一人拉住光缆组件外端连接器,三人抬着放线架进行抬车放线。在道路条件允许时,可以将放线架固定在汽车上,一人站住不动,用手抓住光线组件外端连接器,汽车沿着光缆敷设的路径,进行人车配合放线。

2)组件连接

组件连接的具体步骤如下:

(1)打开连接器保护盖。在两套光缆组件连接之前,首先打开连接器保护盖。操作者可以左手握住连接器主体,右手握住连接器的保护盖子,两手相对用力内推并逆时针旋转,将保护盖子取下。然后,用右手拇指和食指捏住连接器的橡胶尾套和拉力套,并顺时针(连接器端面朝外)旋转至无法转动时为止(当连接器端面对着操作者时,右手应逆时针旋转),此时卡口外壳处于可连接的位置。同样,把需要连接的另一个连接器的保护盖也取下,并确认卡口外壳处于可连接位置。

注意:转动时不可用力太大,一般 10~20N 即可。

(2)端面清洁。用清洁光学镜头纸或蘸有少许酒精的药棉轻轻擦拭连接体和光纤端面。

216

（3）组件连接器对接。两个组件连接器对接时，将连接器的外壳卡口对准另一个连接器外壳的缺口，同时确认连接器导向柱对准另一个连接器的导向柱插孔并相对向内推进（不能用力过猛），插入到位后，左手和右手分别向内、向外旋转使卡口进入位置，完成光缆组件连接器的对接。如果导向柱插孔有错位，可以一手握住连接器主体，另一手握住橡胶尾套部位相对旋转些许位置，就可以达到对接的目的。野战光缆组件连接器如图8-7所示。

导向柱　外壳缺口
导向柱插孔
外壳卡口

图8-7　野战光缆组件连接器

注意：连接器对接时，一定要先把导向柱与导向柱插孔对准，用力不可太猛，仅用手指力足够，否则位置不对时容易把平面玻璃损坏。只有连接器对准后，旋转时用力可大一些，类似插口灯泡连接。

需要说明的是，在没有配备扩束型野战光缆车壁连接器（测试线）的情况下，扩束型野战光缆组件不能直接与现有的对接型野战光缆组件相连，中间必须经过扩束-对接野战光缆转接线转接才可构成光缆通信线路。

3）收线

野战光缆组件使用结束后，必须把野战光缆重新收盘、整理，以备下一次使用，具体收线步骤如下：

（1）连接器拆卸。先拆卸连接器，把野战光缆组件对接的连接器用左手和右手分别向内压住，并逆时针方向旋转，连接器即可拆卸下来，再罩上连接器保护盖。

（2）光缆收盘。野战光缆组件连接器拆卸后，把一端的连接器放回缆盘的侧槽中，用拉簧将连接器拉紧，并在缆盘的侧槽中缠绕四五圈。然后，按野战光缆收放线架使用说明要求把野战光缆组件装在收放线架上进行收线，线缆排列要整齐，外表脏物要擦干净。

2. 机动收放

1）车辆收放

在道路情况允许的条件下，可通过光缆综合收放车进行野战光缆的收放，车辆收放野战光缆具有快速、机动、高效以及一次收放线距离长等优点。此处以某型号野战光缆收放车为例，简要说明其操作流程。

（1）放线。车辆收放野战光缆的放线操作流程具体如图8-8所示。

进行长距离放线时，可重复取出光缆盘，按照上述步骤放线，直至满足通信距离要求，光缆盘之间的连接方法同人工敷设时的组件连接。

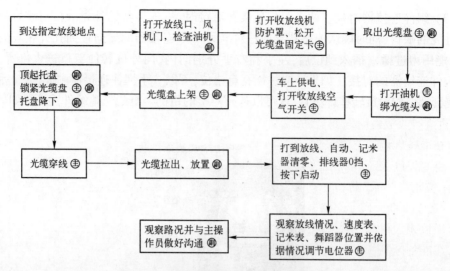

图 8-8　车辆收放野战光缆的放线流程图

（2）收线。车辆收放野战光缆的收线操作流程具体如图 8-9 所示。

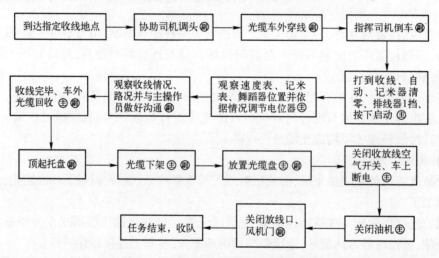

图 8-9　车辆收放野战光缆的收线流程图

具体操作使用方法可参考相关型号光缆自动收放车的使用说明书。

2）无人机收放

（1）概述。光缆线路工程施工时，当遇到大江大河、滩涂沼泽、悬崖峭壁、高压输电线路时，选择施工方案时需重点考虑施工人员的人身安全。无人机技术的引入，大大降低了上述环境下光缆线路施工的难度系数。甚至在战时，野战光缆也可以通过无人机布放，可通过雷区等危险区域，不但安全，而且高效，可以迅速地实现战场机动通信。

采用无人机跨障放缆，首先是通过操控无人机，将重量轻、强度高的牵引绳（例如 Dyneema，它是一种高强度聚乙烯纤维，其强度比碳纤维高 2 倍，是目前世界上强度最高的纤维）牵拉、飞越障碍物，然后操作人员通过牵引绳分别将吊线、光缆等依次牵引、布放妥当。

无人机布放光缆具有安全性能高、环保节能、适应性强、快速准确等特点。较之传统的人工放缆，无人机能有效克服地貌及施工作业环境复杂等不利因素，特别适用于山高、坡陡、沟深的山区和跨河等复杂区域，将极大地提高工作效率，降低工作强度，确保施工安全。

（2）收放流程。由于无人机的牵引力有限，不能直接拖曳、布放野战光缆，因此在利用无人机进行收放线时需要借助牵引绳，具体步骤如下：

① 在准备区调试好无人机；

② 将高强度聚乙烯纤维牵引绳固定在无人机底部，并适当悬挂配重，保证牵引绳在无人机下方正常悬垂（防止无人机飞行时牵引绳随风扬起，卷入无人机螺旋桨，威胁无人机正常飞行）；

③ 操控无人机起飞并飞越障碍物，将牵引绳送至选择好的牵引区；

④ 在准备区制作牵引端头，将野战光缆绑扎、固定在牵引绳上；

⑤ 在牵引区牵拉牵引绳（保持牵引绳适当绷紧，避免光缆浸入水中），同时需操作人员在准备区从光缆盘上旋出并输送光缆；

⑥ 完成野战光缆的越障放线。

收线时，在牵引区利用放线时布放的牵引绳绑扎并固定光缆，在准备区利用光缆盘收缆，同时在牵引区输送光缆，期间保持牵引绳适当绷紧，直至收线完成。

8.4.3 野战光缆组件维护

1. 连接器的清洁

对接型野战光缆组件的连接器对灰尘比较敏感，需定期用无水酒精棉清洁连接器的陶瓷插孔或插针，而扩束型野战光缆组件连接器因内置放大透镜能将光斑放大 1000 倍以上，并且陶瓷插针被密闭在内部，因而对灰尘不敏感，清洁操作过程非常简单，用一般洁净的软布或纸巾清洁连接器的镜面玻璃即可。

如果发现某盘组件的损耗比较大时，可检查其两端的连接器平面玻璃或平行光路是否受到污染，若其被污染后，可按下列方法进行清洁：

（1）用干净的擦镜纸（照相器材店有售）折叠后轻轻地擦拭玻璃表面和平行光路端面，也可以蘸点酒精进行擦拭。

（2）用干净药棉卷成的棉花棒蘸点酒精对玻璃表面或平行光路端面进行清洁。清洁后，可利用灯光或阳光的反射观察端面玻璃是否干净。

2. 注意事项

（1）放线时应注意光缆不要受折或在利器上摩擦。

（2）敷设施工时，所受拉力应小于 1500N。

（3）敷设时应避免光缆受到超过光缆承受能力的冲击、重压、摔打、急弯、扭曲等剧烈应力。

（4）敷设路由上需要转弯时，应使用直径大于 200mm 的滑轮或采用相应措施，保证光缆的弯曲半径大于 100mm。

（5）敷设后，光缆应尽量处于无应力状态，以避免光纤因静态疲劳而损坏或断裂，影响光缆使用寿命。

小　结

　　光纤通信工程根据不同的设计或施工单位可以划分为光传输设备单位工程和光缆线路单位工程。本章先从光纤通信工程的建设项目管理角度介绍了建设项目的基本概念、构成、分类及其基本建设程序；然后着重讲解了光纤通信工程设计的两大具体内容：光传输设备安装设计和光缆线路安装设计；最后，介绍了野战光缆组件及其维护、野战光缆的收放方法。读者需在了解建设项目基本概念、构成、分类及其基本建设程序的基础上，掌握光传输设备安装设计和光缆线路安装设计的具体内容及要求，了解野战光缆组件及其维护、野战光缆的收放方法。

习　题

1. 为什么要将建设项目划分为不同单项工程、单位工程，如何划分？
2. 试以光纤通信工程为例，说明其建设过程的主要程序。
3. SDH 设备选型时一般有哪些考虑？
4. 简述 OTN 设备配置的流程和方法。
5. 光缆线路工程的设计包括哪些内容？
6. 光缆线路工程设计时如何进行光缆选型？
7. 光缆线路安装设计时，为什么要考虑分层建设光缆？
8. 光缆线路的敷设方式如何选择？
9. 哪些地段宜采用架空敷设方式，哪些地段不宜采用架空敷设方式？
10. 试比较直埋、架空和管道三种光缆敷设方式的优缺点。
11. 什么是野战光缆组件，如何在战时选择合适的野战光缆组件？
12. 野战光缆的收放线有哪几种方式？简述其适用场合。
13. 简述野战光缆人工收放的基本操作步骤。

第9章 系统测试常用仪表

9.1 2M 误码仪

2M 误码仪,又名 2M 数字传输性能分析仪,适用于数字传输系统的工程施工、工程验收及日常维护测试。

2M 误码仪可对 2Mbit/s 接口数字通道,同向 64k、RS232、RS485、RS449、V.35、V.36、EIA530、EIA530A、X.21 等接口的数字通道进行测试。2M 误码仪一般具有两个 2Mbit/s 接口,可同时对两条通道进行测试。

9.1.1 通道停业务误码测试

2Mbit/s 通道停业务误码测试主要在设备研发生产、工程施工、工程验收及日常维护时使用,可准确地测试出被测系统的误码特性。其仪表连接如图 9-1,接收端口使用 Rx1。

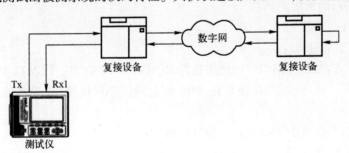

图 9-1 停业务误码测试

在测试设置界面中各项设置如下。
(1) 工作方式:常规测试。
(2) Tx/Rx1 端口设置如下。
① 接收:Rx = Tx;
② 接口方式:2Mbit/s;
③ 信号形式:非帧;

④ 信号端口:终接;

⑤ 数据端口:G.703(75Ω)或 G.703(120Ω);

⑥ 时钟方式:内部时钟;

⑦ 测试图案:$2^{15}-1$;

⑧ 图案极性:同向;

⑨ 信号码型:HDB3;

⑩ Rx2 端口设置随意,当利用外时钟时 Rx2 端口应置成时钟输入;

⑪ 定时测试、测试时长根据需要设置。

仪表与被测系统连接好后前面板上无告警显示(无红色 LED 灯亮),从测试结果界面中可得到测试期间的误码(Bit Error、Code Error)、告警(Signal Loss、AIS、Pattern Loss)、图案滑动、线路信号频率、线路信号电平、G.821、G.826、M.2100(停业务)误码分析等结果。

9.1.2 通道开业务误码测试

2Mbit/s 通道开业务误码测试不需要停止被测通道传输的业务,其仪表连接如图 9-2 所示。仪表的 Tx 端口并不使用,当测试一路 2Mbit/s 通道时建议使用 Rx1,当同时测试两路 2Mbit/s 通道时使用 Rx1、Rx2。

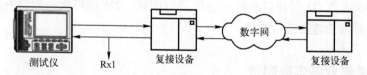

图 9-2　开业务误码测试

测试设置界面中各项设置如下。

(1) 工作方式:常规测试。

(2) Rx1 端口设置如下。

① 接口方式:2Mbit/s;

② 信号形式:根据线路信号的结果选择 PCM30、PCM30CRC、PCM31、PCM31CRC;

③ 信号端口:桥接或监测(通常在 DDF 架上测试选择桥接,在设备的监测口上测试选择监测);

④ 数据端口:G.703(75Ω)或 G.703(120Ω);

⑤ 测试图案:在线测试;

⑥ 信号码型:HDB3。

(3) Rx2 端口设置如下:

① 工作方式:2M 测试;

② 信号形式:根据线路信号的结果选择 PCM30、PCM30CRC、PCM31、PCM31CRC;

③ 信号端口:桥接;

④ 数据端口:G.703(75Ω)或 G.703(120Ω);

⑤ 测试图案:在线测试;

⑥ 信号码型:HDB3;

⑦ 定时测试、测试时长根据需要设置。

从测试结果界面中可得到测试期间的误码(Frame Error、CRC Error、Code Error)、告警(Signal Loss、AIS、Frame Loss、RA、MRA)、线路信号频率、线路信号电平、误码分析(G.821、G.826、M.2100)等结果。

9.1.3 64kbit/s 通道测试

64kbit/s 通道测试是对 2Mbit/s 通道中的某一 64kbit/s 通道进行测试。主要用于研发、工程上对交换设备、交叉连接设备等测试,其仪表测试连接如图 9-3 所示。

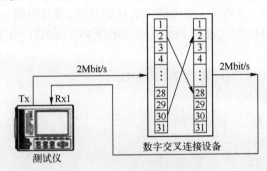

图 9-3　64kbit/s 通道测试

测试设置界面中各项设置如下。

(1) 工作方式:常规测试。

(2) Tx/Rx1 端口设置如下。

① 接口方式:2Mbit/s;

② 信号形式:根据线路信号的形式选择 PCM30、PCM30CRC、PCM31、PCM31CRC;

③ 信号端口:终接;

④ 数据端口:G.703(75Ω)或 G.703(120Ω);

⑤ 时钟方式:内部时钟;

⑥ 测试图案:$2^{15}-1$;

⑦ 图案极性:同向;

⑧ 信号码型:HDB3;

⑨ 时隙选择:根据实际情况选择,在图 9-3 的例子中 Tx 时隙选择第 2 时隙,Rx 时隙选择第 28 时隙;

⑩ 定时测试、测试时长根据需要设置。

仪表与被测系统连接好后前面板上无告警显示,从测试结果界面中可得到测试期间的误码(Bit Error、Code Error、Frame Error、CRC Error)、告警(Signal Loss、AIS、Frame Loss、RA、MRA)、线路信号频率、线路信号电平、误码分析(G.821、G.826、M.2100)等结果。

9.1.4 时延测试

时延测试是对整个 2Mbit/s 通道或其中的一个或多个 64kbit/s 通道进行环路时延测试。主要用于研发、工程上对传输系统、交换设备、交叉连接设备等测试,其仪表连接如图 9-1 或图 9-3 所示。该项测试仅可使用 Rx1 端口。

测试设置如下:

(1)工作方式:时延测试。

(2)Tx/Rx1 端口设置如下。

① 接口方式:2Mbit/s;

② 信号形式:对整个 2Mbit/s 通道测试时选择非帧,对其中的一个或多个 64kbit/s 通道测试时根据线路信号的形式选择 PCM30、PCM30CRC、PCM31、PCM31CRC;

③ 信号端口:终接;

④ 数据端口:G. 703(75Ω)或 G. 703(120Ω);

⑤ 时钟方式:内部时钟;

⑥ 测试图案:$2^{15}-1$;

⑦ 图案极性:同向;

⑧ 信号码型:HDB3;

⑨ 时隙选择:根据待测试的 64kbit/s 通道而定。

按 F1 键开始测试,结果显示在时延测试结果界面内。

9.1.5 音频测试

音频测试主要用于测试电话交换设备、PCM 设备的数模变换及编解码器,其仪表连接如图 9-1 或图 9-3 所示。该项测试仅可使用 Rx1 端口。

1. 测试设置

(1)工作方式:音频测试。

(2)Tx/Rx1 端口设置如下。

① 接口方式:2Mbit/s;

② 信号形式:根据线路信号的形式选择 PCM30、PCM30CRC、PCM31、PCM31CRC;

③ 信号端口:终接;

④ 数据端口:G. 703(75Ω)或 G. 703(120Ω);

⑤ 时钟方式:内部时钟;

⑥ 信号码型:HDB3。

2. 测试结果

按 SET/TEST 进入音频测试界面,结果显示在其中。

在音频测试结果中可设置发送端 Tx 所选择的时隙、音频测试信号的频率及电平(幅度)。在接收端口 Rx1 同样可选择所测试的时隙。

测试结果可显示出被测时隙音频信号的频率及电平(幅度),在测试音频信号的同时还可通过扬声器监听。

9.1.6 数据测试

仪表可对 V. 24 同步、V. 35、RS449、X. 21、同向 64kbit/s 接口数字通道进行误码测试。根据各种不同的数据端口,选择相对应的适配测试电缆与被测设备连接。进行数据测试时利用仪表侧面的数据端口(DATA),测试设置如下。

(1) 工作方式:常规测试。

(2) DATA 端口设置如下。

① 接口方式:V. 24 同步、V. 35、RS449 或 X. 21。

② 模拟方式:根据被测端口的情况,确定仪表是模拟 DTE 还是 DCE,当被测设备是 DTE 时,仪表模拟 DCE;被测设备是 DCE 时,仪表模拟 DTE。

③ 速率:选择测试信号的速率。

④ 时钟方式:通常情况下选择内部时钟。

⑤ 时钟极性:通常情况下选择同向。

⑥ 测试图案:$2^{15}-1$。

⑦ 图案极性:同向。

⑧ 控制信号:有 4 位控制信号可设置为"通""断"。

⑨ 定时测试、测试时长根据需要设置。

当定时测试选择关闭时,按 RUN/STOP 开始测试,再次按 RUN/STOP 停止测试。当测试时长选择开启时,按 RUN/STOP 开始测试,仪表根据设定的测试时长自动停止测试。当定时测试选择开启时,仪表将在设置的开始时间自动开始测试。

仪表与被测系统连接好后前面板上无告警显示,选择测试结果中的当前结果界面,显示测试结果。

9.1.7 自动保护倒换测试

SDH 网络都带有自动保护倒换功能,当工作光缆线路发生故障时,SDH 可自动启用备用光缆保证通信不中断。当设备在进行工作光缆与备用光缆切换时需要倒换时间,仪表的自动保护倒换(APS)测试即测试倒换时间。其仪表连接如图 9-4 所示,APS 测试利用 Tx、Rx1 端口。

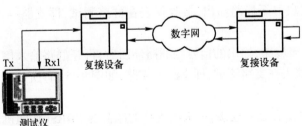

图 9-4　APS 测试

仪表设置如下。

（1）工作方式：APS 测试。

（2）Tx/Rx1 端口设置如下。

① 接收：Rx＝Tx；

② 接口方式：2Mbit/s；

③ 信号形式：非帧；

④ 信号端口：终接；

⑤ 数据端口：G. 703（75Ω）或 G. 703（120Ω）；

⑥ 时钟方式：内部时钟；

⑦ 测试图案：$2^{15}-1$；

⑧ 图案极性：同向；

⑨ 信号码型：HDB3。

仪表与被测系统连接好后前面板上无告警显示（无红色 LED 灯亮），从 APS 测试结果界面中有"开始测试"功能键，按"开始测试"功能键，测试结果即会显示。

9.2　SDH/PDH 传输分析仪

SDH/PDH 综合测试仪不仅具有 PDH、SDH 的测试功能，而且可以进行以太网综合业务测试。

9.2.1　光接口特性测试

1. 接收机灵敏度

（1）测试仪表：SDH/PDH 传输分析仪、可变光衰减器以及光功率计。

① 对群路测试时：

将群路输入信号解复用或解映射至支路输出，接收仪表在支路测试，即群路→支路，如图 9-5（a）所示。

将群路输入信号解复用或解映射至支路输出，经支路环回，再经支路复接至群路输出，接收仪表在群路测试，即群路→群路，如图 9-5（b）所示。

② 对支路测试时：

将支路复接或映射至群路输出，接收仪表在群路测试，即支路→群路，如图 9-5（c）所示。

将经支路复接至群路，输出的信号经群路环回后，再经群路输入信号解复用或解映射至支路输出，接收仪表在支路测试，即支路→支路，如图 9-5（d）所示。

（2）测试方法。

① 按上述测试配置之一连接，在被测支路的净荷送 PRBS（伪随机二元序列）。

② 加大可变光衰减器的衰减，观察误码测试仪直到出现误码。

③ 再略减小可变光衰减器的衰减，使误码测试仪测到的误码率接近但不大于 1×

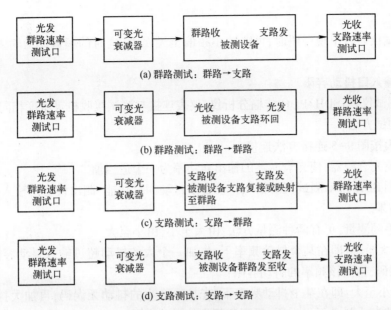

図中のテキスト:

(a) 群路测试: 群路→支路
光发 群路速率 测试口 → 可变光衰减器 → 群路收 支路发 被测设备 → 光收 支路速率 测试口

(b) 群路测试: 群路→群路
光发 群路速率 测试口 → 可变光衰减器 → 光收 光发 被测设备支路环回 → 光收 群路速率 测试口

(c) 支路测试: 支路→群路
光发 群路速率 测试口 → 可变光衰减器 → 支路收 支路发 被测设备支路复接或映射 至群路 → 光收 群路速率 测试口

(d) 支路测试: 支路→支路
光发 群路速率 测试口 → 可变光衰减器 → 支路收 支路发 被测设备群路发至收 → 光收 支路速率 测试口

图 9-5 接收机灵敏度测试配置

10^{-10},观察误码测试仪,数分钟不出现误码,观察时间见以下说明:

Ⅰ. 为了缩短测试时间,应尽量在高速率支路上测试;

Ⅱ. 在测试量较大或在低速率支路上测试时,为了缩短测试时间,可采用外推法即通过测量 1×10^{-5} 或 1×10^{-6} 或等误码率时的灵敏度,推出 1×10^{-10} 时的灵敏度;

Ⅲ. 出现一个误码的时间约等于1/(误码率×支路速率)。为提高测试的可信度,可将观察时间扩至 $3 \sim 10$ 倍,观察到的误码数分别小于 $3 \sim 10$ 个。

④ 用光功率计记录此时被测设备的光输入口功率,作为接收灵敏度。

2. 接收机过载光功率

(1) 测试仪表:SDH/PDH 传输分析仪、可变光衰减器以及光功率计,仪表连接与测试接收机灵敏度相同。

(2) 测试方法:

① 仪表按图 9-5 连接方法连接;

② 调整光衰减器,使光衰减器的输出光功率为一个恰当的值;

③ 减小可变光衰减器的衰减,观察误码测试仪表直到出现误码;

④ 再略增加可变光衰减器的衰减,使误码测试仪的误码率接近于接近但不大于 1×10^{-10},观察误码测试仪,直到数分钟不出现误码,观察时间见接收机灵敏度测试说明;

⑤ 用光功率计记录此时被测设备的光输入口功率,作为过载光功率。

3. 光输入口允许比特率偏差

(1) 测试仪表:可变光发信号频偏 SDH/PDH 传输分析仪,仪表连接与测试接收机灵敏度相同。

(2) 测试方法:

① 按图 9-5 连接方法连接;

② 逐步加大 SDH/PDH 信号源的光发信号的正负频偏,观察误码测试仪表所测支路

收有无误码;

③ 测试仪表收出现误码时,再略减小频偏至无误码,这时的频偏即为输入允许比特率频偏。

4. 光输入口抖动容限

(1)测试仪表:SDH/PDH 传输分析仪,仪表连接与测试接收机灵敏度相同。

(2)测试方法:

① 仪表按图 9-5 连接方法连接。

② 调整光衰减器,使光衰减器的输出光功率为一个适当值。

③ 利用 SDH 抖动测试仪的输入抖动容限自动测量功能,测出设备的输入抖动容限,打印测试结果。

④ 若手动测量,可有两种测量方法:由大至小,由小至大。

Ⅰ. 由大至小:即在某个抖动频率下,先加一个大的抖动超过输入抖动容限,再减小抖动至无误码,得到该频率的抖动容限;

Ⅱ. 由小至大:即在某个抖动频率下,先加一个小的抖动无误码,再加大抖动至出现误码,最后略减小抖动至无误码,得到该频率的抖动容限。

逐个频率点测量抖动容限,直到能得到完整的输入抖动容限曲线。在两种测量时均不超过标准才可认为抖动容限合格。

5. 光输出口抖动

(1)测试仪表:SDH/PDH 传输分析仪。

(2)测试方法:

① 仪表按图 9-6 连接;

② 将系统定时设为不同的方式,要求输入定时无抖动;

③ 用 SDH/PDH 传输分析仪,选用不同的带通滤波器(B1、B2)测出光输出口抖动。

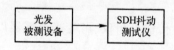

图 9-6　光输出口抖动(B1、B2)测试配置

9.2.2 电接口特性测试

1. 输入允许比特率偏差

(1)测试仪表:SDH/PDH 传输分析仪。

测试方式有群路→群路、支路→群路、支路→支路等测试方法,此处以支路→支路为例。

(2)测试方法:

① 仪表按图 9-7 连接;

② 逐步加大信号源发信号的正负频偏,观察误码测试仪表有无误码;

③ 误码测试仪表收出现误码时,再略减小频偏至无误码(观察时间可参照接收机敏度测试的观察时间),这时的频偏即为输入允许比特率偏差。

图 9-7　输入允许比特率偏差测试配置

2. 输入口抖动容限

(1) 测试仪表:SDH/PDH 传输分析仪。

测试方式有群路→群路、群路→支路、支路→群路、支路→支路等测试方法,此处以支路→支路为例。

(2) 测试方法:

① 仪表按图 9-8 连接。

② 利用 SDH/PDH 传输分析仪的输入抖动容限自动测量功能,测出设备的输入抖动容限,打印测试结果。

③ 手动测试时,可有两种测试方法:由大至小,由小至大。

图 9-8　输入口抖动容限测试配置

Ⅰ. 由大至小:即在某个抖动频率下,先加一个大的抖动超过输入抖动容限,再减小抖动至无误码,得到该频率的抖动容限;

Ⅱ. 由小至大:即在某个抖动频率下,先加一个小的抖动,如无误码,再加大抖动至出现误码,最后略减小抖动至无误码,得到该频率的抖动容限。

④ 依照上述方法逐个频点测量,直到能得到完整的输入抖动容限曲线。在两种方法测量的值均满足要求时才可认为抖动容限合格。

3. 输出口映射抖动

(1) 测试仪表:SDH/PDH 传输分析仪。

(2) 测试方法:

① 仪表按图 9-9 连接,将被测设备群路输入信号解映射至支路输出,接收仪表在支路测试,即群路→支路。

② 测量时让 SDH/PDH 传输分析仪和被测设备工作在同一参考时钟,使 SDH/PDH 传输分析仪、设备均无指针调整。

③ 将 SDH/PDH 传输分析仪电接口的被测支路信号设定为一特定净荷的 PRBS,并且不带指针调整,抖动误码仪采用相同设置,分别在抖动误码测试仪表的 B1、B2 频带内测量抖动峰峰值(测试时间不少于 60s)。

④ 在对应输入允许比特率偏差范围内,先以大步长改变特定净荷的频偏,重复③的测量,再在抖动较大的频偏附近以小步长改变特定净荷的频偏,以测到的最大抖动峰峰值为输出口映射抖动。

⑤ 说明:

Ⅰ. 对不同的接口按 ITU-T 建议 G.823 加 PRBS(伪随机二元序列);

Ⅱ. 测试前应对不同的支路接口进行 SDH 帧结构设置。

图 9-9 输出口映射抖动测试配置

4. 输出口结合抖动

（1）测试仪表：SDH/PDH 传输分析仪。

（2）测试方法：

① 仪表按图 9-10 连接，将被测设备群路输入信号解映射至支路输出，接收仪表在支路测试，即群路→支路。

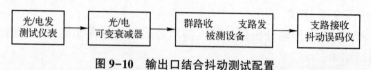

图 9-10 输出口结合抖动测试配置

② 结合抖动是映射抖动和指针调整抖动之和。测量时让 SDH/PDH 传输分析仪和被测设备工作在同一参考时钟，使仪表、设备均无额外的指针调整。

③ 将 SDH/PDH 传输分析仪的电接口被测支路信号按 ITU-T 建议设定为一特定净荷 PRBS，并与 SDH/PDH 传输分析仪采用相同设置，净荷的频偏设置为对应输入允许比特率偏差范围内的任意值（或设为映射抖动最大时的频偏）。

④ 在 SDH/ PDH 传输分析仪分别按照 ITU-TG.783 规定的特定指针调整测试序列指针，在仪表的 B1、B2 频带内分别测量其峰峰值（每个测试时间不少于 2 倍的指针序列的重复时间）。

⑤ 说明：

Ⅰ. 对不同的接口按 ITU-T G.823 加 PRBS；

Ⅱ. 测试前应对不同的支路接口进行 SDH 帧结构设置。

9.3 光功率计

光功率计可用来测量光功率大小、线路损耗、系统富裕度及接收机灵敏度，是光纤通信系统中最基本，也是最主要的测量仪表。

光功率计的种类很多，根据显示方式的不同，可分为模拟显示型和数字显示型两类；根据可接受光功率大小的不同，可分为高光平型（测量范围为 10～40dBm）、中光平型（测量范围为 0～55dBm）和低光平型（测量范围为 0～90dBm）三类；根据光波长的不同，可分为长波长型（范围为 1～1.7μm）、短波长型（范围为 0.4～1.1μm）、全波长型（范围为 0.7～1.6μm）三类；此外，根据接收方式的不同，还可将光功率计分为连接器式和光束式两类。

光功率计一般由显示器（又称指示器，属于主机部分）和检测器（探头）两大部分组成，图 9-11 所示为一种典型的数字显示式光功率计的原理框图。

光源 → 检测器 → I/U变换 → 低通滤波器 → 波长校正电路 → A/D变换 → 数字显示

图 9-11 数字显示式光功率计原理框图

图中的光电检测器在受光辐射后,产生微弱的光生电流,该电流与入射到光敏面上的光功率成正比,通过电流/电压变换器变成电压信号后,再经过放大和信号处理,便可显示出对应的光功率值的大小。测试结果可以 mW 和 dBm 单位交替体现。

9.4 光时域反射仪

9.4.1 概述

光时域反射计(Optical Time Domain Reflectometer, OTDR)是光缆线路工程施工和维护工作中最重要、也是使用频率最高的测试仪表,它能将光纤链路的完好情况和故障状态,以曲线的形式清晰地显示出来。根据曲线反映的事件情况,能确定故障点的位置和判断故障的性质。

OTDR 所能完成的最重要也是最基本的测试就是光纤长度测试和损耗测试。精确的光纤长度测试有助于光缆线路或光纤链路的障碍定位,OTDR 光纤损耗测试能反映出光纤链路全程或局部的质量(包括光缆敷设质量、光纤接续质量以及光纤本身质量等)。

1. 工作原理

OTDR 的工作原理主要为背向瑞利散射和菲涅尔反射。OTDR 的激光光源向光纤中发射探测光脉冲,由于光在光纤中传输时,光纤本身折射率的微小起伏可引起连续的瑞利散射,光纤端面、机械连接或故障点(几何缺陷、断裂等)折射率突变会引起菲涅尔反射。OTDR 利用观察背向瑞利散射和菲涅尔反射光强度变化和返回仪表的时间,即可从光纤的一端非破坏性地迅速探测光纤的特性,显示光纤沿长度的损耗分布特性曲线,测试光纤的长度、断点位置、接头位置、光纤损耗系数和链路损耗、接头损耗、弯曲损耗、反射损耗等。OTDR 因此被广泛应用于光纤通信系统研制、生产、施工、监控及维护等环节。

OTDR 的原理结构如图 9-12 所示。图中光源(E/O 变换器)在脉冲发生器的驱动下产生窄光脉冲,此光脉冲经定向耦合器入射到被测光纤;在光纤中传播的光脉冲会因瑞利散射和菲涅尔反射产生反射光,该反射光再经定向耦合器后由检测器(O/E 变换器)收集,并转换成电信号;最后对该微弱的电信号进行放大,并通过对多次反射信号进行平均化处理以改善信噪比后,由显示器显示出来或由打印机打印出测试波形和结果。

显示器上所显示的波形即通常所称的"OTDR 背向散射曲线",由该曲线图便可确定出被测光纤的长度、损耗,接头损耗以及光纤的故障点(若有故障的话),分析出光纤沿长度的质量分布情况等。

2. 基本术语

OTDR 光纤测试中常用的基本术语包括背向瑞利散射、菲涅尔反射、非反射事件、反

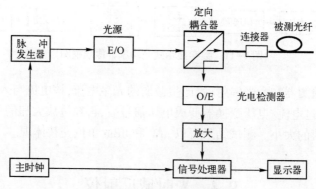

图 9-12 OTDR 原理结构

射事件和光纤末端等。

1）背向瑞利散射（Rayleigh Backscattering）

定义：光纤自身由于瑞利散射反射回 OTDR 的光信号称为背向瑞利散射光。

原因：瑞利散射是由于光纤折射率的起伏波动引起的，散射连续作用于整个光纤。瑞利散射将光信号向四面八方散射，将其中沿光纤原链路返回到 OTDR 的散射光称为背向瑞利散射光。

应用：OTDR 利用其接收到的背向散射光强度来衡量被测光纤上各事件点的损耗大小，同时也可对光纤本身的背向散射光信号进行测量，以得到光纤信号的损耗信息。

2）菲涅尔反射（Fresnel Reflection）

菲涅尔反射就是光反射。菲涅尔反射是离散的，它由光纤的个别点产生，能够产生菲涅尔反射的点包括光纤连接器、光纤的断裂点、阻断光纤的截面、光纤链路的终点等。

3）非反射事件

除了光纤本身的瑞利散射产生的背向散射光外，在光纤链路上还有一些不连续的特征点，如光纤熔接头、过分弯曲或受力点，它们会对光信号产生影响（损耗、反射等），我们将其称为非反射事件。

非反射事件在 OTDR 测试曲线上，以背向散射电平上附加一个突然下降台阶的形式表现出来。因此在曲线纵轴上的改变即为该事件的损耗大小，如图 9-13 所示。

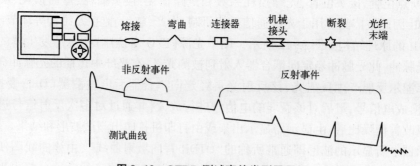

图 9-13　OTDR 测试事件类型及显示

4）反射事件

链路中的活动连接器、机械接头和光纤中的折裂都会同时引起 OTDR 测试光信号的

232

损耗和反射,我们把这种反射幅度较大的事件称为反射事件。

反射事件损耗大小同样是由背向散射电平值的改变量决定。反射值(以回波损耗的形式表示)是由背向散射曲线上反射峰的幅度决定,OTDR 测试事件类型及显示如图 9-13 所示。

5) 光纤末端

光纤末端通常有两种情况,在 OTDR 上的显示如图 9-14 所示。

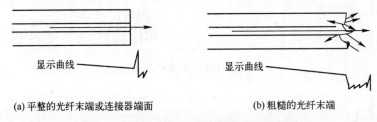

(a) 平整的光纤末端或连接器端面　　　(b) 粗糙的光纤末端

图 9-14　两种光纤末端及曲线显示示意图

光纤末端是平整的端面或在末端接有连接器,在光纤的末端就会存在反射率为 4% 的菲涅尔反射,可以曲线上看到,其后背向散射信号淹没在噪声中。光纤的末端是破碎的端面,由于末端端面的粗糙、不规则,光线漫反射而不引起明显的反射峰。

9.4.2　性能参数及常见问题

1. 性能参数

OTDR 的性能参数一般包括 OTDR 的动态范围、盲区、距离精确度、光纤的回波损耗和反射损耗等。

1) 动态范围

(1) 定义。从 OTDR 端口的初始背向散射水平降到特定噪声水平时 OTDR 所能分辨的最大光损耗值(dB)。

(2) 作用。动态范围决定了最大测量长度,大动态范围可提高远端小信号的分辨率,动态范围是衡量 OTDR 性能的重要指标。

(3) 表示方法。动态范围通常有两种表示方法,如图 9-15 所示:

① 峰—峰值(峰值)动态范围,即初始背向散射电平与噪声电平峰值之差;

② SNR=1 时的动态范围,即初始背向散射电平与噪声电平均方根之差。

在峰值动态范围表示中,背向散射信号电平与噪声电平峰值相等或低于噪声电平时,背向散射信号就称为不可见信号(信号被噪声淹没)。

(4) 应用。动态范围大小决定了仪器可测量光纤的最大长度。如果 OTDR 的动态范围不够大,在测量远距离背向散射信号时,就会被噪声淹没,将不能观测到接头、弯曲等小特征点。

在进行全程光纤链路事件损耗测量时,观察事件点损耗所需的信噪比,再加上光纤的全程链路损耗即为所需测试仪表的动态范围,如图 9-16 所示。

分辨事件损耗所需信噪比电平值如表 9-1 所列。

233

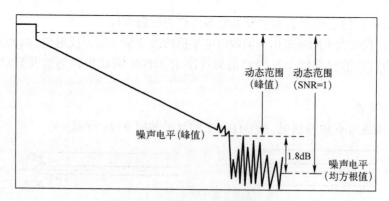

图 9-15　OTDR 动态范围示意图

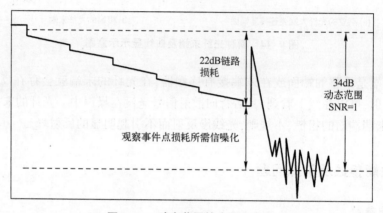

图 9-16　动态范围的应用示意图

表 9-1　分辨事件损耗所需信噪比电平值表

熔接损耗/dB	所需信噪比电平/dB
0.1	8.5
0.05	10.0
0.02	12.0

（5）测量范围和动态范围的关系。初始背向散射电平与一定测量精度下的可识别事件点电平的最大损耗差值被定义为测量范围,测量范围与动态范围的关系如图 9-17 所示。

针对各种测量事件,其测量范围与动态范围的关系如表 9-2 所列。

表 9-2　动态范围与测量范围关系对照表

测 量 范 围	动态范围(SNR=1)	测 量 范 围	动态范围(SNR=1)
熔接损耗(0.5dB)	动态范围-6.0dB	非反射光线末端	动态范围-4.0
损耗系数	动态范围-6.0dB	反射光纤末端	动态范围-2.5

（6）距离刻度。距离刻度是表示 OTDR 测量光纤的长度指标,是 OTDR 的主要参数。仪表一般只给出最大测试距离刻度。把仪表给出的最大距离刻度理解为可测光纤的最大距离是一种常见的错误,最长测量距离一般由 OTDR 的动态范围和被测光纤的损耗所决

背向散射电平初始值

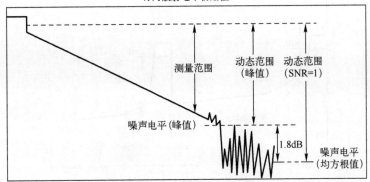

图 9-17　动态范围与测量范围关系示意图

定的。当背向散射电平低于 OTDR 噪声电平时,背向散射信号成了不可见信号,在此之外的距离刻度上只能显示噪声。

2）盲区

盲区是决定 OTDR 测量精细程度的重要指标。

（1）定义。由活动连接器和机械接头等特征点产生反射（菲涅尔反射）后引起 OTDR 接收端饱和而带来的一系列"盲点"称为盲区（又称为 2 点分辨率）。主要包括衰减盲区和事件盲区两种。

（2）衰减盲区。衰减盲区是在出现菲涅尔反射后 OTDR 能准确测量连续事件损耗的最小距离,一般是指从反射峰的起始点到接收器从饱和峰值恢复到距线性背向散射后延线上 0.5dB 点间的距离,如图 9-18 所示。

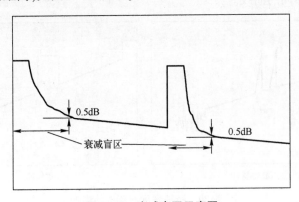

图 9-18　衰减盲区示意图

（3）事件盲区。出现菲涅尔反射后 OTDR 能够检测出另一事件的最小距离,也即两个反射事件之间所需的最小光纤距离,定义为从反射峰的峰值降低至距峰值 1.5dB 点间的距离,如图 9-19 所示。

盲区决定了两个可测特征点的靠近程度,盲区有时也称为 OTDR 的 2 点分辨率。对于 OTDR 来说,盲区越小越好。

（4）盲区和动态范围的关系。盲区决定了 OTDR 横轴上事件的精确程度,而动态范围决定了纵轴上事件的损耗情况和可测光纤的最大距离。影响动态范围和盲区的主要因

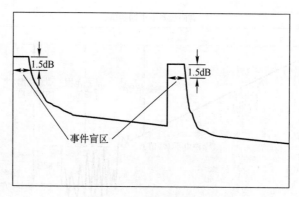

图 9-19　事件盲区示意图

素有脉冲宽度、平均时间、反射以及 OTDR 接收电路设计是否合理等。

① 脉冲宽度的影响。对动态范围的影响：在脉冲幅度相同的条件下，脉冲宽度越大，脉冲能量就越大，此时 OTDR 的动态范围就越大。仪表给出的动态范围是在最大脉冲时的指标。

对盲区的影响：脉冲宽度越宽，盲区就越大；较窄的脉冲会有较小的盲区，便于分辨出光纤中两个相接近的机械接头，而宽脉冲则不能显示出来；仪表给定的盲区是指最小脉宽时的指标。

脉冲宽度的选择：如需对靠近 OTDR 附近的光纤和紧邻事件进行观测时可选择窄脉冲，以便分辨两个事件，提高清晰度；如需对光纤远端进行观察时，可选择宽脉冲，以提高仪表的动态范围，观测更长的距离。对于两个非常接近的事件，当采用窄、宽脉冲测试时有如图 9-20 所示不同的曲线。

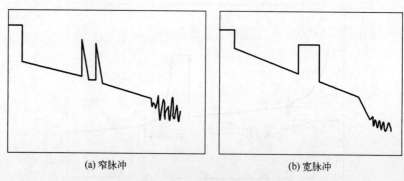

(a) 窄脉冲　　　　　　　　　　　　　(b) 宽脉冲

图 9-20　脉冲宽度对测试的影响

② 平均时间对动态范围的影响。OTDR 测试曲线是将每次输出脉冲后的反射信号采样，并把多次采样做平均化处理以消除一些随机事件，平均时间越长，噪声电平越接近最小值，动态范围就越大。OTDR 动态范围是依据贝尔实验室 TRTSY-000196 中定义的平均时间为 3min 的指标。

平均时间越长，测试精度越高，但达到一定程度时精度不再提高。为了提高测试精度，缩短整体测试时间，一般测试时间可在 0.5~3min 内选择（厂家建议平均时间不小于 30s）。平均时间对动态范围的影响如图 9-21 所示。

236

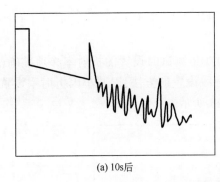 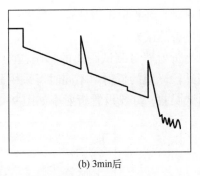

(a) 10s后   (b) 3min后

图 9-21　平均化时间对动态范围的影响

③ 反射对盲区的影响。OTDR 是利用光纤对光信号的背向散射来观察光纤沿线的曲线状况,对于一般背向散射信号,不会出现盲区。但对于某些点出现较大反射峰(光纤端面),产生的盲区也会较大(接收器恢复时间较长)。

3) 距离精度

距离精度是指测试长度时仪表的精确度(又称 1 点分辨率)。OTDR 的距离精度与仪表的采样间隔、时钟精度、光纤折射率、光缆的成缆因素以及仪表的测试误差有关。

(1) 采样间隔的影响。OTDR 对反射信号按一定时间间隔进行采样(其过程为 A/D 转换),然后再将这些分离的采样点连接起来形成最终显示的测量曲线(背向散射曲线)。仪表采样点的数量是有限的,故仪表的精度也是有限的。采样间隔越小,仪表的测试精度就越高,由采样点偏差而带来的测量误差就越小。采样间隔对测试的影响如图 9-22 所示。

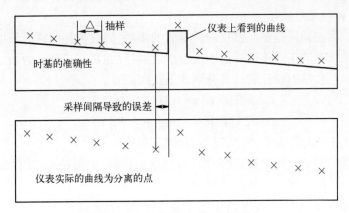

图 9-22　采样间隔对测试的影响

(2) 时钟的影响。时钟对 OTDR 的影响有两个方面:当采用仪表内部时钟时,对测量精度影响较小;当利用外部时钟时,测量精度取决于外部时钟的精度。

(3) 折射率的影响。OTDR 是通过对反射信号时间参数进行测量后再按特定的公式来计算距离参数的。计算如下式所示:

$$L = V \times T = T \times C / n \tag{9.4-1}$$

式中:C 为光在真空中的速度;n 为纤芯的折射率;T 为光在光纤中传播时间的 1/2。

当用户对光纤折射率设置存在偏差时,即使这个偏差很小(1%),但对于长距离测量也会引起显著的误差。

为减小折射率对测试距离的影响,在 OTDR 测试时设置的折射率必须准确(或尽量准确);当几段光缆的折射率不同时可采用分段设置的方法,以减小因折射率设置误差而造成的测试误差。分段设置折射率如图 9-23 所示。

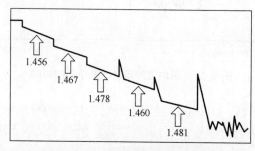

图 9-23 分段设置折射率示意图

(4) 光缆成缆因素的影响。OTDR 测量的是光纤的长度,通常光纤的长度大于光缆的长度。在确定光缆上各点位置时,一定要考虑成缆因素对测试造成的影响。光缆成缆时扭绞系数一般在 7‰左右。

(5) 仪表的测试误差。仪表的测试误差与仪表的设计、制造技术和仪表应用软件有关。在以上影响 OTDR 距离精度的因素中,折射率设置偏差影响最大;采样间隔、成缆因素和仪表误差影响次之;时钟精度影响可忽略不计(采用内部时钟时)。OTDR 给出的距离精度一般只包括采样间隔和时钟带来的测量误差,此时误差指标较小。

4) 回波损耗和反射损耗

(1) 定义。回波损耗是指光波反向传输时的损耗,回波损耗简称为回损。

反射损耗是指光波正向传输时由于反射造成损耗(也可用反射系数表示)。

(2) 回波损耗和反射损耗的计算分别如下式所示:

$$回波损耗 = +10\lg(P_入/P_反) \tag{9.4-2}$$

$$反射损耗 = -10\lg(P_入/P_反) \tag{9.4-3}$$

式中:$P_入$ 为反射点的入射功率;$P_反$ 为反射点的反射功率。

(3) 对链路的影响。回波损耗(回损)对链路的影响:回损越小,反射波越大,链路性能越差。

反射损耗对链路的影响:反射损耗越大,反射波越大,链路性能越差。

(4) 减小反射峰的措施。OTDR 的输出口应经常清洗,每次测试都必须用无水酒精清洗被测光纤端面(包括不与 OTDR 连接的端面),并处理好光纤端面。

2. 常见问题

1) 光纤类型不匹配

光纤类型不匹配是指 OTDR 的测试输出光纤与被测光纤的芯径不同,在连接器处出现光纤类型不匹配。此时的光纤测试将出现竖轴测试不准确(即光纤的损耗),但横轴测量准确。

产生光纤类型不匹配的原因是因为当光从芯径小的光纤入射到较大芯径光纤时,大芯径光纤不能被入射光线完全充满,于是在损耗参数上引起了测试误差。

消除光纤类型不匹配的方法是正确选择仪表的输出光纤,使被测光纤与输出光纤相匹配,即用单模光纤的 OTDR 测单模光纤,用多模光纤的 OTDR 测多模光纤;或根据被测光纤的类型和尺寸,选择仪表输出光纤的类型和尺寸,使之相匹配,以缩小测试误差。

2) 增益现象

增益现象一般易出现在光纤接头处。增益现象又称为伪增益,伪增益现象及产生原因如图 9-24 所示。

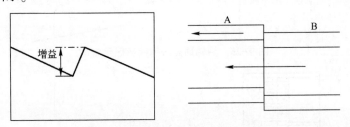

图 9-24　伪增益现象及产生原因

(1) 伪增益定义。把接头后光反射电平高于接头前光反射电平的现象称为伪增益现象。

(2) 产生原因。OTDR 测试是通过比较接续点前后背向散射电平值来对接续损耗进行测试的,一般情况下,接续损耗会使接头后的背向散射电平小于接续点前的电平。但当接续损耗非常小,并且接续点后光纤的背向散射系数较高时(对于同样的光强,反射系数大时会引起大的背向反射),接续后的背向散射电平就可能大于接续点前的背向散射电平,而且抵消了接续点的损耗。

最直接原因是因为接续点之后的光纤反射系数大于接续点前的光纤反射系数。

(3) 伪增益的意义。出现伪增益说明接续点后的光纤比接续点之前的光纤反射系数大,而且接续点的接续损耗小,接续效果良好。

(4) 伪增益的测试。伪增益并不是真正的增益,在对光纤接续点插入损耗进行测试时可采用双向测试的方法测量,求两次测试的平均值并作为该接续点的接续损耗。

3) 盲区影响的消除

产生盲区的主要因素是反射事件,紧靠 OTDR 的活动连接器产生的反射(菲涅尔反射)对 OTDR 测量的影响最大,为了更好地对光纤始端进行测量,必须使用辅助光纤来消除盲区,如图 9-25 所示。

辅助光纤与被测光纤连接必须采用熔接方式,辅助光纤的长度必须大于 OTDR 的衰减盲区。

有时为了检查第一个活动连接器是否存在问题,要对其进行测量,我们也可采用在 OTDR 内部或外部接入部分光纤来实现对第一个活动连接器的测量。利用一个外部的或者内部的包含活动连接器的接入光纤,插入到第一个活动连接器与 OTDR 输出之间,以辅助完成第一个活动连接器的测量,如图 9-26 所示。

4) 幻峰

(1) 幻峰的定义。幻峰是指在光纤末端之后出现的光反射峰,又称为鬼点。

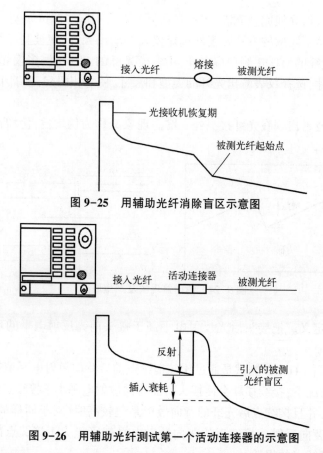

图 9-25　用辅助光纤消除盲区示意图

图 9-26　用辅助光纤测试第一个活动连接器的示意图

（2）形成的原因。主要是由于光在光纤中多次反射而引起的。入射光信号到达光纤末端后，由于末端的反射，一部分反射光逆向朝入射端传输，达到入射端后，由于入射端反射较大，又有部分光纤再次进入光纤，第二次达到光纤末端而形成幻峰。

（3）幻峰的判定。已知光纤长度，超出长度后形成的反射峰即为鬼点。鬼点距始端的距离正好等于光纤尾端与始端距离的 2 倍。

在短距离测量时容易出现鬼点。

（4）幻峰的消除。减小包括始、末端的反射。可将入射、末端的端面处理干净、平整，符合测试要求；把光纤末端放入光纤匹配液中，或把光纤末端打一个直径较小的结也可以达到减小反射的目的。

9.5　光纤熔接机

9.5.1　概述

光纤熔接机是完成光纤固定连接接头的专用工具，所谓熔接法就是在待接续光纤芯轴对准后，用电极放电的加热方式熔接光纤端面的方法，熔接过程可自动完成光纤对芯、

240

熔接和推定熔接损耗等功能。

光纤熔接机可根据被接光纤的类型不同分为单模光纤熔接机和多模光纤熔接机；根据操作方式的不同，可分为人工（或半自动）熔接机和自动熔接机；根据一次熔接光纤芯数的不同可分为单纤熔接机和多纤熔接机。

9.5.2 工作原理

熔接机的工作原理如图9-27所示。用平行光照射光纤，经过光学系统成像在摄像头上，图像处理单元对光纤图像进行数值化处理后送CPU单元，CPU对图像数据进行分析判断后发出指令进行位置调整和金属电极高压放电，完成光纤的对准和接续过程。其中光纤图像的获取方式为纤芯直视法。为了实现接续光纤的低损耗连接，必须要使连接的光纤在空间位置上精确对准，多模光纤主要是依据外径来对准，单模光纤则要求纤芯精确对准，主要有三种对芯技术：本地光注入和检测、纤芯探测系统和侧像投影对准系统。

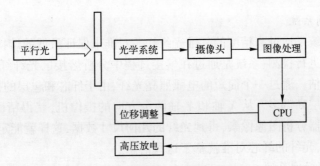

图9-27　熔接机工作原理框图

1. 光纤图像获取

纤芯直视法的光路示意如图9-28所示，当一束平行光照射到光纤表面时，由于光纤的透射和折射，可以观察到包层轮廓、包层与纤芯的界面。光纤通过物镜形成特征图像，再用摄像头获取该图像，对该图像信号进行变换和处理即可以获得光纤的轮廓和纤芯等信息。

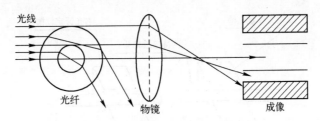

图9-28　纤芯直视法光路示意图

2. 对芯技术

1）本地光注入和检测（LID）

光纤对芯技术如图9-29所示，将注入光功率通过左端的弯曲耦合发射器注入光纤，在熔接点的右端的弯曲耦合接收器接收。对芯和熔接过程中，自动熔接控制系统不断的评估注入光的功率,调整光纤的位置,当两端纤芯耦合对准最好(即检测端功率最大)时,停止熔接程序。这种方法将所有可能的影响因素,例如,光纤特性、电极情况以及环境变化(湿度、温度和海拔)统统考虑,保证每个单独的熔接都获得最低的熔接损耗。

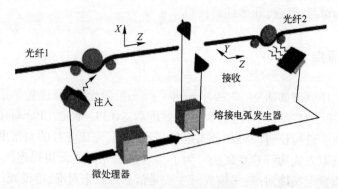

图 9-29　LID 系统原理图

2)纤芯探测系统

纤芯探测系统是通过高精度的三维光纤纤芯对准来保证最低的熔接损耗。不像 LID 系统通过光注入进行检测,系统是通过在熔接过程中分析熔接区光纤纤芯的位置和形态的原理来进行评估。通过一个简短的电弧照亮光纤,由于纤芯和包层的折射率不同,光纤的纤芯亮度比包层高得多。从 X 轴和 Y 轴两个方向的摄像机,获得精确的熔接区图像。熔接机的微处理器分析图像像素,得到光纤的几何尺寸数据,这样就能定义两端待熔接光纤三维形态情况,光纤的纤芯对准就基于这些信息。

3)侧像投影对准系统

投影对准采用光纤端面的轮廓对比度进行光纤对准控制。该轮廓包括了所有的光纤影像信息,包括光纤中央的影像、可能的损伤、光纤的偏移和可能的污染物。

无论哪种对芯方式,光纤需要在 X 轴和 Y 轴上移动调整位置,使左右光纤的芯轴在空间对准成为可能。如图 9-30 所示左光纤可以沿前后方向移动,右光纤可以沿上下方向移动,熔接机通过特殊的高精度位移控制来调整左右光纤的位置,由此完成待接光纤的对芯过程。

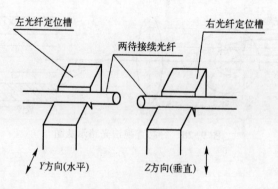

图 9-30　光纤位置调整

9.5.3 使用方法

熔接机一般均由键盘、显示器、防风盖、加热补强器、电源/蓄电池插槽和输入、输出面板等组成。

1. 熔接操作

利用熔接机熔接光纤分为以下 4 个步骤。

（1）准备熔接所需的物品：熔接机、酒精（无水乙醇）、接续用光纤、纱布、剥线钳、光纤热缩套管、光纤切割刀。

（2）先把光纤热缩套管穿入一端光纤，用剥线钳剥涂覆层，用切割刀处理光纤端面。

（3）熔接机自动熔接。熔接机自动熔接是光纤接续中最常用的熔接方式，也是熔接机加电后自动选择的熔接方式。在该方式中，将两个处理好的光纤端面，放入光纤熔接机的光纤槽位中，熔接机将自动完成光纤进纤、对芯、熔接和推算熔接损耗等操作，其操作流程如图 9-31 所示。

（4）观察或测试熔接质量满足要求后，将光纤热缩套管移至熔接点处，放入加热槽加热。

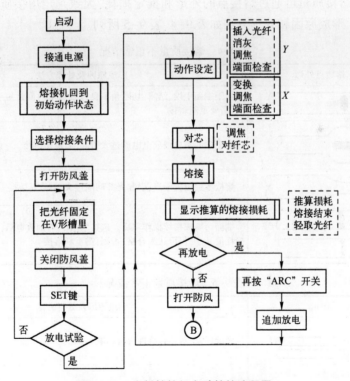

图 9-31　光纤熔接机自动熔接流程图

2. 熔接条件

光纤熔接机在使用过程中各种熔接条件的含义如表 9-3 所列。

表 9-3　熔接条件的含义

熔接条件	
接续时间/s	接续时间指的是电极放电的持续时间
预放电时间/s	预放电时间指的从开始电弧放电到开始推进之间的时间间隔
放电间隔/μm	放电间隔指的是接续前左右光纤的端面间隔
推进量/μm	推进量指熔接期间右光纤推进与左光纤重叠的量
放电强度(Step 值)	放电强度控制熔接期间光纤所承受的热度
加热条件	
加热温度 A/℃	对中心部位加热至此设定的温度
回热时间 A/s	加热器达到加热温度后,中心部位温度维持的时间
加热温度 B/℃	两端部位加热至此设定温度
回热时间 B/s	光纤保护套管达到加热温度,两端部位温度所持续的时间
结束温度/℃	取出光纤保护套管时的结束温度,加热器指示灯闪烁且伴有嘟嘟声

3. 接续质量分析

1) 熔接质量

熔接点的熔接质量可通过熔接点的外形和推定损耗,大致判定熔接质量的好坏。其具体质量评估、形成原因和处理方法如表 9-4、表 9-5 所列。

表 9-4　熔接质量不正常情况

屏幕显示熔接点外形	形成原因及处理方法
	由于端面尘埃、结露、切断角不良以及放电时间过短引起。熔接损耗很高,需要重新熔接
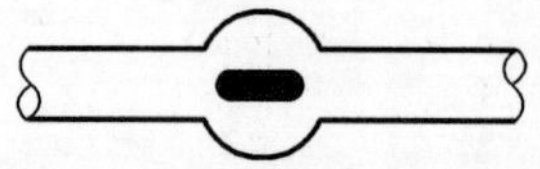	由于端面不良或放电电流过大引起,需重新熔接
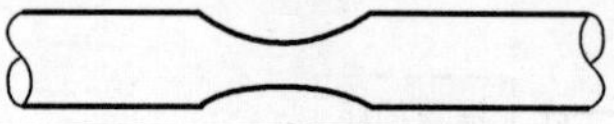	熔接参数设置不当,引起光纤间隙过大,需重新熔接
	端面污染或接续操作不良。选按"ARC"追加放电后,如黑影消失,推定损耗值又小,仍可认为合格;否则,需重新熔接

表 9-5　熔接质量正常情况

屏幕显示图形	形成原因及处理方法
白线 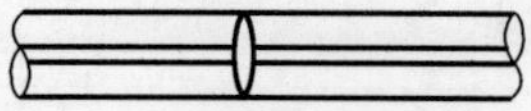	光学现象,对连接特性没有影响
模糊细线 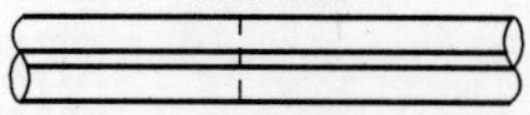	光学现象,对连接特性没有影响
包层错位 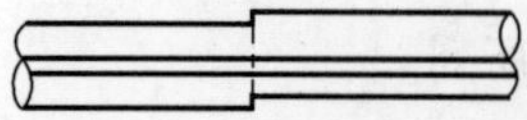	两根光纤的偏心率不同。推定损耗较小,说明光纤仍已对准,属质量良好

244

屏幕显示图形	形成原因及处理方法
包层不齐	两根光纤外径不同。若推定损耗值合格,可视为质量合格
污点或伤痕	应注意光纤的清洁和切断操作,不影响传光

2) 补强质量

检查补强部位的外观,直观检查补强质量。补强良好与不良实例分别如图9-32、图9-33所示。

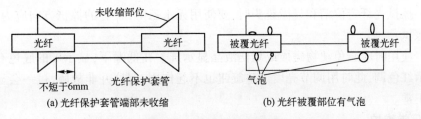

(a) 光纤保护套管端部未收缩　　　　(b) 光纤被覆部位有气泡

图9-32　补强良好实例图

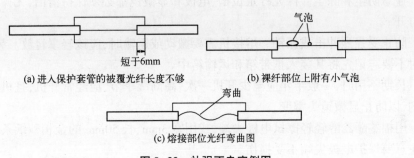

(a) 进入保护套管的被覆光纤长度不够　　(b) 裸纤部位上附有小气泡

(c) 熔接部位光纤弯曲图

图9-33　补强不良实例图

4. 异常情况及其处理

在熔接操作过程中,由于熔接机或操作原因,可能会出现一些操作异常现象发生,此时熔接机会自动停止。在遇到异常现象发生时,请先按下"RESET"键,再根据异常情况做出正确判断,找出正确处理问题的方法,按操作规程排除异常情况,恢复熔接操作。常见异常现象、产生原因及处理方法如表9-6所列。

表9-6　熔接过程中的异常情况及其处理

屏幕显示异常现象	可能原因	处理方法
ZLF ZRF 极限	光纤相距太远,不在 V 形槽内	重新放置光纤并调好压钳杆,检查切断长度是否太短
端面不良	端面不齐整或有灰尘	重新处理端面,清扫反光镜
MSX,Y(F,R)极限		复位并重新固定光纤,关掉电源重新开机,检查驱动时间

屏幕显示异常现象	可 能 原 因	处 理 方 法
画面太暗、发黑	光纤挡住照明灯	重新固定光纤,检查光纤长度
无故障暂停		复位、断电重新启动
外观不良		重新接续,调整光纤推进量

光纤熔接机的详细操作使用方法具体可参考相关型号光纤熔接机的使用说明书。

5. 使用注意事项

（1）熔接机在放电过程中,电极间有数千伏高压,此时千万不要触摸电极棒。

（2）使用环境中不可有汽油、瓦斯和氟利昂等易燃、易爆气体,以免导致熔接不良或意外事故。

（3）擦拭光纤定位槽和显微镜头时,要使用无水乙醇;棉签的擦拭方向应为单向,禁止双向擦拭。

（4）使用时应避免硬物碰撞或划伤液晶显示屏。在低温下,显示屏的底色有时会较暗或显示红色调,此时用调节亮度调整旋钮也不起作用,但这并非故障,过一会显示器就会恢复正常。

6. 日常维护

（1）注意防尘和除尘。裸光纤定位槽、电极和显微镜都必须保持清洁,无操作时防尘罩不应打开。

（2）防止受强烈冲击或振动。熔接机需要搬动或运输时,应该轻拿轻放。另外,长距离运输时不要忘记先将其装入携带箱和运输箱中。

（3）长期不用时,一般半年应至少开机一次;高潮湿季节,应经常开机,且机箱内应放入干燥剂,以防止显微镜头霉变。

（4）用棉签蘸乙醇轻轻擦拭电极尖端,或用宽 3mm、长 50mm 的金相砂纸条轻擦电极尖端。注意要保护电极尖端不受损伤。

小　结

要保证光纤通信工程在建设中及建成后具备良好的质量,必须配套高质量的测量仪表并进行测试。本章重点介绍了在光纤通信系统测试与维护中常用的 2M 误码仪、SDH/PDH 传输分析仪、光功率计、光时域反射仪以及光纤熔接机等仪表。读者需重点掌握光纤通信系统测试与维护中常见仪表的主要测试应用。

习　题

1. 简述 2M 误码仪的主要测试应用。
2. 简述如何监听音频通道。

3. 简述 SDH/PDH 传输分析仪的主要测试应用。

4. 测试 SDH 设备接收机灵敏度时需要哪些仪表,简述如何配置这些仪表?

5. 简述光功率计的工作原理。

6. OTDR 的测试原理是什么,其测试内容包括哪些?

7. OTDR 测试光纤时,曲线上光纤的尾端有两种情况,一种情况是存在较高的菲涅尔反射峰,另一种情况则不存在反射峰,试分别分析其成因?

8. 光纤熔接时需要准备哪些物品?

9. 简述光纤熔接机自动熔接流程?

参 考 文 献

[1]   李玉权,崔敏.光波导理论与技术[M].北京:人民邮电出版社,2002.

[2]   朱勇,王江平,卢麟.光通信原理与技术[M].2版.北京:科学出版社,2015.

[3]   KEISER G.光纤通信[M].5版.蒲涛,徐俊华,苏洋,译.北京:电子工业出版社,2016.

[4]   PALAIS J C.光纤通信[M].5版.王江平,刘杰,闻传花,译.北京:电子工业出版社,2015.

[5]   武文彦,董晔,杨永定.智能光网络运行维护管理[M].北京:科学出版社,2015.

[6]   李允博.光传送网(OTN)技术的原理与测试[M].北京:人民邮电出版社,2013.

[7]   张宝富,苏洋,王海潼.光纤通信[M].3版.西安:西安电子科技大学出版社,2015.

[8]   吴健学,李文耀.自动交换光网络[M].北京:北京邮电大学出版社,2003.

[9]   张继军,杨壮.新一代城域网光传送技术[M].北京:北京邮电大学出版社,2005.

[10]   马晶,谭立英,于思源.卫星光通信[M].北京:国防工业出版社,2015.

[11]   AGRAWAL G P. Fiber-optic communication systems[M]. 4th. Ed. New Jersey: Wiley, 2010.

[12]   赵继勇,曹芳,周华.光缆线路工程[M].西安:西安电子科技大学出版社,2017.

[13]   张宝富,赵继勇,周华.光缆网工程设计与管理[M].北京:国防工业出版社,2009.

[14]   赵继勇,贺春雨,曹芳.大话传送网[M].2版.北京:人民邮电出版社,2019.